医用仪器软件设计

——基于Qt（Windows版）

江少锋　钟世达　主　编

董　磊　郭文波　副主编

電子工業出版社
Publishing House of Electronics Industry
北京·BEIJING

内 容 简 介

本书基于 Qt Creator 平台，介绍医用电子技术领域的典型应用开发。全书共 29 个实验，其中 1 个实验用于熟悉 Qt 项目的开发流程，14 个实验用于学习 C++语言，4 个实验用于熟悉 Qt 的核心知识点，其余 10 个实验与医用仪器软件系统开发密切相关。

本书配有丰富的资料包，包括 Qt 例程、软件包、硬件套件，以及配套的 PPT、视频等。这些资料会持续更新，下载链接可通过微信公众号“卓越工程师培养系列”获取。

本书既可以作为高等院校相关课程的教材，也可作为 Qt 开发及相关行业工程技术人员的参考书。

图书在版编目（CIP）数据

医用仪器软件设计：基于 Qt：Windows 版 / 江少锋，钟世达主编. —北京：电子工业出版社，2021.9
ISBN 978-7-121-20859-1

Ⅰ. ①医… Ⅱ. ①江… ②钟… Ⅲ. ①医疗器械－软件设计－高等学校－教材 Ⅳ. ①TH77

中国版本图书馆 CIP 数据核字（2021）第 178250 号

责任编辑：张小乐
印　　刷：北京虎彩文化传播有限公司
装　　订：北京虎彩文化传播有限公司
出版发行：电子工业出版社
　　　　　北京市海淀区万寿路 173 信箱　邮编：100036
开　　本：787×1092　1/16　印张：19　字数：486 千字
版　　次：2021 年 9 月第 1 版
印　　次：2024 年10月第 4 次印刷
定　　价：69.00 元

凡所购买电子工业出版社图书有缺损问题，请向购买书店调换。若书店售缺，请与本社发行部联系，联系及邮购电话：（010）88254888，88258888。

质量投诉请发邮件至 zlts@phei.com.cn，盗版侵权举报请发邮件至 dbqq@phei.com.cn。

本书咨询联系方式：（010）88254462，zhxl@phei.com.cn。

前　　言

Qt 作为当下热门的软件平台之一，其优势在于跨平台特性。Qt 提供多种布局管理器、大量的系统控件、独特的信号与槽机制、丰富的 API 接口、详细的开发技术手册等，使得软件开发变得更加便捷。本书主要结合医疗电子技术领域的应用来介绍 Qt 应用程序的开发设计。

“耳闻之不如目见之，目见之不如足践之，足践之不如手辨之”。实践决定认识，实践是认识的源泉和动力，也是认识的目的和归宿。而当今的高等院校工科学生，最缺乏的就是勇于实践。没有大量的实践，就很难对某个问题进行深入的剖析和思考，当然，也就谈不上真才实学，毕竟“实践，是个伟大的揭发者，它暴露一切欺人和自欺”。在科学技术日新月异的今天，卓越工程师的培养必须配以高强度的实训。

本书是一本介绍 Qt 开发设计的教材，严格意义上讲，也是一本实训手册。本书以 Qt Creator 为平台，共安排了 29 个实验，其中，第 1 章通过 1 个实验介绍 Qt 项目的开发流程，第 3 章、第 4 章通过 14 个实验介绍 C++语言，第 5 章通过 4 个实验重点介绍 Qt 的部分核心知识点，其余 10 个实验与医用仪器软件系统开发密切相关。所有实验均包含实验内容、实验原理，并且都有详细的步骤和源代码，以确保读者能够顺利完成。在每章的最后都安排了一个任务，作为本章实验的延伸和拓展。本章习题用于检查读者是否掌握了本章的核心知识点。

目前 Qt Creator 的操作系统比以往的更加强大，想要掌握其知识点，必须花费大量的时间和精力来熟悉 Qt 的开发环境、构建套件、版本更新与版本兼容等。为了减轻初学者查找资料和熟悉开发工具的负担，以使初学者将更多的精力聚焦在实践环节并快速入门，本书将每个实验涉及的知识点汇总在“实验原理”中，将 Qt 开发环境、常见类与控件等的使用方法穿插于各章节中。这样读者就可以通过本书轻松踏上学习 Qt 开发之路，在实践过程中不知不觉地掌握各种知识和技能。

本书的特点如下：

1．本书内容条理清晰，首先引导读者学习 Qt 开发使用的 C++语言，然后结合实验对 Qt 的基础知识展开介绍，最后通过进阶实验使读者的水平进一步提高。这样可以让读者循序渐进地学习 Qt 知识，即使是未接触过程序设计的初学者也可以快速上手。

2．详细介绍每个实验所涉及的知识点，未涉及的内容尽量不予介绍，以便于初学者快速掌握 Qt 开发设计的核心要点。

3．将各种规范贯穿于整个 Qt 开发设计过程中，如 Qt Creator 平台参数设置、项目和文件命名规范、版本规范、软件设计规范等。

4．所有实验严格按照统一的工程架构设计，每个子模块按照统一标准设计。

5．配有丰富的资料包，包括 Qt 例程、软件包及配套的 PPT、视频等，这些资料会持续更新，下载链接可通过微信公众号"卓越工程师培养系列"获取。

本书中的程序严格按照《C++语言（Qt 版）软件设计规范（LY-STD013-2019）》编写。该设计规范要求每个模块的实现必须有清晰的模块信息，模块信息包括模块名称、模块摘要、当前版本、模块作者、完成日期、模块内容和注意事项。

江少锋总体策划了本书的编写思路，指导全书的编写，对全书进行统稿；彭芷晴负责第 1～2 章的编写；钟世达负责第 3～5 章的编写；郭文波负责第 6～8 章的编写；董磊负责第 9～15 章的编写。本书的例程由钟超强设计，郭文波和覃进宇审核。电子工业出版社张小乐编辑为本书的出版做了大量的工作。特别感谢南昌航空大学测试与光电工程学院生物医学工程系、深圳大学电子与信息工程学院、深圳大学生物医学工程学院、深圳市乐育科技有限公司和电子工业出版社的大力支持。在此一并致以衷心的感谢！

由于编者水平有限，书中难免有不成熟和错误的地方，恳请读者批评指正。读者反馈发现的问题、索取相关资料或遇实验平台技术问题，可发信至邮箱：ExcEngineer@163.com。

编　者

2021 年 6 月

目　录

第 1 章　Qt 开发环境

1.1　Qt 概述

Qt 是一个跨平台的、基于 C++的图形用户界面应用程序开发框架，它包括一套跨平台的类库、一套整合的开发工具和一个跨平台的集成开发环境（IDE）。跨平台意味着只需要编写一次程序，经过少许改动甚至不改动，就可以形成在不同平台上运行的版本。这种跨平台的功能为开发者提供了极大的便利。

Qt 既可以开发 GUI 程序，也可开发非 GUI 程序，如控制台工具和服务器。它是完全面向对象的，很容易扩展，并且允许真正的组件编程。Qt 与 MFC、GTK 等开发工具类似，但 Qt 所具有的优秀的跨平台特性、丰富的 API 接口、详尽的开发技术手册等是其他开发工具无法比拟的。Qt 支持多种平台，包括 Windows、Linux/Unix、Mac OS 等 PC 和服务器平台，以及 Android、iOS、Embedded Linux、WinRT 等移动和嵌入式操作系统。

Qt 首次发布于 1994 年，经过近 30 年的发展，Qt 已经成为目前最优秀的跨平台开发框架之一，广泛应用于各行各业的项目开发。

1.2　搭建 Qt 开发环境

安装前，首先断开计算机的网络连接，然后双击运行本书配套资料包“02.相关软件”文件夹中的 qt-opensource-windows-x86-5.12.0.exe，系统弹出如图 1-1 所示的“Qt 5.12.0 设置”对话框，单击 Next 按钮。随后单击 Skip 按钮，如图 1-2 所示。

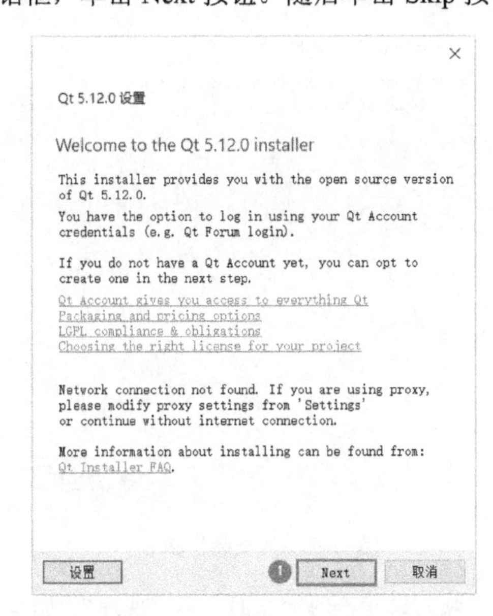

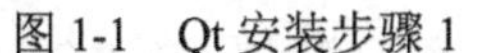
图 1-1　Qt 安装步骤 1

图 1-2　Qt 安装步骤 2

继续单击“下一步”按钮，弹出如图 1-3 所示的对话框，设置安装路径，单击“下一步”按钮。在如图 1-4 所示的对话框中，勾选“Qt 5.12.0”，然后单击“下一步”按钮。

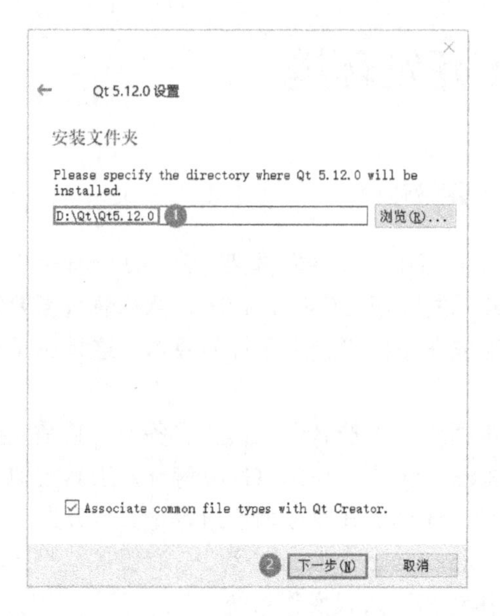

图 1-3　Qt 安装步骤 3

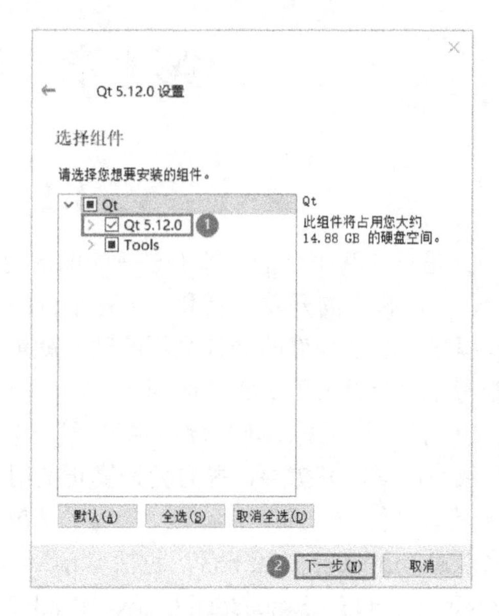

图 1-4　Qt 安装步骤 4

接受许可协议，单击“下一步”按钮。在如图 1-5 所示的对话框中，单击“下一步”按钮。随后单击“安装（I）”按钮，开始安装 Qt 5.12.0。安装结束后，显示如图 1-6 所示的对话框，单击“完成”按钮。

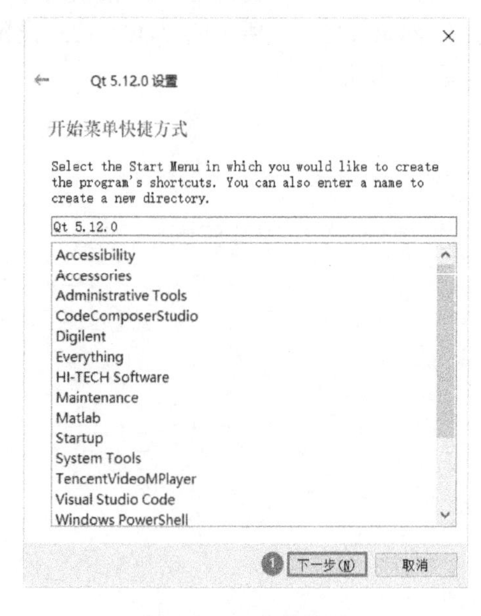

图 1-5　Qt 安装步骤 5

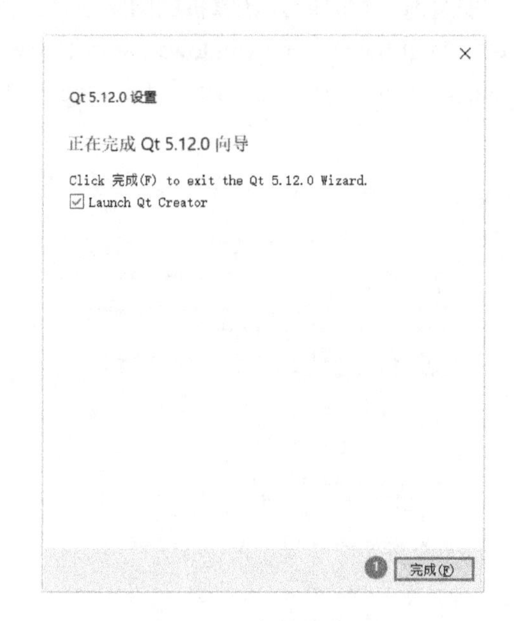

图 1-6　Qt 安装步骤 6

安装完成后，启动 Qt，首先设置默认构建套件。执行菜单命令“工具”→“选项”，如图 1-7 所示，在“选项”对话框中，打开 Kits 下的“构建套件（Kit）”标签页，在“自动检测”列表中选择 Desktop Qt 5.12.0 MinGW 64-bit，并单击右侧的“设置为默认”按钮，最后单击 OK 按钮，即可完成 Qt 的配置。

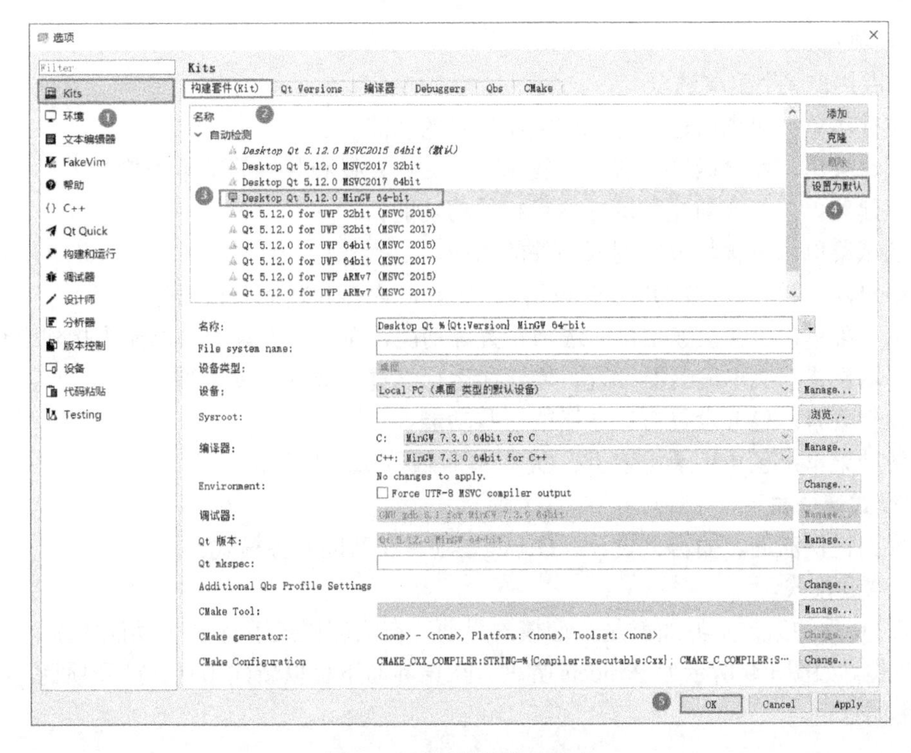

图 1-7　选择默认构建套件

1.3　Qt 开发环境介绍

1.3.1　Qt 开发界面介绍

打开 Qt Creator，界面如图 1-8 所示。界面上除了中间的主窗口，还有以下 5 部分：菜单栏、模式选择栏、构建套件选择器、定位器和输出窗口，下面分别介绍这 5 部分。

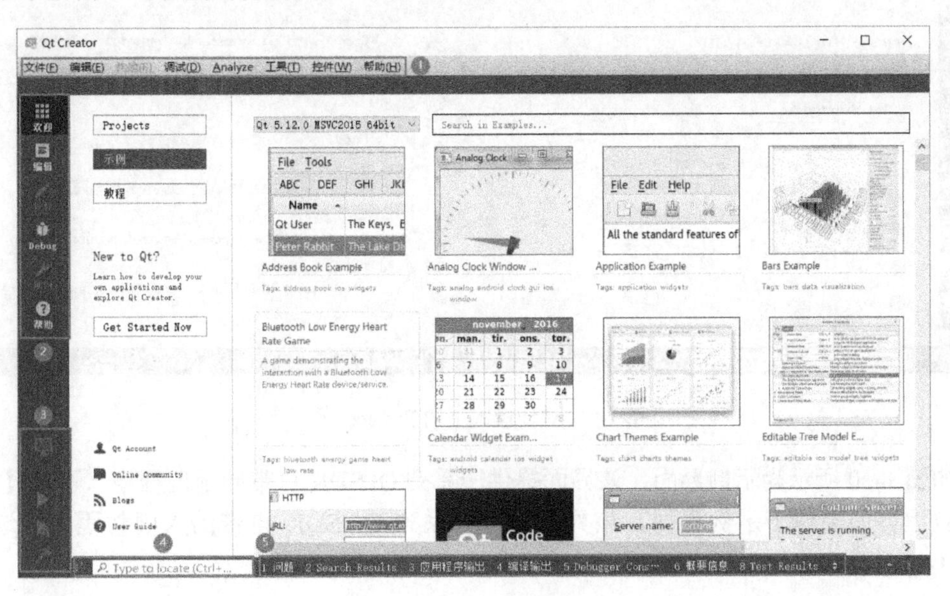

图 1-8　Qt 开发界面

1. 菜单栏

菜单栏共有 8 个菜单选项。

- 文件菜单：包含新建、打开和关闭项目的功能。
- 编辑菜单：包含撤销、剪切、复制、粘贴、查找和替换等基本功能。
- 构建菜单：包含构建和运行项目相关的功能。
- 调试菜单：包含与程序调试相关的功能。
- Analyze 菜单：包含 QML 分析器、Valgrind 内存和功能分析器等。
- 工具菜单：包含快速定位、选项设置等功能，在选项设置中可以配置构建套件，进行环境设置、文本编辑器设置、构建和运行设置、调试器设置等。
- 控件菜单：包含设置窗口布局的一些功能。
- 帮助菜单：包含目录、索引、Qt 版本信息和 bug 报告等。

2. 模式选择栏

Qt 界面提供欢迎、编辑、设计、Debug、项目和帮助 6 种模式。

（1）欢迎模式

启动 Qt 后的第一个界面就是欢迎模式界面，在欢迎模式下有 3 大功能类别：Projects、示例和教程。如图 1-9 所示为 Projects 界面，在该界面下可以新建项目、打开项目，以及显示最近使用的项目。

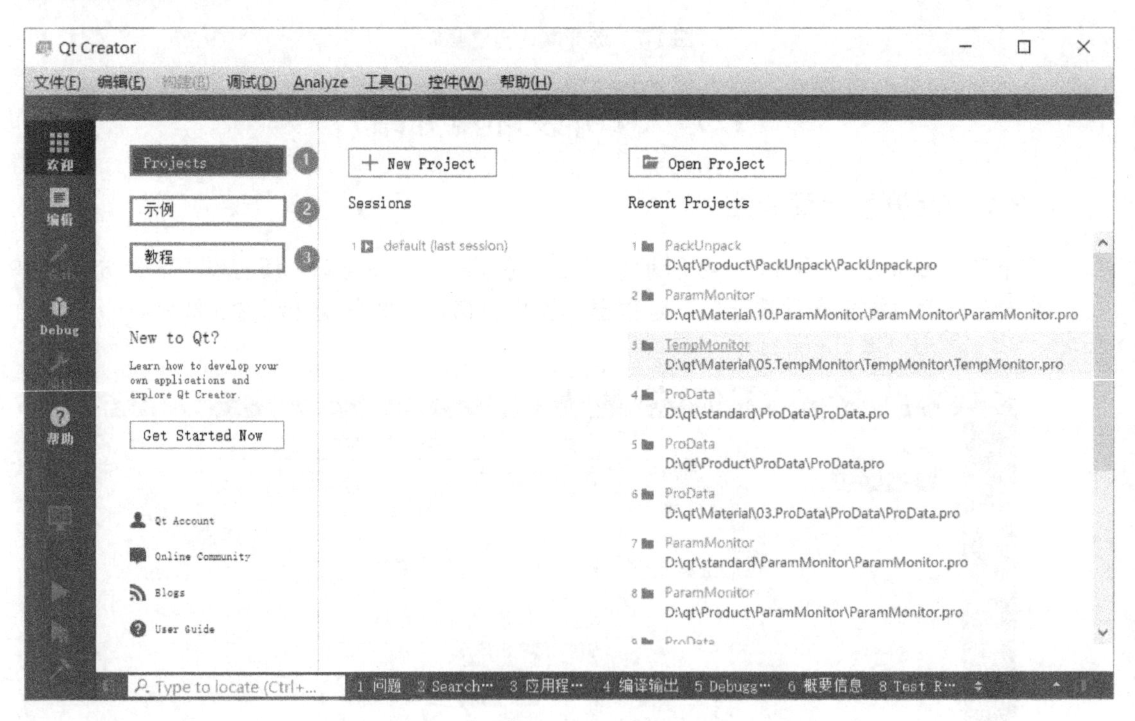

图 1-9　欢迎模式下的 Projects 界面

如图 1-10 所示为示例界面，该界面提供一系列 Qt SDK 自带的示例程序（可选择）。

教程界面类似于示例界面，该界面提供一系列 Qt SDK 自带的入门教程（可选择），如图 1-11 所示。

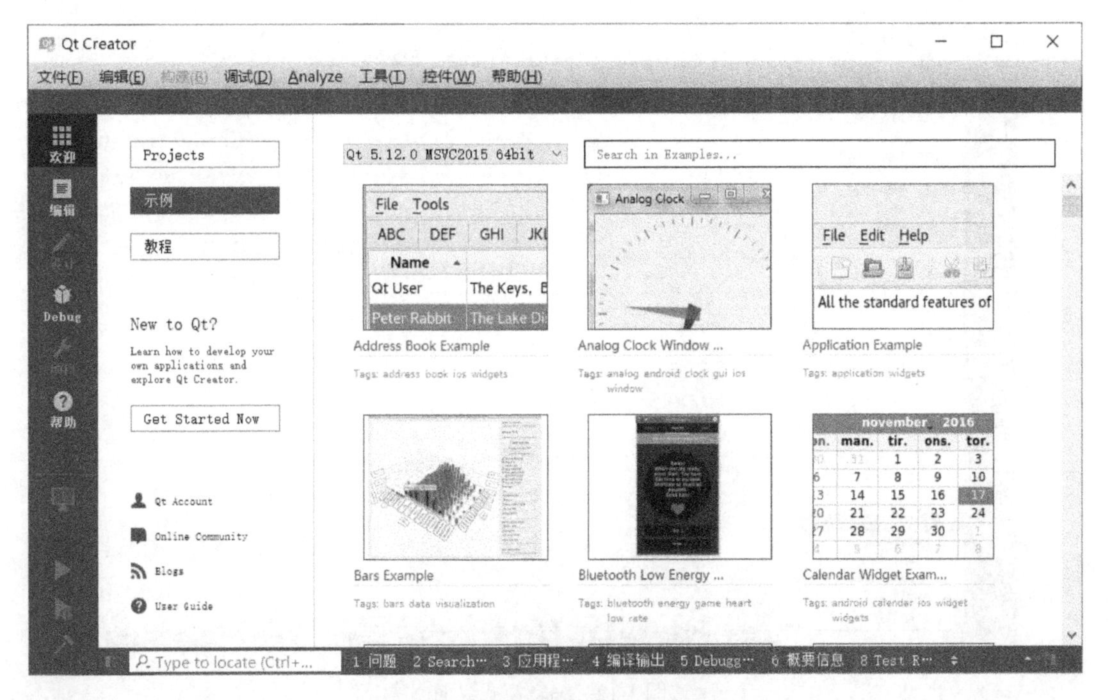

图 1-10　欢迎模式下的示例界面

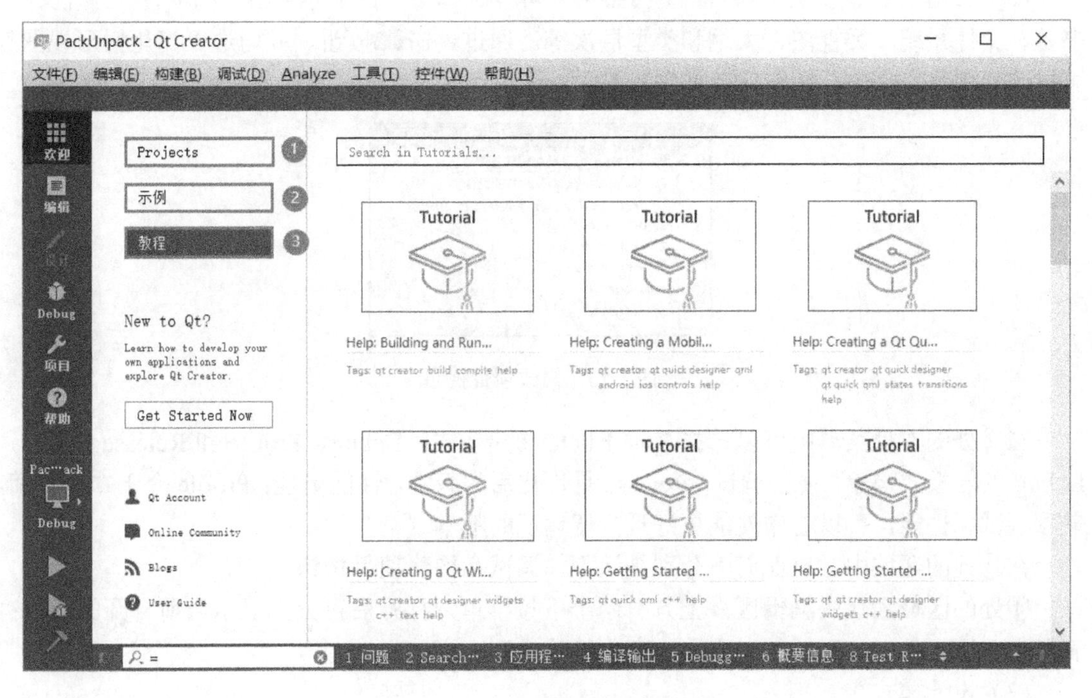

图 1-11　欢迎模式下的教程界面

（2）编辑模式

编辑模式主要用于管理项目文件、查看和编辑程序代码。打开一个项目后，默认进入编辑模式，如图 1-12 所示。

图 1-12　编辑模式界面

图 1-12 中，在①处的“项目”下拉菜单中可以选择不同的显示内容，如项目、打开文档、书签、文件系统、类视图、大纲和类型层次等。通过单击按钮，并勾选“简化树形视图”，可以改变项目文件的视图结构，如图 1-13 所示。

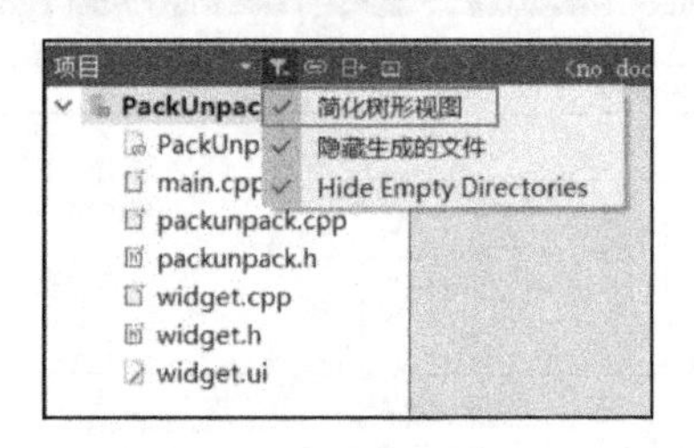

图 1-13　修改项目视图

在②处的右拉菜单中可以选择 3 种不同的构建模式：Debug、Profile 和 Release。其中，Debug 以-g 模式构建，便于调试；Release 是优化后的版本，性能更佳；Profile 介于二者之间，兼顾调试和性能，可以看作性能更好且方便调试的版本。

在③处的区域中，自上而下分别是运行、调试和构建项目按钮。

④处的区域为代码编辑区，上方有两个下拉菜单，打开后可分别显示当前打开的文件列表和当前源文件内实现的类、方法、变量等符号列表。

（3）设计模式

设计模式用于图形界面设计，如图 1-14 所示。

①处的区域中包含了各种类型的控件，单击并长按某控件，可将其拖拽至界面中。

②处的区域为用户设计的界面。

③处的区域列出了用户设计的界面所使用的全部控件。

④处的区域显示当前所选中的控件的属性信息。

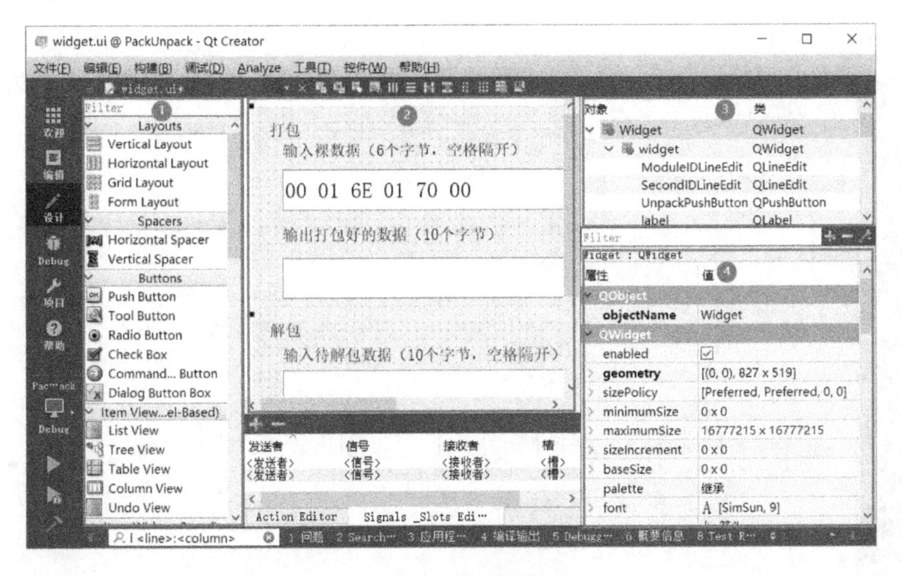

图 1-14　设计模式界面

（4）Debug 模式

Debug 模式的界面如图 1-15 所示。

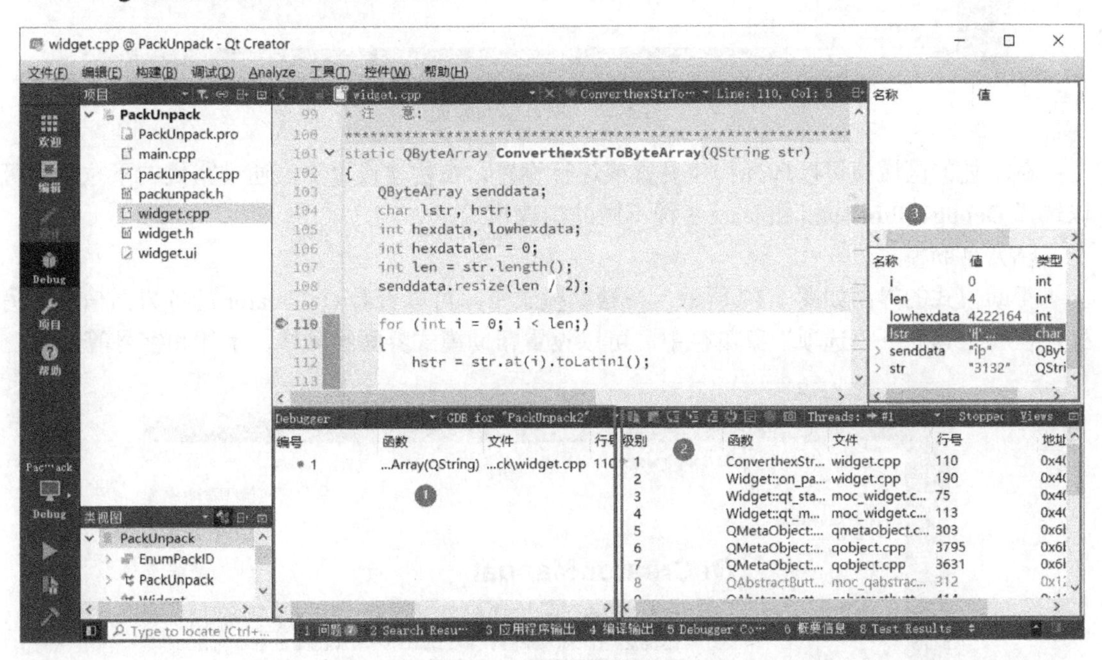

图 1-15　Debug 模式界面

图 1-15 中，①处的区域列出了代码中设置的断点。在②处的区域可看到函数调用堆栈，单击函数名即可跳转到对应源码。③处的区域为局部变量和表达式浏览区，在此区域可以查看变量和表达式的值。

（5）项目模式

项目模式包含对项目的构建设置、运行设置、编辑器设置、代码风格设置等内容，界面如图 1-16 所示。

图 1-16　项目模式界面

在①处的区域中可以选择构建设置或运行设置。在构建设置下，通过②处的下拉菜单可以选择 Debug、Profile 和 Release 3 种不同的构建模式。

（6）帮助模式

帮助模式的界面如图 1-17 所示。在帮助模式下，可以查看 Qt Creator 的各方面信息。另外，在“工具”→“选项”菜单栏中，可以设置帮助模式界面的风格、字体和字号等内容。

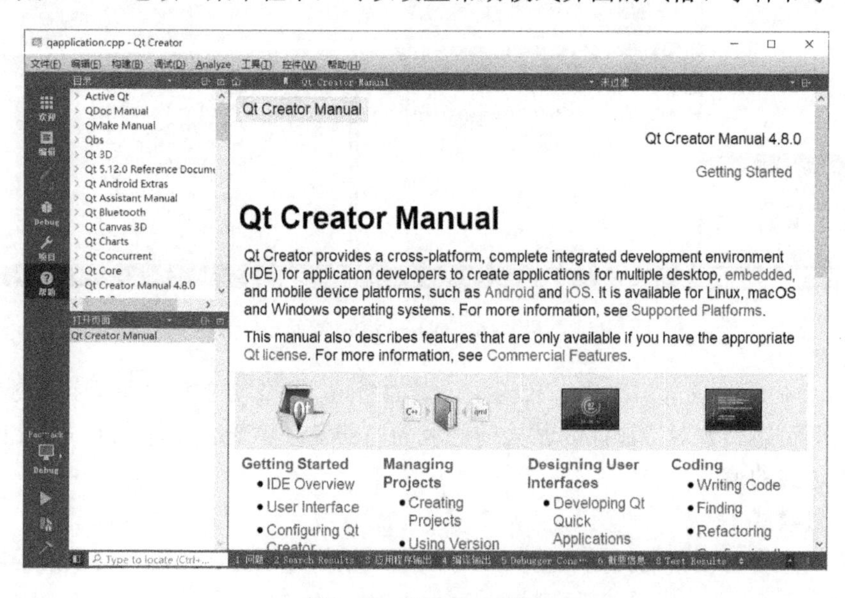

图 1-17　帮助模式界面

3. 构建套件选择器

构建套件选择器包含目标选择器、运行按钮、调试按钮和构建按钮 4 部分。目标选择器用于选择待构建的项目和使用的构建模式（Debug、Profile 和 Release）；运行按钮可实现项目的构建和运行；调试按钮可进入调试模式；构建按钮可构建所选项目。

4. 定位器

通过定位器可以快速查找项目、文件、类和方法等。

5. 输出窗口

Qt 的输出窗口包含“问题”“Search Results”“应用程序输出”“编译输出”“Debugger Console”和“概要信息”等 8 个选项。单击任意一项，将弹出对应的输出信息框，再次单击，即可收起输出信息框。

1.3.2　Qt 的选项配置

执行菜单命令“工具”→“选项”，打开“选项”对话框，如图 1-18 所示。

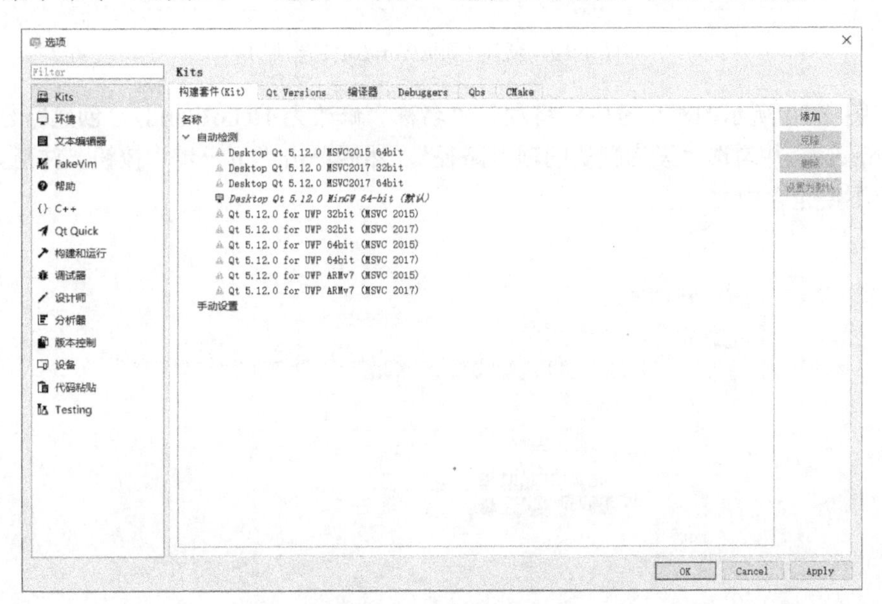

图 1-18　“选项”对话框

在 Kits 选项下，可以配置构建套件，单击任一套件名即可展开详细的配置信息，从而进行配置。在“环境”选项下，可以配置用户界面的颜色、主题和语言等。在“文本编辑器”选项下，可根据用户喜好配置代码的字体、字号和颜色。为确保代码的整齐性，还可以配置制表符策略、制表符尺寸和缩进尺寸。

以上简要介绍了常用的选项配置，更多的配置信息可以根据需要再做深入了解。

1.4　第一个 Qt 项目

1.4.1　新建 HelloWorld 项目

首先，在计算机的 D 盘下新建一个 QtProject 文件夹，然后打开 Qt Creator，执行菜单命令“文件”→“新建文件或项目”，在弹出的 New File or Project 对话框中，选择模板类型。

如图 1-19 所示，在“项目”栏中选择 Application，然后选择 Qt Widgets Application，最后单击 Choose 按钮。

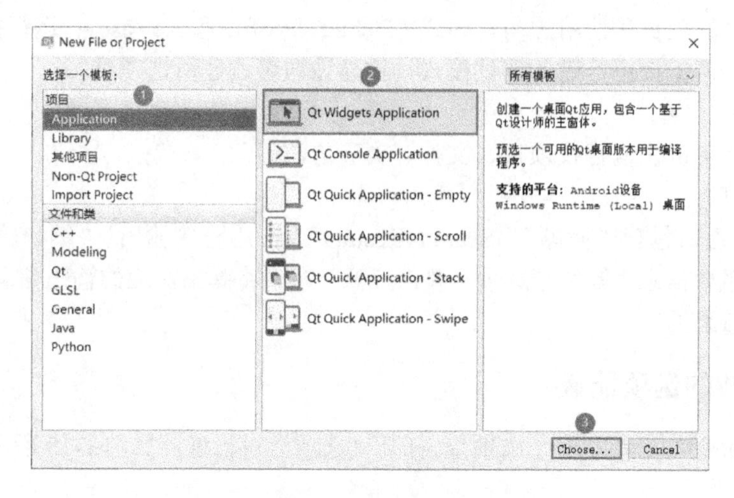

图 1-19　新建 HelloWorld 项目步骤 1

在如图 1-20 所示的对话框中，将项目“名称”修改为 HelloWorld，“创建路径”设置为“D:\QtProject”，并勾选“设为默认的项目路径”，然后单击“下一步”按钮。注意，Qt 的项目路径中不要包含中文。

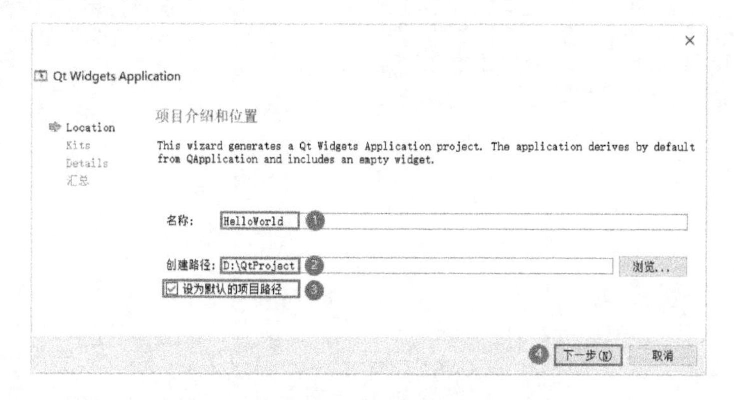

图 1-20　新建 HelloWorld 项目步骤 2

在弹出的如图 1-21 所示的对话框中，单击“下一步”按钮。

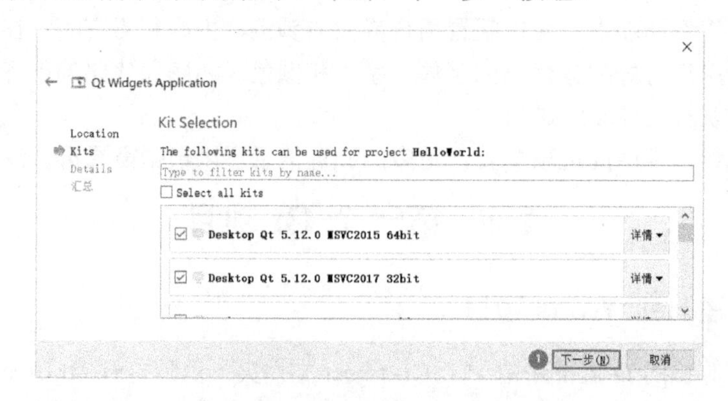

图 1-21　新建 HelloWorld 项目步骤 3

在如图 1-22 所示的对话框中，设置类信息，“基类”选择 QWidget，此时类名会自动修改为 Widget，并勾选“创建界面”，然后单击“下一步”按钮。

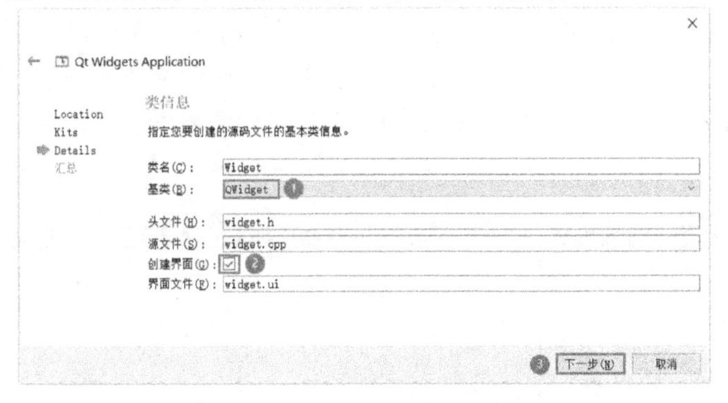

图 1-22　新建 HelloWorld 项目步骤 4

在如图 1-23 所示的对话框中，单击“完成”按钮。

图 1-23　新建 HelloWorld 项目步骤 5

新建项目完成后的界面如图 1-24 所示，双击打开项目下的 widget.ui 文件，进入设计模式。

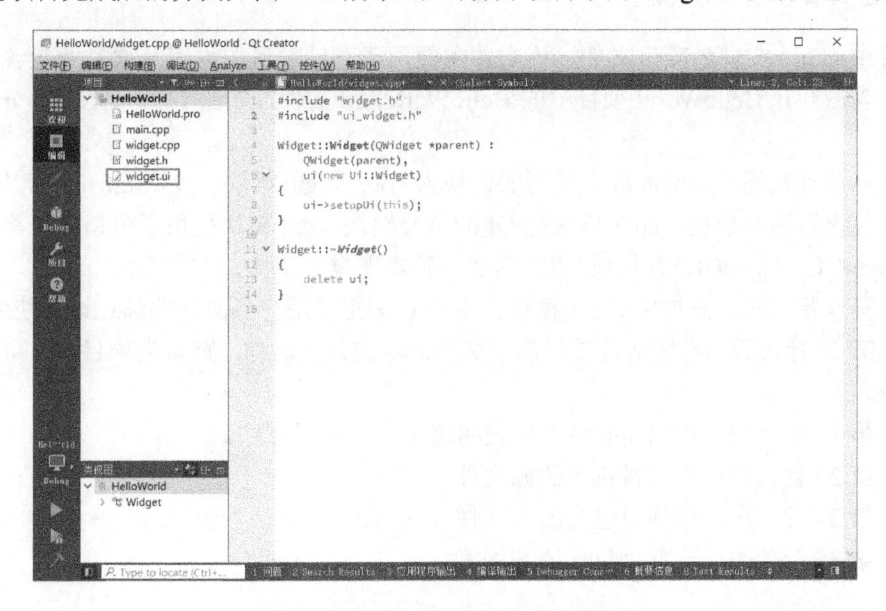

图 1-24　新建 HelloWorld 项目步骤 6

系统弹出如图 1-25 所示的窗体设计界面。首先，在控件栏的 Display Widgets 分组下找到 Label 控件，单击并长按 Label 控件，将其拖至设计的窗体中。然后，单击选中该控件，此时窗体右侧会显示该 Label 控件的属性信息，将 text 命名为 HelloWorld。由于 Label 的初始宽度有限，无法完整地显示“HelloWorld”文本，可以通过拖动文本框的方式适当扩大其宽度。最后，单击模式选择栏中的“编辑”按钮，即可返回编辑界面。

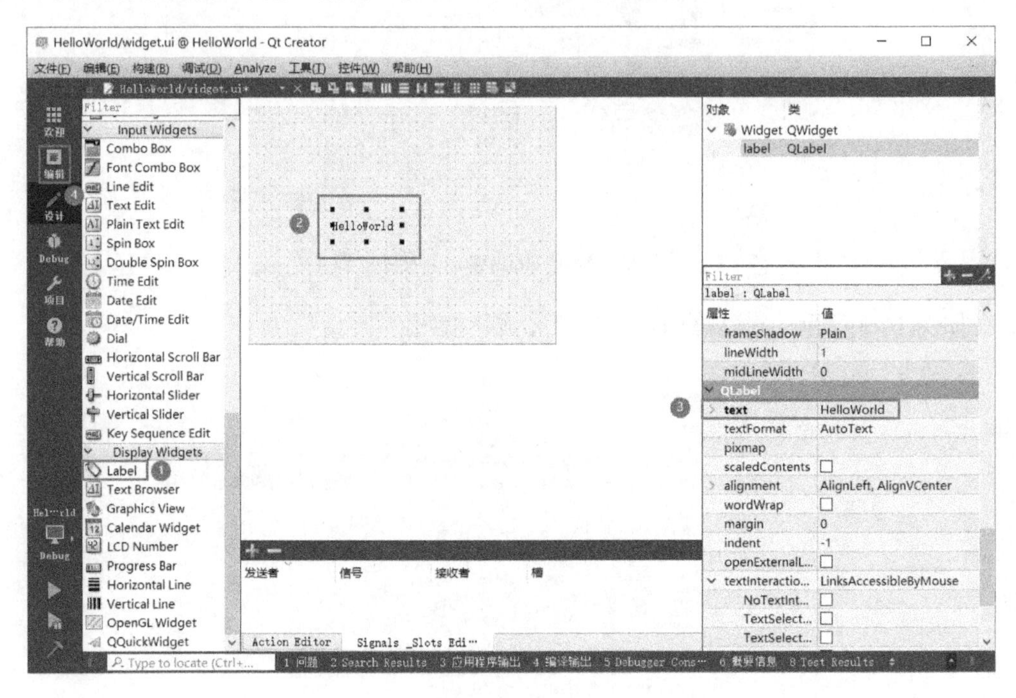

图 1-25　新建 HelloWorld 项目步骤 7

1.4.2　项目文件介绍

项目中的.pro 文件为项目文件，该文件主要用于存储项目的设置及项目所包含文件的组织管理。双击打开 HelloWorld 项目中的 HelloWorld.pro 文件，如图 1-26 所示。部分代码解释如下。

（1）第 7 行代码：表明此项目使用的模块为 core 和 gui 模块。使用 qmake 工具构建项目时，默认包含这两个模块。core 模块是 Qt 的核心模块，gui 模块提供了窗口系统集成、事件处理、OpenGL、OpenGL ES 集成、2D 图像、基本图像、字体、文本等。

（2）第 9 行代码：添加 widgets 模块，所有 C++程序用户界面部件都在该模块中。

（3）第 11 行代码：设置运行项目后生成的.exe 文件的名称，默认为项目名，可根据需要进行修改。

（4）第 12 行代码：使用 app 模板，表明这是一个应用程序。

（5）第 27 行代码：该项目包含的源文件。

（6）第 31 行代码：该项目包含的头文件。

（7）第 35 行代码：该项目包含的.ui 文件。

图 1-26　项目文件

1.4.3　设置应用程序图标

运行项目后，将在构建目录中生成应用程序。通常情况下，应用程序使用系统默认的.exe 文件图标，也可以根据需要更换图标。下面以 HelloWorld 项目为例简要介绍操作方法。

首先，制作一个文件类型为.ico 的图标，或使用本书配套资料包“04.例程资料\Product\00.HelloWorld”文件夹中的 HelloWorld.ico 文件。然后，将其保存于 HelloWorld 项目的目录中，如图 1-27 所示。

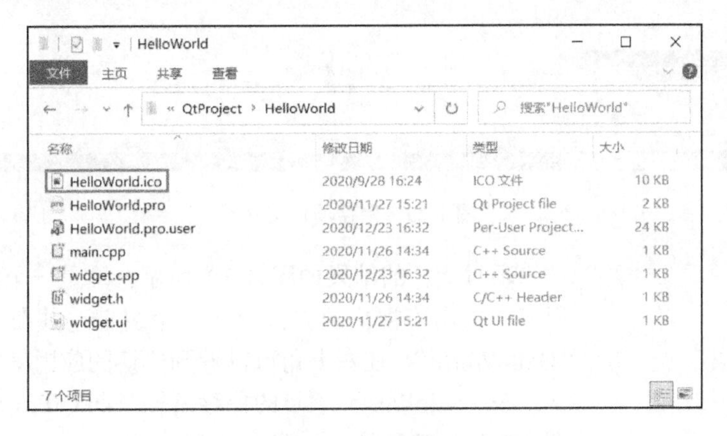

图 1-27　设置应用程序图标步骤 1

在项目文件中添加如图 1-28 所示的第 37 行代码，等号右边为图标的文件名。

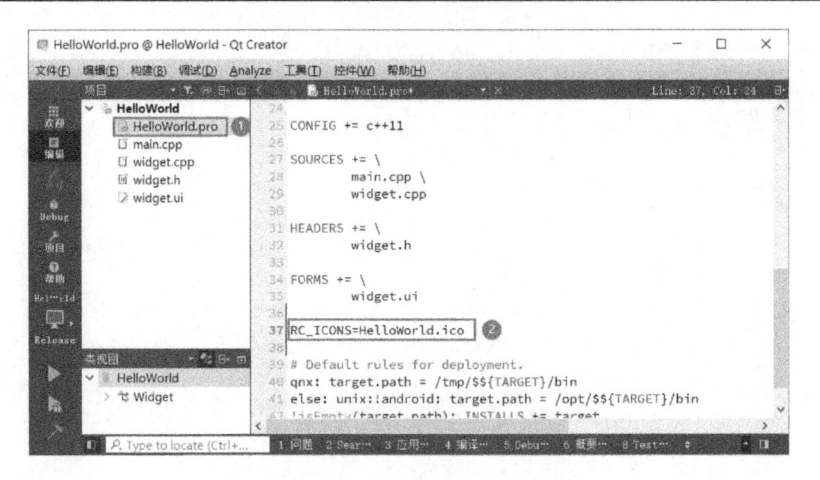

图 1-28　设置应用程序图标步骤 2

1.4.4　运行程序

完成上述修改界面文件及设置应用程序图标的步骤后，接下来便是最后一步：运行程序。执行菜单命令“构建”→“运行”，或单击▶按钮，构建并运行 HelloWorld 项目。如图 1-29 所示，在弹出的“保存修改”对话框中，单击 Save All 按钮。

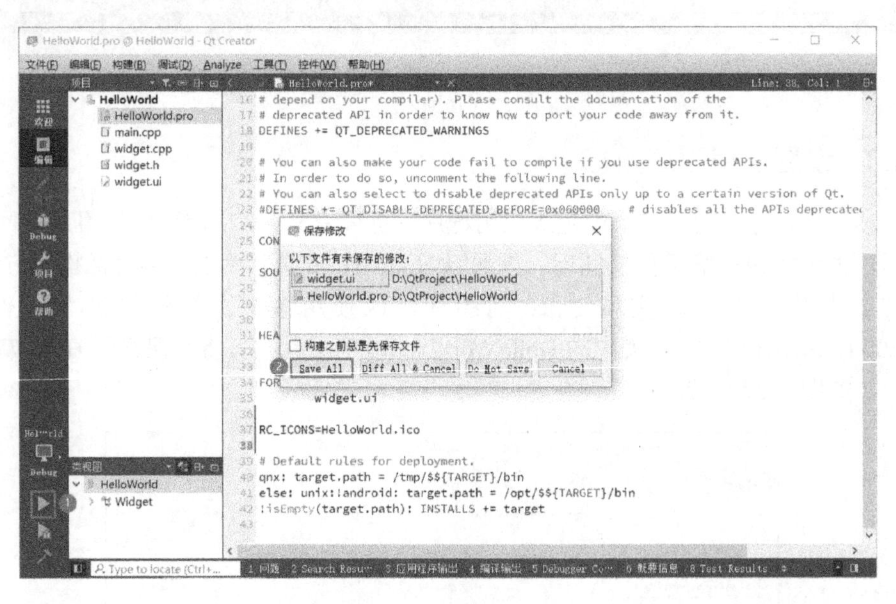

图 1-29　保存项目文件

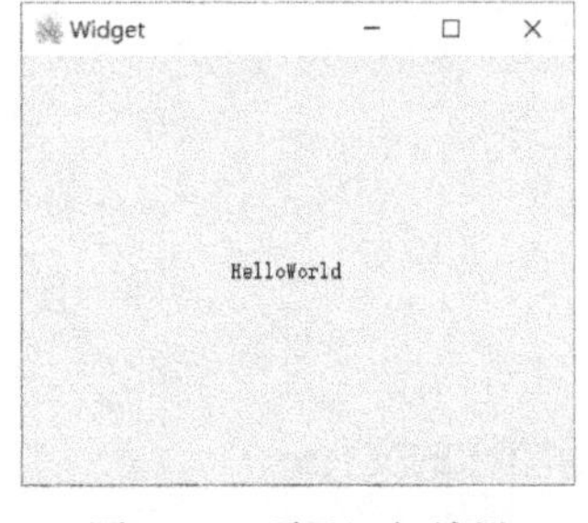

图 1-30　项目运行结果

项目运行的结果如图 1-30 所示。这是一个标准的桌面应用程序，采用可视化的方式设计一个窗口，并在上面显示字符串“HelloWorld”，在左上角可以看到更换的应用程序图标。

在 HelloWorld 项目的保存路径（D:\QtProject）下，可以看到生成的构建目录，如图 1-31 所示。

进入构建目录，可以看到 debug 和 release 两个文件夹及一些 makefile 文件等，生成的应用程序就保存在 debug 文件夹中。

图 1-31　构建目录所在路径

1.4.5　发布程序

下面简要介绍如何发布程序，使得在本机上开发完成的程序也可以在其他计算机上运行。由于包含了调试信息，使用 Debug 构建模式生成的程序需要依赖的动态链接库文件较大，因此，发布程序时通常使用 Release 版本。

如图 1-32 所示，先将构建模式设置为 Release，再单击▶按钮，构建并运行 HelloWorld 项目。

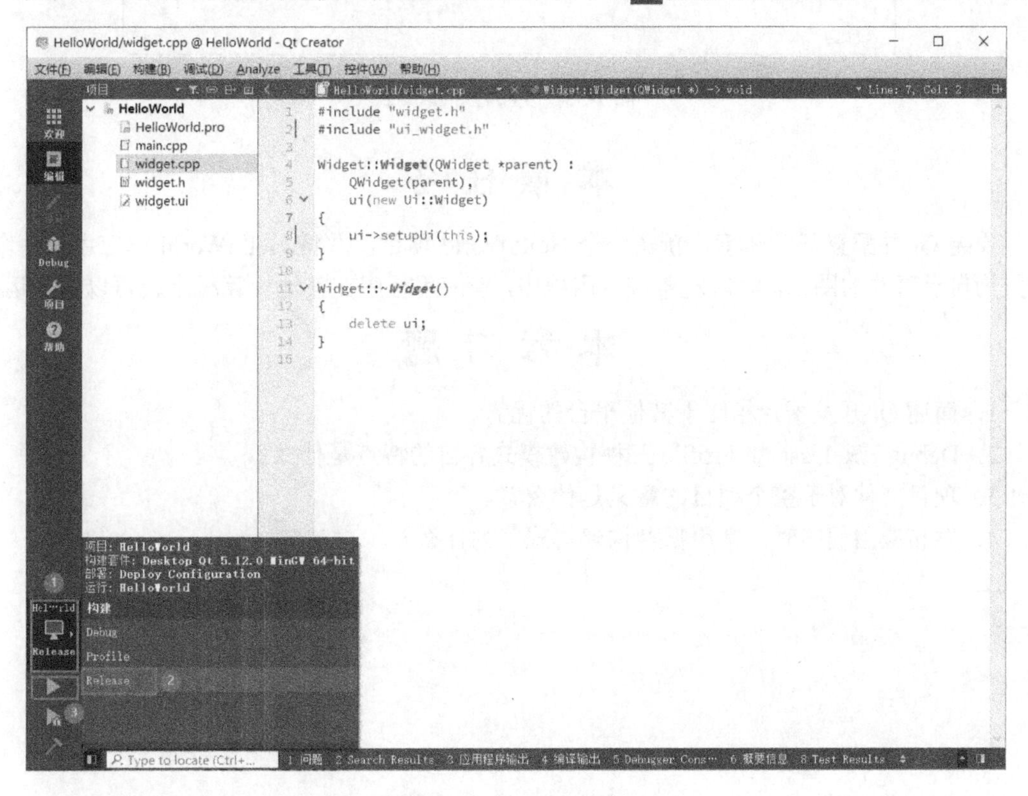

图 1-32　发布程序步骤 1

打开 HelloWorld 项目所在的路径，可以看到新生成了一个 build-HelloWorld-Desktop_Qt_5_12_0_MinGW_64_bit-Release 文件夹，双击打开该文件夹，构建生成的 HelloWorld.exe 文件保存在 release 文件夹中。将 HelloWorld.exe 文件复制到一个空文件夹中，双击运行，根据弹出的提示，依次从 Qt 安装路径下的 bin 目录（本机路径为 D:\Qt\Qt5.12.0\5.12.0\

mingw73_64\bin）中将所需要的.dll 文件复制到该文件夹中，再将 Qt 安装路径下的 platforms 目录（本机路径为 D:\Qt\Qt5.12.0\5.12.0\mingw73_64\plugins\platforms）复制到该文件夹中，其中 platforms 文件夹中只需保留 qminimal.dll 和 qwindows.dll 文件，如图 1-33 所示。将整个文件夹打包发送至其他计算机（Windows 系统），即使该计算机未安装 Qt，也可以运行压缩包中的 HelloWorld.exe 程序。另外，该程序经过修改，也可以在 Linux 系统上运行，具体操作可参见《医用仪器软件设计——基于 Qt（Linux 版）》一书。

图 1-33　发布程序步骤 2

本 章 任 务

安装 Qt 并配置开发环境，新建一个 HelloWorld 项目，并将 HelloWorld 的应用程序图标设置为自己喜欢的图标，然后发布该应用程序，使应用程序在其他计算机上也可以正常运行。

本 章 习 题

1．简述 Qt 开发平台相比于其他平台的优势。
2．Debug、Release 和 Profile 三种构建模式各自的特点是什么？
3．项目文件对于整个项目的意义是什么？
4．发布应用程序时，常用哪种构建模式？为什么？

第2章　Qt的类与控件

Qt 提供了非常丰富的类和 API 接口，便于开发者进行应用程序设计。此外，Qt 还提供了大量的控件，使图形用户界面的设计变得更简单。其中，每个控件都有一个专属类，专属类中包含了用于设置控件属性的各种方法，合理利用这些方法即可设计出丰富多彩的图形用户界面。

2.1　Qt 的 3 种基本类

2.1.1　QWidget 类

QWidget 类是所有用户界面对象的基类，是基础窗口部件。QWidget 类同时继承自 QObject 类和 QPaintDevice 类，QPaintDevice 类是所有可绘制的对象的基类。

QWidget 类的构造方法如下：

QWidget(QWidget *parent = 0, Qt::WindowFlags f = 0);

其中，参数 parent 指向父窗口，如果 parent 为 0，则该窗口为顶级窗口。参数 f 为构造窗口的标志，主要用于控制窗口的类型和外观等，常用值如下。

Qt::FramelessWindowHint：没有边框的窗口；

Qt::WindowStaysOnTopHint：总是最上面的窗口；

Qt::CustomizeWindowHint：关闭默认窗口标题提示；

Qt::WindowTitleHint：为窗口添加一个标题栏；

Qt::WindowSystemMenuHint：为窗口添加一个窗口菜单系统；

Qt::WindowMinimizeButtonHint：为窗口添加最小化按钮；

Qt::WindowMaximizeButtonHint：为窗口添加最大化按钮；

Qt::WindowMinMaxButtonsHint：为窗口添加最大化和最小化按钮；

Qt::WindowCloseButtonHint：窗口只有一个关闭按钮。

如果想去掉某个属性，则直接加符号“~”，示例代码如下：

```
setWindowFlags(windowFlags()&~Qt::WindowMaximizeButtonHint);    //去掉最大化按钮
```

2.1.2　QDialog 类

QDialog 类继承自 QWidget 类，是所有对话框窗口的基类。对话框窗口是顶级窗口，主要用于短期任务以及与用户进行简要通信。按照运行对话框时是否还能与该程序的其他窗口进行交互，将对话框分为模态和非模态。

- 模态对话框：在没有关闭之前，用户不能再与同一个应用程序的其他窗口进行交互，如“新建项目”对话框。
- 非模态对话框：既可与该对话框交互，还可与同一个应用程序的其他窗口进行交互，如“文本查找与替换”对话框。

还有一种比较少用的半模态对话框，介于模态和非模态之间。关于以上 3 种对话框的具体内容将在 5.3 节中介绍。

2.1.3 QMainWindow 类

QMainWindow 类继承自 QWidget 类，提供一个主应用程序窗口，MainWindow 的结构包括以下 5 部分：菜单栏、工具栏、停靠窗口、状态栏和中央窗口。其中，中央窗口可以是任何形式的 Widget，不建议为空。

菜单栏（QMenuBar）中包含多个菜单（QMenu），每个菜单还可以添加菜单项（QAction），如图 2-1 所示。

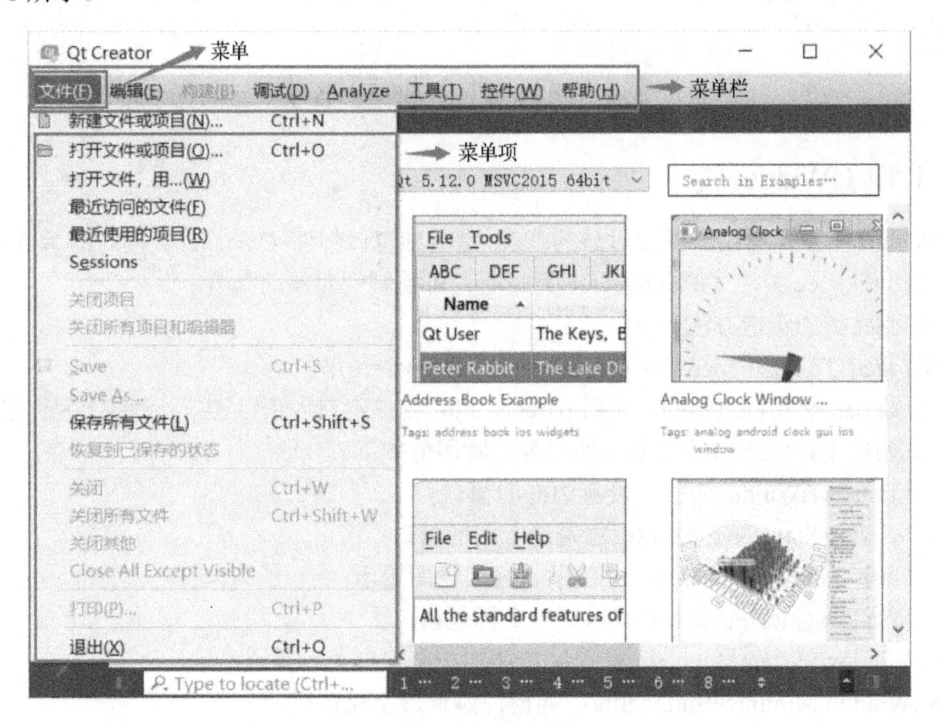

图 2-1　菜单、菜单栏和菜单项

工具栏（QToolBar）是应用程序集成各种功能快捷方式的区域，工具栏的元素可以是各种窗口组件，通常以图标按钮的形式存在。与菜单栏类似，工具栏的选项也由 QAction 定义。

状态栏（QStatusBar）是应用程序中输出简要信息的区域，通常位于主应用程序窗口底部。状态栏显示的消息类型一般有 3 种：实时消息、永久消息和进度消息。QStatusBar 是容器型组件，可以是任何 QWidget 的父组件。

2.2 字符串类 QString

字符串类 QString 是 Qt 编程中使用非常频繁的类，大部分程序基本都涉及字符串的处理。QString 以 Unicode 编码的形式存储一串 16 位的 QChar 字符，Unicode 是国际字符编码标准，支持绝大部分文字处理系统。此外，QString 使用隐式共享（Implicit Sharing）的参数传递方式来减少内存的使用和避免不必要的数据复制，不仅安全，而且效率高。因为在这个过程中，只有指向 QString 类型数据的指针被传递，并且有方法对该数据进行写操作时，才会复制该数据。除了用作数字量的输入/输出，QString 还有很多其他功能。熟悉常用的功能，有助于对字符串进行灵活处理，实现 Qt 的快速开发。更多相关内容可以参考 QString 类的帮助文档。

2.2.1　编辑字符串

QString 提供了多种简便的方法来编辑字符串，下面简要介绍几种常用的方法。

1．append()

append()方法用于在字符串后面添加字符或字符串，方法原型为 QString &QString::append(const QString &str)，参数 str 为待添加的字符或字符串。示例代码如下：

```
QString string1 = "Hello";
QString string2 = " World";
string1.append(string2);                //string1 == "Hello World"
string1.append("!");                    //string1 == "Hello World! "
```

2．prepend()

prepend()方法用于在字符串前面添加字符或字符串，方法原型为 QString &QString::prepend(const QString &str)，用法与 append()方法基本一致。

3．insert()

insert()方法用于在指定位置添加指定的字符或字符串，方法原型为 QString &QString::insert(int position, const QString &str)。其中，参数 position 为插入位置的索引值，参数 str 为待插入的字符或字符串。示例代码如下：

```
QString string = "word";
string.insert(3,"l");                   //string == "world"
```

4．remove()

remove()方法用于在指定位置移除指定数量的字符，方法原型为 QString &QString::remove(int position, int n)。其中，参数 position 为移除位置的索引值，参数 n 为待移除字符的数量。示例代码如下：

```
QString string = "early";
string.remove(3,2);                     //string == "ear"
```

5．replace()

replace()方法用于替换指定位置，指定数量的字符，方法原型为 QString &QString::replace(int position, int n, const QString &after)。其中，参数 position 为替换位置的索引值，参数 n 为待替换字符的数量，参数 after 为待替换的字符或字符串。示例代码如下：

```
QString string1 = "Say No!";
QString string2 = "Yes";
string1.replace(4,2,string2);           //string1 == "Say Yes! "
```

6．trimmed()

trimmed()方法用于去除字符串两端的空白字符（包括回车字符“\n”、换行字符“\r”、制表符“\t”和空格“ ”等），方法原型为 QString QString::trimmed() const。示例代码如下：

```
QString string = "  lots\t of\nwhitespace\r\n ";
string = string.trimmed();              //string == "lots\t of\nwhitespace"
```

7．simplified()

simplified()方法用于去除字符串两端空白字符的同时，将字符串中间连续的空白字符替换为单个空格，方法原型为 QString QString::simplified() const。示例代码如下：

```
QString string = "  lots\t of\nwhitespace\r\n ";
string = string.trimmed();                         //string == "lots of whitespace"
```

8．split()

split()方法通过指定符号将一个字符串分割为多个子字符串。示例代码如下：

```
QString string = "a,b,c";
QStringList list = string.split(",");              //list: ["a", "b", "c"]
```

在上述示例中，string = "a,b,c"，以“,”作为标志将 string 分割为“a”“b”和“c”三部分。

2.2.2　字符串查询

1．count()、size()和 length()

count()、size()和 length()方法的功能都是返回字符串中字符的个数。示例代码如下：

```
QString string = "Hello";
int n = string.size();                             //n == 5
```

2．at()

at()方法返回字符串中指定索引位置的字符。示例代码如下：

```
QString string = "Hello";
QChar a = string.at(1);                            //a == 'e'
```

3．isEmpty()和 isNull()

isEmpty()和 isNull()方法的功能都是判断字符串是否为空，但略有差别：只有对于未赋值的字符串，isNull()才会返回 true；对于一个只有“\0”的空字符串，isEmpty()返回 true，而 isNull()返回 false。

4．startsWith()和 endsWith()

startsWith()方法用于判断字符串是否以某个字符串开头，endsWith()方法用于判断字符串是否以某个字符串结尾，是则返回 true，否则返回 false。示例代码如下：

```
QString string = "Welcome!";
string.startsWith("wel",Qt::CaseSensitive);        //return false
string.startsWith("wel",Qt::CaseInsensitive);      //return true
```

参数 Qt::CaseSensitive 表示区分大小写，Qt::CaseInsensitive 表示不区分大小写。

5．contains()

contains()方法用于判断在当前字符串中是否包含指定的字符串，方法原型为 bool QString::contains(const QString &str, Qt::CaseSensitivity cs = Qt::CaseSensitive) const。若包含，则返回 true；否则返回 false。

6．indexOf()和 lastIndexOf()

indexOf()方法用于在当前字符串中查找指定字符串首次出现的位置，未找到则返回-1，方法原型为 int QString::indexOf(const QString &str, int from = 0, Qt::CaseSensitivity cs = Qt::CaseSensitive) const。其中，参数 str 为待查找的字符串，参数 from 为开始查找的位置，参数 Qt::CaseSensitivity cs 指定是否区分大小写，省略时默认为区分大小写。示例代码如下：

```
QString string1 = "Sticky question";
QString string2 = "sti";
string1.indexOf(string2);                           // returns 10
string1.indexOf(string2,0,Qt::CaseInsensitive);     // returns 0
string1.indexOf(string2, 1);                        // returns 10
string1.indexOf(string2, 10);                       // returns 10
string1.indexOf(string2, 11);                       // returns -1
```

2.2.3　字符串的转换

QString 类提供了丰富的转换方法，可以将一个字符串转换为各种数值类型或其他字符编码集。

1．toInt()

toInt()方法可以将字符串转换为整型数值，方法原型为 int QString::toInt(bool *ok = Q_NULLPTR, int base = 10) const。第 1 个参数为 bool 类型的指针，用于返回转换的状态，转换成功返回 true，否则返回 false；第 2 个参数指定转换的基数，可以通过设置该参数将字符串以其他进制转换方式转换为整型数值，省略时默认为十进制转换。类似的方法还有 toFloat()、toDouble()、toLong()和 toLongLong()等。示例代码如下：

```
QString str = "11";
bool ok;
str.toInt();                    //返回 11
str.toInt(&ok,2);               //返回 3
str.toInt(&ok,8);               //返回 9
str.toInt(&ok,10);              //返回 11
str.toInt(&ok,16);              //返回 17
```

2．QString::number()

QString::number()方法可以将整数转换为字符串，方法原型为 QString QString::number(int n, int base = 10)。第 1 个参数为待转换的整数，第 2 个参数为指定转换的基数，省略时默认以十进制进行转换，可以通过设置该参数将整数以其他进制的转换方式转换为字符串。示例代码如下：

```
int a = 11;
QString::number(a);             //返回"11"
QString::number(a,2);           //返回"1011"
QString::number(a,8);           //返回"13"
QString::number(a,10);          //返回"11"
QString::number(a,16);          //返回"b"
```

3．toUpper()和 toLower()

toUpper()和 toLower()方法分别可以返回字符串大写和小写形式的副本。示例代码如下：

```
QString string = "Test";
string.toUpper();               //返回"TEST"
string.toLower();               //返回"test"
```

2.3　容器类 QList

Qt 提供了很多基于模板的容器类，如常用的容器类 QList<T>，T 是一种具体的数据类型，包含简单的 int、float 和 double 等基本数据类型，以及 Qt 的特定数据类型（如 QString、QData 和 QTime 等）。存储在容器中的数据必须是可赋值的数据类型，这种数据类型必须提供一个省略参数的构造方法、一个可复制构造方法和一个赋值运算符。QObject 类及其子类是无法存储在容器中的，因为这些类没有可复制构造方法和赋值运算符。

相比于 C++标准模板库，Qt 的容器类在速度、存储和内联代码等多个方面进行了优化，使其更加安全，且易于使用。

QList<T>中存储了一个类型为 T 的数据列表，因为这些数据是按线性存储的，所以也称为顺序容器，列表中的数据可以通过索引访问。在内部，QList 使用数组来实现，因此可以通过类似数组下标的索引来访问列表中的数据。此外，类似于 QString，QList 也可以使用一系列方法来编辑存储的数据列表，具体如下：

- 使用 append()和 prepend()分别向链表的末尾和开头添加元素；
- 使用 insert()向链表的指定索引位置插入元素；
- 使用 removeFirst()和 removeLast()分别删除链表的第一个和最后一个元素；
- 使用 removeAt()删除链表中指定索引位置的元素；
- 使用 clear()清空链表；
- 使用 first()和 last()访问链表中的第一个和最后一个元素；
- 使用 at()和 value()访问链表中指定索引位置的元素；
- 使用 count()、size()和 length()获取链表的元素个数；
- 使用 isEmpty()判断链表是否为空；
- 使用 contains()查询链表中是否包含指定元素；
- 使用 indexOf()和 lastIndexOf()查询指定元素首次和最后一次出现的索引位置。

上述大部分方法已经介绍过，这里不再赘述，更多有关方法的用法可参考 QList 的帮助文档。

2.4　控件

Qt 提供了多种类型的控件，便于用户进行图形界面设计。在设计模式下，可看到这些控件被分为 8 个组：Layouts——布局管理组、Spaces——空间间隔组、Buttons——按钮组、Item Views（Model-Based）——项目视图组、Item Widgets（Item-Based）——项目控件组、Containers——容器组、Input Widgets——输入部件组和 Display Widgets——显示部件组。下面依次简要介绍这些控件。

2.4.1　布局管理组

布局管理组（Layouts）中的控件列表如图 2-2 所示。

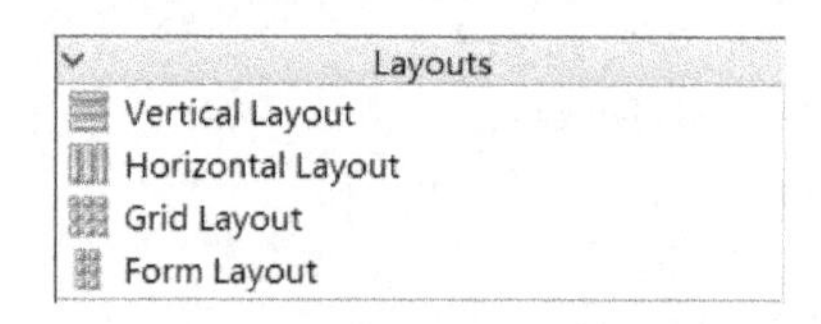

图 2-2　布局管理组控件列表

图中 4 个控件的含义如表 2-1 所示。

表 2-1　布局管理组控件含义

控　件	含　义
Vertical Layout	垂直布局
Horizontal Layout	水平布局
Grid Layout	网格布局
Form Layout	表单布局

如图 2-3 所示为各种布局方式的应用效果示意图。有关这 4 种布局管理器的具体内容将在 5.1 节中介绍。

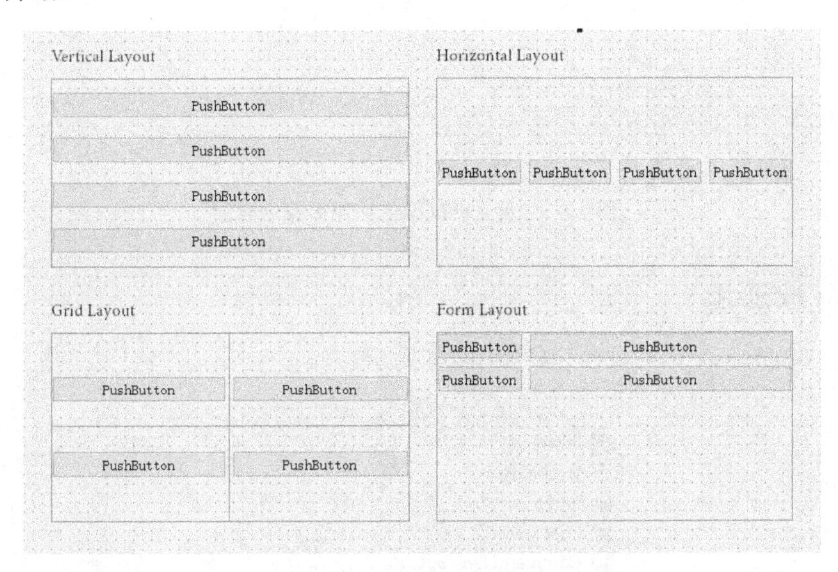

图 2-3　4 种布局管理器的应用效果示意图

2.4.2　空间间隔组

空间间隔组（Spacers）中的控件列表如图 2-4 所示。

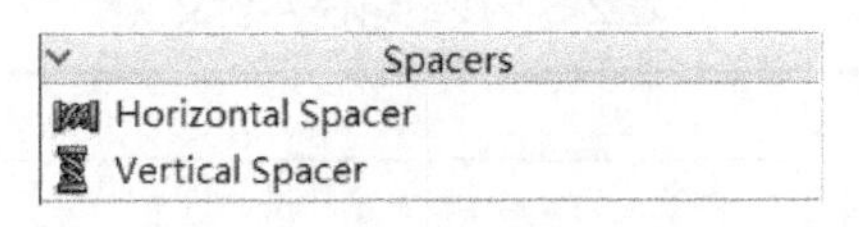

图 2-4　空间间隔组控件列表

图中 2 个控件的含义如表 2-2 所示。

表 2-2　空间间隔组控件含义

控　件	含　义
Horizontal Spacer	水平空间间隔
Vertical Spacer	垂直空间间隔

如图 2-5 所示为这 2 个控件的简单应用。

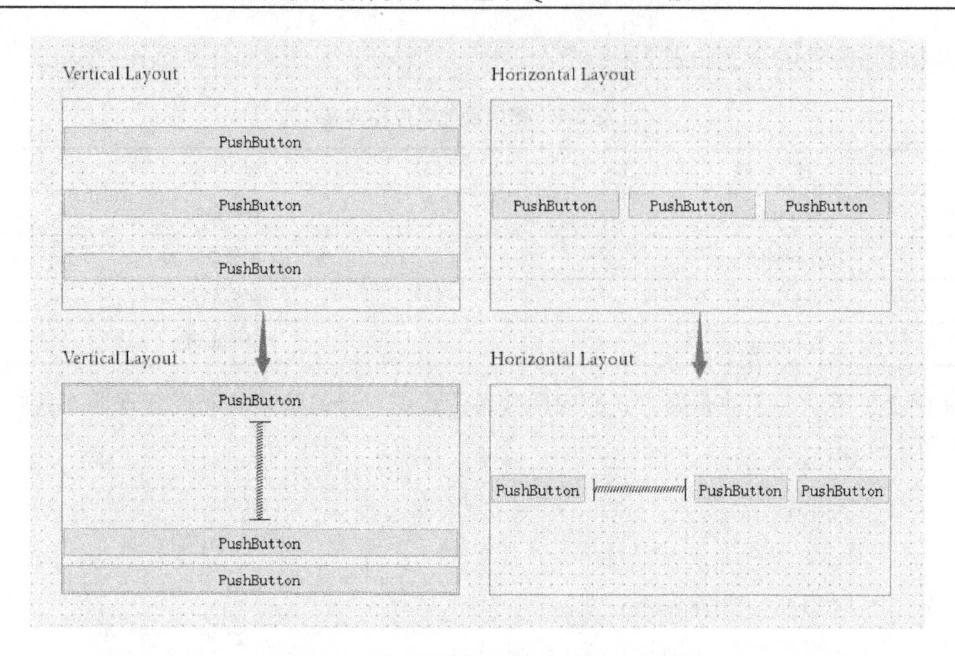

图 2-5　2 种空间间隔的应用效果示意图

2.4.3　按钮组

按钮组（Buttons）中的控件列表如图 2-6 所示。

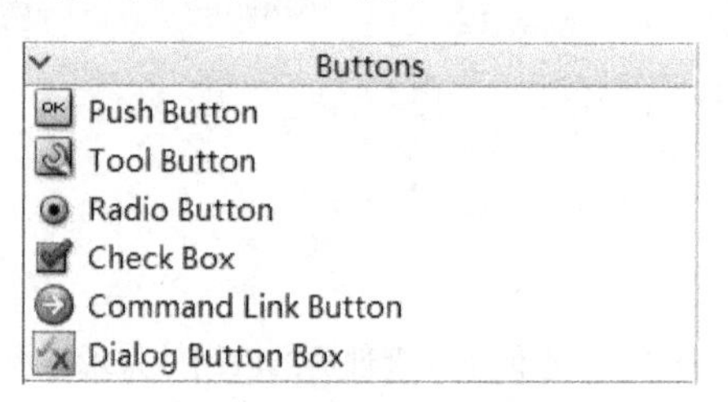

图 2-6　按钮组控件列表

图中 6 个控件的含义如表 2-3 所示。

表 2-3　按钮组控件含义

控　件	含　义
Push Button	按钮
Tool Button	工具按钮
Radio Button	单选按钮
Check Box	复选框
Command Link Button	命令链接按钮
Dialog Button Box	对话框按钮盒

下面简要介绍 Push Button、Radio Button、Check Box 和 Tool Button 这 4 种按钮。常用的前 3 种按钮的用法如图 2-7 所示。

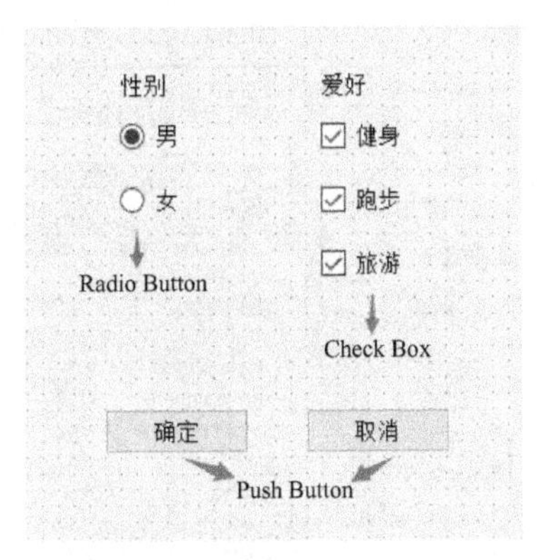

图 2-7　常用 3 种按钮的应用效果示意图

1. Push Button

Push Button 是进行图形用户界面设计时最常用的控件之一，通过单击按钮让计算机执行相应的操作，典型的按钮有“确定”“取消”“是”“否”“关闭”等。按钮的文本可以在 QAbstractButton 栏的 text 中设置，如图 2-8 所示，先在用户设计界面中单击待修改的控件，然后在控件属性框的 QAbstractButton 栏中，将 text 设为相应内容。

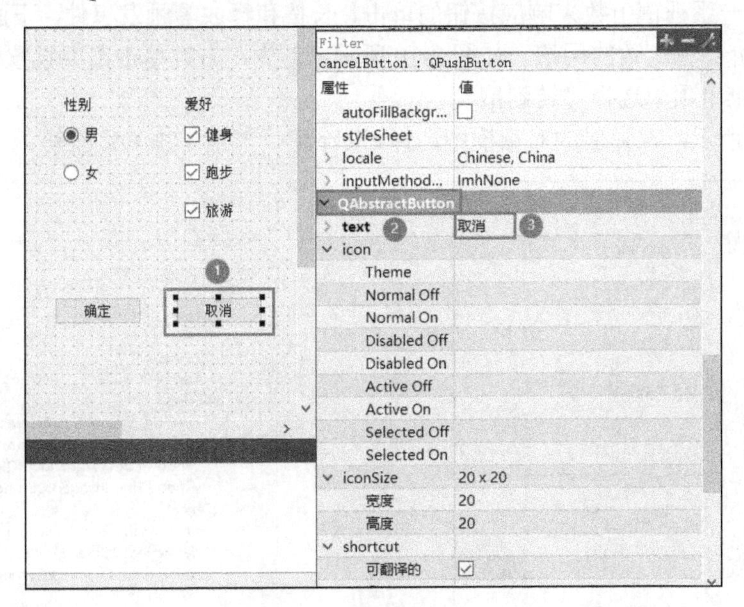

图 2-8　修改按钮文本

还可以通过 setText()方法来修改。具体方法如下：

```
ui->cancelButton->setText(“取消”);
```

其中，cancelButton 为该按钮的名称，每个控件都有自己的名称。但应注意，在同一界面中，每个控件的名称必须是独一无二的。当一个控件被添加到用户设计界面时，系统会根据当前界面中同种类型控件的数量为该控件分配一个带序列号的名称，为了便于后续在代码中使用该控件，建议根据控件的功能对应修改控件的名称，以增加控件的辨识度和代码的可读性。修改控件名称的方法如图 2-9 所示，在用户设计界面中，单击待修改的控件，然后在控件属性框的 QObject 栏中，将 objectName 设为合适的控件名称。

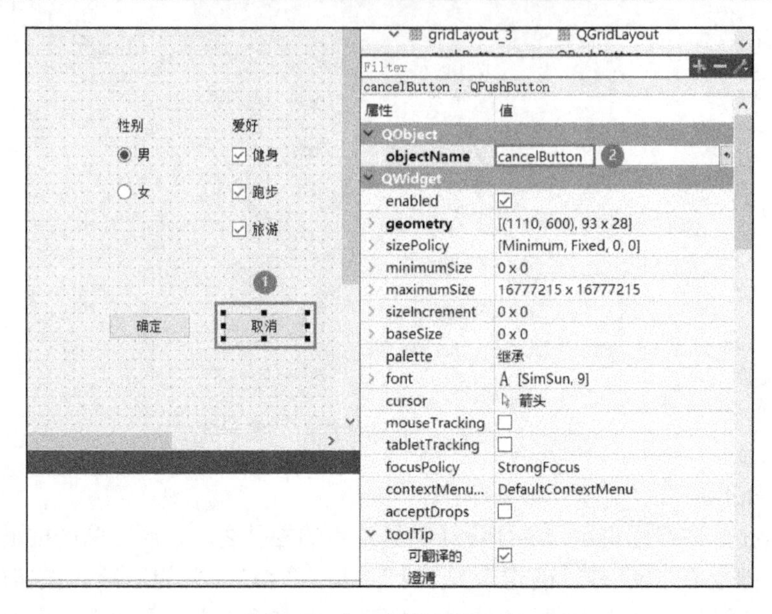

图 2-9　修改控件按钮名称

Qt 提供了一系列槽函数来响应按钮的单击、长按和释放等触发事件。下面以按钮单击事件为例，简要介绍槽函数的用法。如图 2-10 所示，首先，右键单击需要设置槽函数的按钮，然后在弹出的菜单项中选择“转到槽”。

如图 2-11 所示，在弹出的对话框中选择 clicked()，然后单击 OK 按钮。

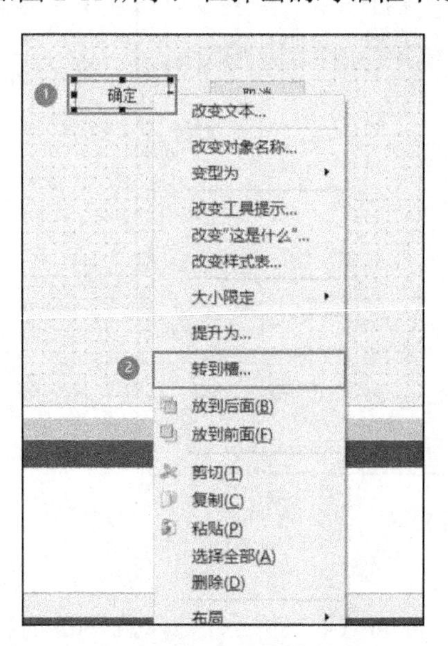

图 2-10　为按钮添加槽函数

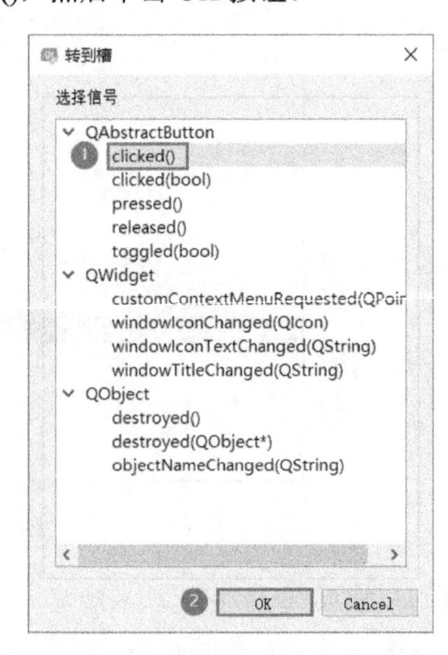

图 2-11　选择槽函数的触发信号

此时在.cpp 文件中会自动添加按钮单击事件的槽函数，如下所示：

```
void Widget::on_okButton_clicked()
{

}
```

在以上函数中添加想要在单击按钮后实现的代码即可。有关信号与槽的具体内容将在 5.2 节中介绍。

2．Radio Button

Radio Button 控件提供一个带有文本标签的单选按钮，可以打开（选中）或关闭（取消选中）。单选按钮通常提供多个选项供选择，在一组单选按钮中，同一时间最多只能有一个单选按钮处于选中状态，当选中其他未选中的按钮时，先前处于选中状态的按钮会取消选中。每当按钮的选中状态改变时，会触发 toggled()信号，可以通过 isChecked()方法查看是否选中了特定按钮。与 Push Button 控件一样，Radio Button 控件也可以通过 setText()方法修改文本。

3．Check Box

Check Box 控件提供一个带有文本标签的复选框，可以打开（选中）或关闭（取消选中）。当一组复选框提供多个选项时，同一时间可以有任意多个复选框处于选中状态，且各个复选框之间相互独立，互不影响。每当一个复选框的选中状态改变时，会触发 stateChanged()信号，可以通过 isChecked()方法查看是否选中了特定复选框，也可以通过 setText()方法修改复选框文本。

4．Tool Button

工具按钮 Tool Button 常用于 QMainWindow 的工具栏 QToolBar 中（见 2.1.3 节），当使用 QToolBar: addAction()方法添加 QAction 时，就会创建一个 Tool Button。

2.4.4　项目视图组

项目视图组（Item Views）中的控件列表如图 2-12 所示。

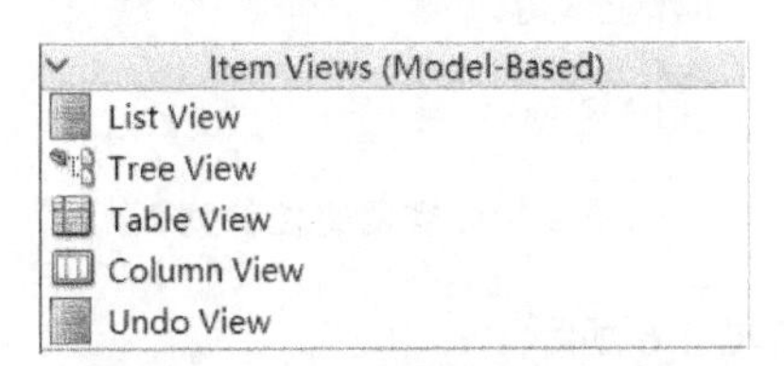

图 2-12　项目视图组控件列表

图中 5 个控件的含义如表 2-4 所示。

表 2-4　项目视图组控件含义

控　件	含　义
List View	清单视图
Tree View	树视图
Table View	表视图
Column View	列视图
Undo View	撤销视图

2.4.5　项目控件组

项目控件组（Item Widgets）中的控件列表如图 2-13 所示。

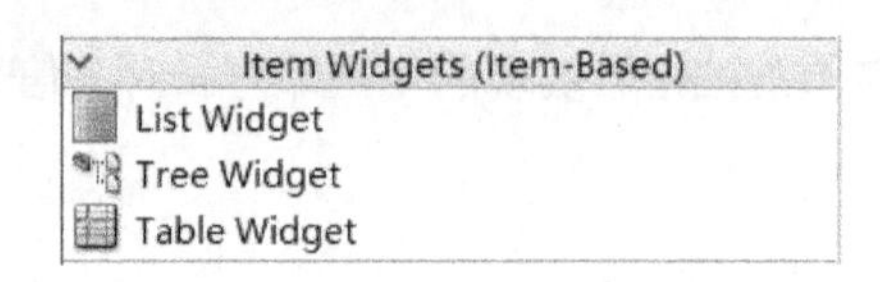

图 2-13　项目控件组控件列表

图中 3 个控件的含义如表 2-5 所示。

表 2-5　项目控件组控件含义

控　件	含　义
List Widget	清单控件
Tree Widget	树形控件
Table Widget	表控件

2.4.6　容器组

容器组（Containers）中的控件列表如图 2-14 所示。

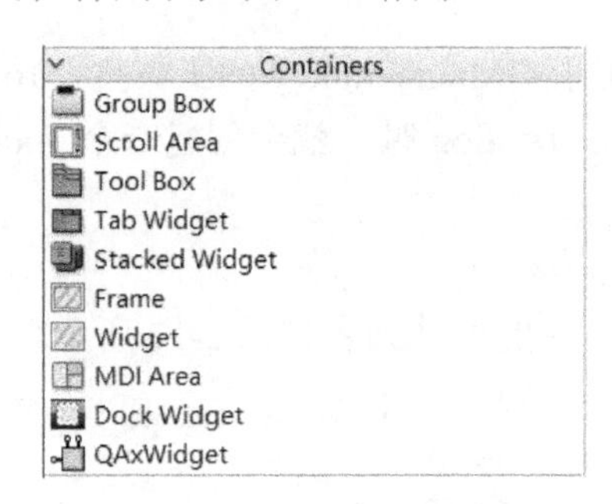

图 2-14　容器组控件列表

图中 10 个控件的含义如表 2-6 所示。

表 2-6　容器组控件含义

控　件	含　义
Group Box	分组框
Scroll Area	滚动区域
Tool Box	工具箱
Tab Widget	标签小部件
Stacked Widget	堆叠部件
Frame	帧
Widget	小部件
MDI Area	MDI 区域
Dock Widget	停靠窗体部件
QAxWidget	封装 Flash 的 ActiveX 控件

下面简要介绍 Group Box 控件。

Group Box（分组框）提供一个框架、一个标题和一个键盘快捷键，并且显示其中的其他窗口部件。如图 2-15 所示为两个简单的 Group Box 分组框，可以通过在 Second Box 的属性设置框中勾选 checkable，给标题 Second Box 加上一个 Check Box；再勾选 checked，将 Second Box 设置为勾选状态。也可以通过 setCheckable()和 setChecked()方法进行同样的设置。

图 2-15　分组框应用效果示意图

2.4.7　输入部件组

输入部件组（Input Widgets）中的控件列表如图 2-16 所示。

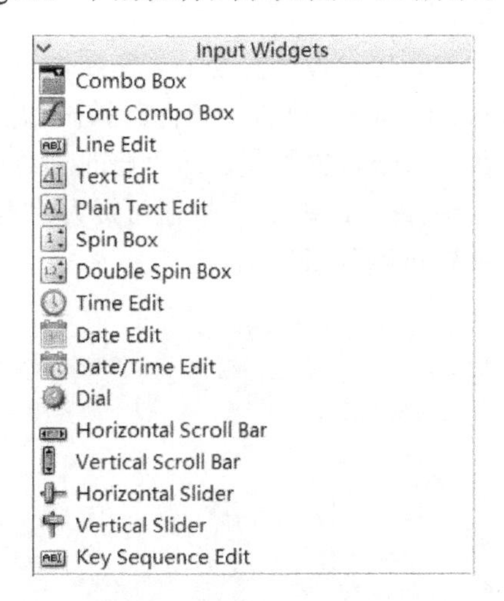

图 2-16　输入部件组控件列表

图中 16 个控件的含义如表 2-7 所示。

表 2-7　输入部件组控件含义

控　件	含　义
Combo Box	组合框
Font Combo Box	字体组合框
Line Edit	行编辑框
Text Edit	文本编辑框
Plain Text Edit	纯文本编辑框
Spin Box	数字显示框（自旋盒）
Double Spin Box	双自旋盒
Time Edit	时间编辑
Date Edit	日期编辑
Date/Time Edit	日期/时间编辑
Dial	拨号
Horizontal Scroll Bar	横向滚动条
Vertical Scroll Bar	垂直滚动条

续表

控　件	含　义
Horizontal Slider	横向滑块
Vertical Slider	垂直滑块
Key Sequence Edit	按键序列编辑框

下面简要介绍 Combo Box、Line Edit 和 Plain Text Edit。

1．Combo Box

Combo Box 控件是一个带弹出列表的组合框，可提供一种以占用最少屏幕空间的方式向用户展示项目列表的方法，如图 2-17 所示。

将一个 Combo Box 控件添加到用户设计界面后，在属性设置框中的 QObject 栏中，将该组合框的 objectName 设置为 comboBox。双击该控件，弹出如图 2-18 所示的“编辑组合框”对话框，单击按钮新建项目，双击新建的项目即可修改项目内容，最后单击 OK 按钮，保存并退出。当组合框中存在多个项目时，单击按钮可提升当前所选项目的优先级，单击按钮可降低优先级，单击按钮可删除所选项目。

图 2-17　组合框的应用效果示意图

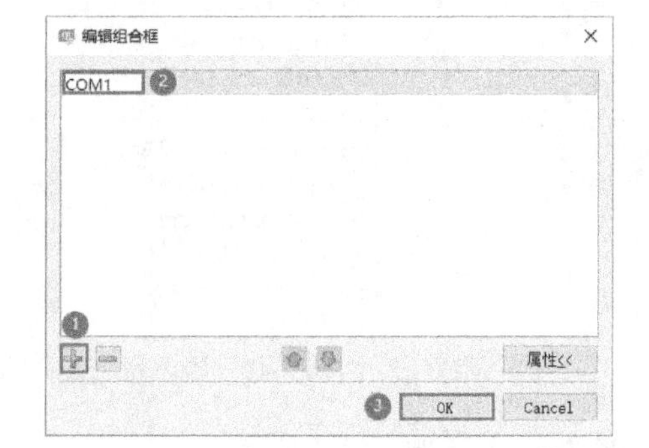

图 2-18 “编辑组合框”对话框

除了上述直接编辑组合框的方式，还可以通过 QComboBox 类提供的一系列方法来编辑组合框：使用 addItem()方法按顺序添加项目；使用 insertItem()方法在指定位置插入项目；使用 setItemText()方法编辑项目内容；使用 removeItem()方法删除项目；使用 clear()方法删除所有项目。示例代码如下：

```
ui->comboBox->addItem("COM3");           //在 comboBox 组合框的最后一项后面添加一项“COM3”
ui->comboBox->insertItem(2,"4");         //将“4”添加到组合框的第 3 项
ui->comboBox->setItemText(2,"COM4");     //将第 3 项改为“COM4”
ui->comboBox->removeItem(1);             //删除组合框的第 2 项
```

图 2-17 所示的组合框经过以上代码编辑后的结果如图 2-19 所示。

在应用程序中，当组合框显示的当前项发生改变时，会触发 currentIndexChanged()信号，使用 currentText()方法可以返回当前项目的文本。

2．Line Edit

Line Edit 控件是一个单行文本编辑器，允许用户使用剪切、粘贴、撤销和重做等编辑功能输入或编辑一行纯文本。可以使用 setText()方法更改编辑器的文本，使用 text()方法获取编辑器中的文本，示例代码如下：

```
ui->lineEdit->setText("This is LineEdit");
QString string = ui->lineEdit->text();        //string =="This is LineEdit"
```

代码运行结果如图 2-20 所示。

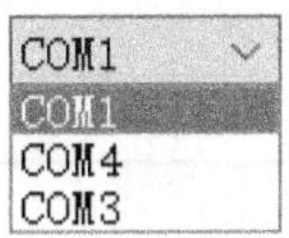

图 2-19　编辑后的组合框

图 2-20　行编辑框运行效果

3. Plain Text Edit

Plain Text Edit 控件用于编辑和显示纯文本，经过优化，可处理大型文档并快速响应用户输入。QPlainTextEdit 中的文本以段落的形式存在，一个段落就是一个字符串，字符串会适应窗口的宽度调整每一行显示的字符数。在默认情况下，阅读纯文本时，一个换行符表示一个段落。

可以使用 setPlainText()方法设置或替换文本，替换时会删除现有文本并设置为传递给 setPlainText()的文本；使用 appendPlainText()方法在编辑器的末尾添加一个新的段落；使用 toPlainText()方法获取编辑器中的文本；使用 clear()方法清空编辑器。

2.4.8 显示部件组

显示部件组（Display Widgets）中的控件列表如图 2-21 所示。

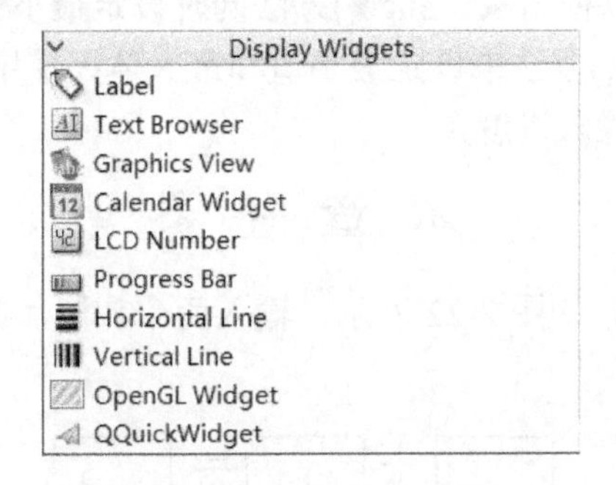

图 2-21　显示部件组控件列表

图中 10 个控件的含义如表 2-8 所示。

表 2-8　显示部件组控件含义

控　件	含　义
Label	标签
Text Browser	文本浏览器
Graphics View	图形视图
Calendar Widget	日历
LCD Number	液晶数字
Progress Bar	进度条
Horizontal Line	水平线

续表

控　件	含　义
Vertical Line	垂直线
OpenGL Widget	开放式图形工具
QQuickWidget	嵌入 QML 工具

下面简要介绍 Label、Text Browser 和 Progress Bar。

1. Label

Label 控件用于显示文本或图像，不提供用户交互功能。可以使用 setStyleSheet()方法来设置图形界面的外观；使用 setMinimumSize()方法设置部件的最小尺寸；使用 setFond()方法设置字体；使用 setText()方法设置标签的文本；使用 setPixmap()方法设置标签的像素图；使用 setAlignment()方法设置标签中文本的对齐方式，默认左对齐和垂直居中。

2. Text Browser

Text Browser 控件提供一个带有超文本导航的富文本浏览器，用户只能浏览而不能编辑。可以使用 append()方法向浏览器中添加文本，也可以使用 clear()方法清空浏览器。

3. Progress Bar

Progress Bar 控件提供一个水平或垂直进度条，进度条用于向用户指示操作的进度，且表明程序仍在运行。进度条的进度显示基于百分比：先设定进度条的最小值和最大值，在程序运行过程中，获取当前值，并计算当前值与最小值之差，再除以最大值与最小值之差，得到的百分比即为当前进度。可以使用 setRange()方法同时设定最小值和最大值，也可以分别使用 setMinimum()和 setMaximum()方法来设定最小值和最大值；使用 setValue()方法设定当前值；使用 setVisible()方法显示或隐藏进度条。

本 章 任 务

设计一个简单的加法器，如图 2-22 所示，输入两个加数，单击“计算”按钮，可得到计算结果。

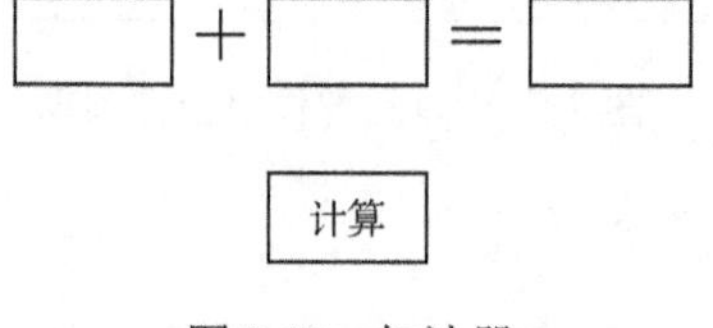

图 2-22　加法器

本 章 习 题

1. 简述模态对话框与非模态对话框的区别。
2. MainWindow 由哪些部分组成？
3. 简述 Qstring 类的特点。
4. 常用的用于查询字符串长度的方法有哪些？
5. 如何修改按钮的显示文本？

第 3 章　C++语言基础

C++是一种静态类型的、编译式的、通用的、对大小写敏感的且不规则的编程语言，常用于系统开发、引擎开发等领域，支持类、封装、继承、多态等特性。C++语言灵活，运算符的数据结构丰富，具有结构化控制语句，程序执行效率高，还具有高级语言与汇编语言的优点。本章将通过 7 个实验介绍 C++语言的基础知识。

3.1　HelloWorld 实验

3.1.1　实验内容

Notepad++是一款非常适合编写计算机程序代码的文本编辑器，不仅有语法高亮显示功能，还有语法折叠功能，并且支持宏及扩充基本功能的外挂模组，这样就可以实现编译和运行的基本功能。本节的实验内容就是搭建基于 Notepad++软件的开发环境，最后基于 Notepad++软件新建一个 HelloWorld.cpp 文件，并对该文件进行编译和执行。

3.1.2　实验原理

1. 命名规范

C++语言区分大小写，即标识符 Hello 与 hello 是不同的。本书中的类名、方法名和源文件名的命名规范如下：① 对于所有的类，类名的首字母为大写，如果类名由若干单词组成，那么每个单词的首字母均为大写，如 MyFirstClass；② 所有的方法名都以小写字母开头，如果方法名由若干单词组成，则第一个单词的首字母为小写，其余单词的首字母均为大写，如 analyzeTempData。

2. C++程序结构

下面以 HelloWorld 实验为例介绍 C++的程序结构，示例代码如下：

```
1.   #include <iostream>
2.   using namespace std;
3.
4.   int main()
5.   {
6.     cout << "Hello World!" << endl;
7.
8.     return 0;
9.   }
```

其中，第 1 行代码为包含头文件操作，即头文件<iostream>，头文件包含了 C++程序中必需的或有用的信息。

第 2 行代码告诉编译器使用 std 命名空间，命名空间是 C++中一个相对新的概念。

第 4 行中，main()方法是 C++应用程序的入口，程序在运行时，第一个执行的就是 main()方法，该方法与其他方法有很大的不同，例如，方法名必须为 main，方法必须是 int 类型等。

第 6 行代码让编译器输出"Hello World!"并换行。

第 8 行代码终止 main()方法，并向调用进程返回值 0。

3.1.3　实验步骤

双击运行本书配套资料包“02.相关软件”文件夹中的 npp.7.8.5.Installer.exe，在弹出的如图 3-1 所示的对话框中，语言选择 English，然后单击 OK 按钮。

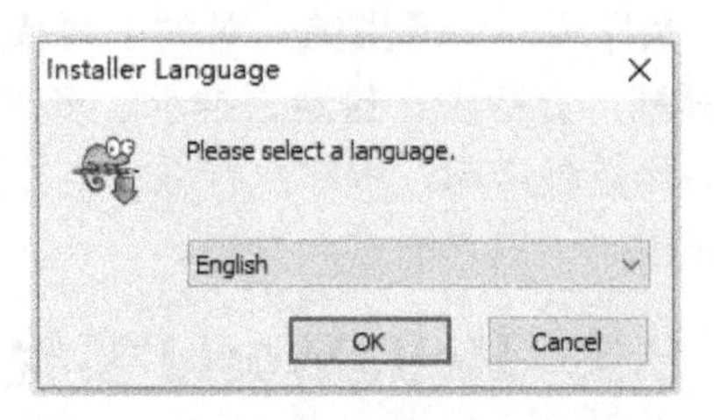

图 3-1　Notepad 安装和配置步骤 1

单击 Next 按钮。在弹出的许可界面中，单击 I Agree 按钮，如图 3-2 所示。

保持默认的安装路径，单击 Next 按钮，如图 3-3 所示。

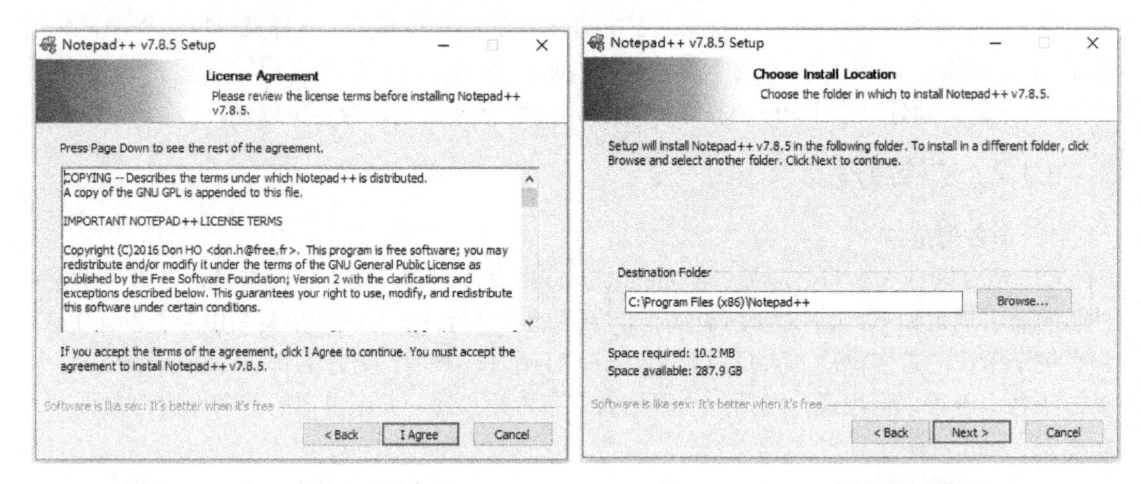

图 3-2　Notepad 安装和配置步骤 2　　　　图 3-3　Notepad 安装和配置步骤 3

保持默认的配置，单击 Next 按钮，如图 3-4 所示。

勾选 Create Shortcut on Desktop，单击 Install 按钮，如图 3-5 所示。

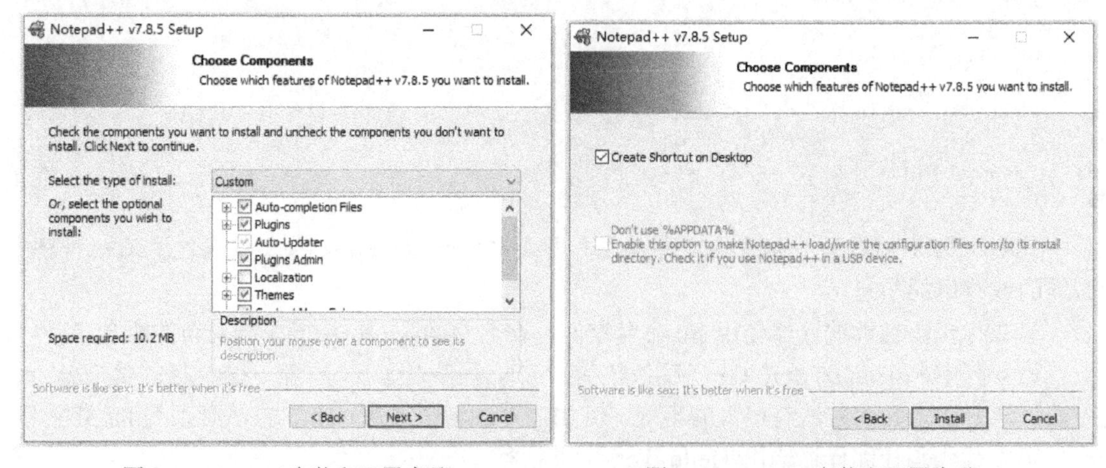

图 3-4　Notepad 安装和配置步骤 4　　　　图 3-5　Notepad 安装和配置步骤 5

取消勾选 Run Notepad++ v7.8.5，单击 Finish 按钮，如图 3-6 所示。

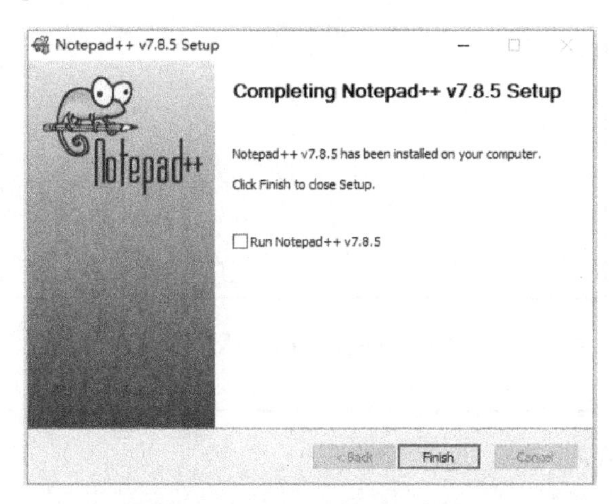

图 3-6　Notepad 安装和配置步骤 6

完成 Notepad++软件安装后，就可以新建和编辑 C++文件，但此时不能在 Notepad++软件中对 C++文件进行编译和执行，还需要安装一些插件。首先，将“02.相关软件\npp 插件”文件夹中的 NppExec 文件夹复制到“C:\Program Files (x86)\Notepad++\plugins”文件夹中。在计算机的开始菜单中，运行 Notepad++软件，执行菜单命令 Plugins→NppExec，选中 Follow $(CURRENT_DIRECTORY)，然后，执行菜单命令 Plugins→NppExec→Execute，或按 F6 键，在弹出的 Execute 对话框（见图 3-7）的 Commands 栏中，输入以下命令：

```
NPP_SAVE
cd $(CURRENT_DIRECTORY)
g++ -o $(NAME_PART).exe $(FILE_NAME)
$(NAME_PART).exe
```

单击 Save 按钮，在 Script name 栏中输入脚本名（不一定是 RUNC++），最后，单击 Save 按钮。

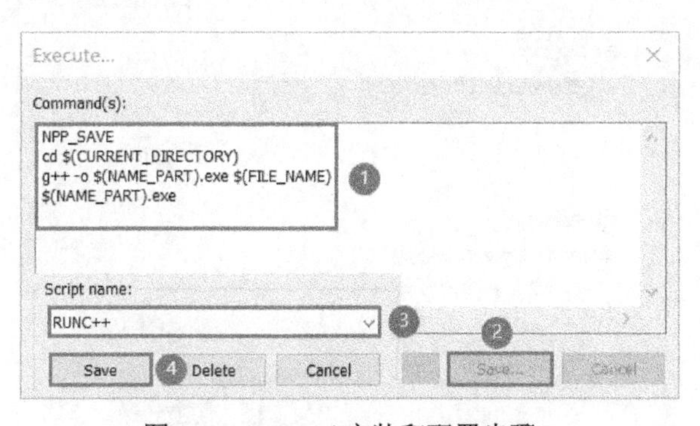

图 3-7　Notepad 安装和配置步骤 7

将上述命令保存为脚本后，由于暂时还不需要编译和执行 C++文件，单击 Cancel 按钮关闭 Execute 对话框，如图 3-8 所示。

下面配置 C++编译环境。右键单击“此电脑”图标（Win7 系统为“计算机”图标），选择“属性”，在如图 3-9 所示的界面中单击“高级系统设置”按钮。

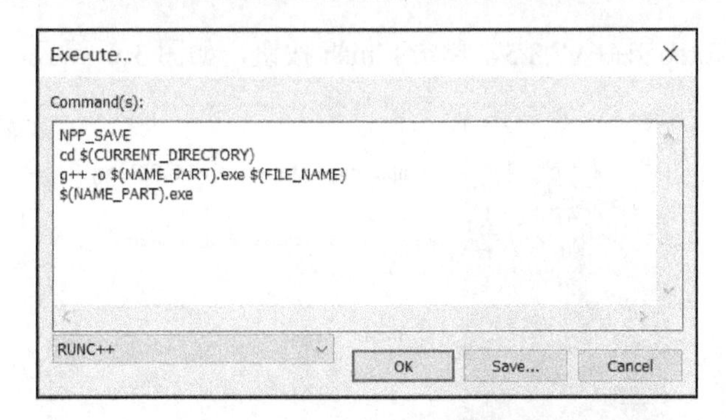

图 3-8　Notepad 安装和配置步骤 8

图 3-9　C++编译环境配置步骤 1

在如图 3-10 所示的“系统属性”对话框中，单击“高级”标签页中的“环境变量”按钮。

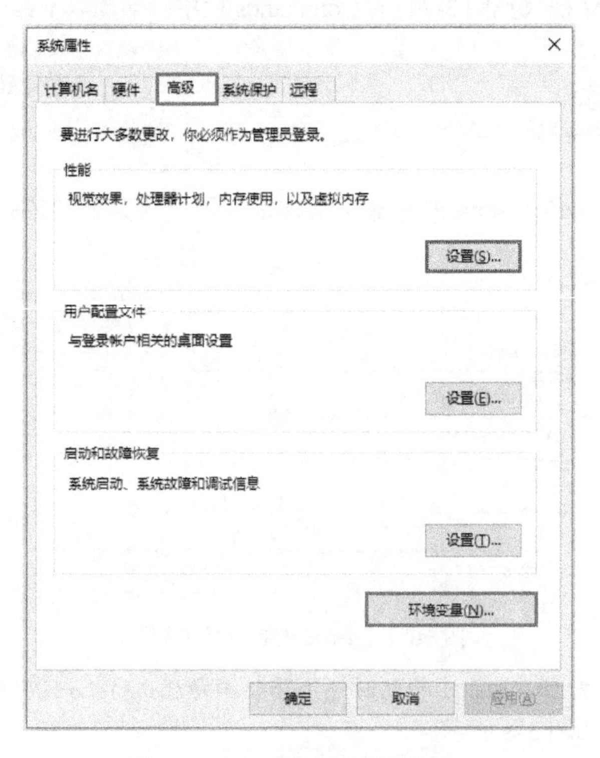

图 3-10　C++编译环境配置步骤 2

在如图 3-11 所示的“环境变量”对话框中，双击“系统变量”下的 Path 变量。

图 3-11　C++编译环境配置步骤 3

如图 3-12 所示，在“编辑环境变量”对话框中，单击“新建”按钮，新建一个变量，变量值为 Qt 安装目录下“Tools\mingw730_64\bin”文件夹的绝对路径，本机为“D:\Qt\Qt5.12.0\Tools\mingw730_64\bin”，完成后单击“确定”按钮，关闭“编辑环境变量”对话框，最后在“环境变量”对话框中单击“确定”按钮，保存配置并退出。对于 Win7 系统，直接在 Path 变量值末尾添加“D:\Qt\Qt5.12.0\Tools\mingw730_64\bin”即可。注意，变量值之间需以半角分号隔开，若上一个变量未以分号结尾，则应先添加分号再添加“D:\Qt\Qt5.12.0\Tools\mingw730_64\bin”。

图 3-12　C++编译环境配置步骤 4

然后，利用 Notepad++软件，在“D:\QtProject\CPP01.HelloWorld”文件夹中新建一个 HelloWorld.cpp 文件，输入如图 3-13 所示的代码，其作用类似于 C 语言的 main 函数通过 printf 打印字符串。最后，按 F6 键编译和执行 C++文件，在弹出的 Execute 对话框中，选择图 3-8 中保存的脚本，单击 OK 按钮。执行结果如图 3-13 中的 Console 栏所示，可以看到打印出了“Hello World!”。

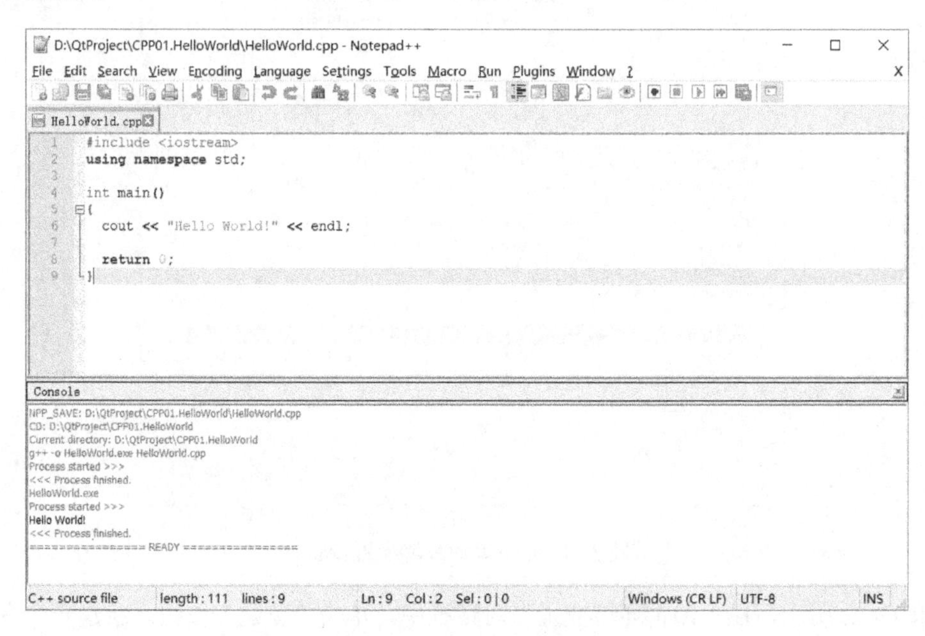

图 3-13　HelloWorld 实验运行结果

此时，软件还不能正常识别中文字符（输出中文字符时会显示乱码）。识别中文字符的设置方法是，执行菜单命令 Settings→Preferences...，选择 New Document，在 Encoding 处选择 ANSI，最后单击 Close 按钮，如图 3-14 所示。

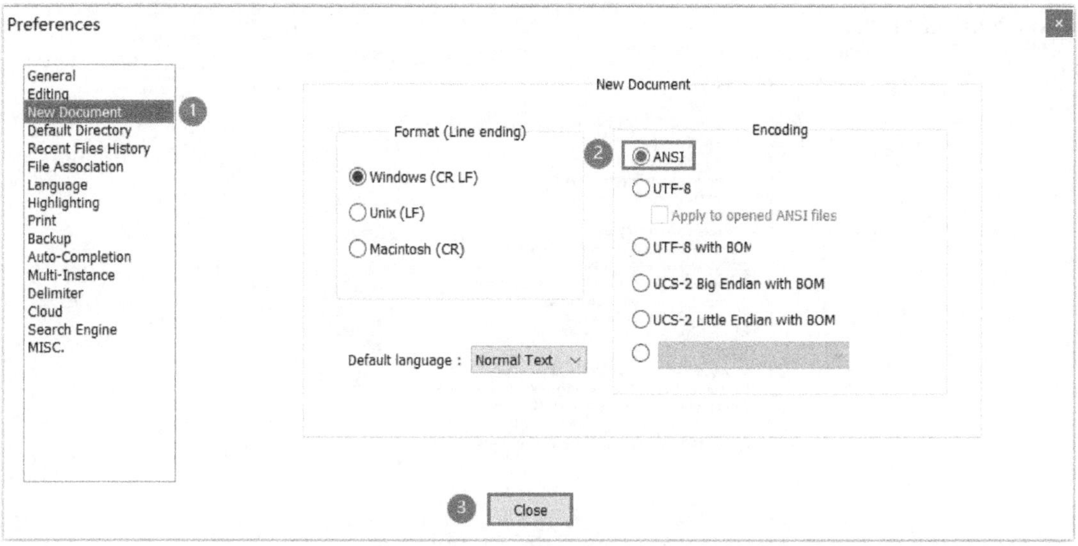

图 3-14　配置 Notepad++

执行菜单命令 Encoding→ANSI，同样将 HelloWorld.cpp 工程的编码格式改为 ANSI，将输出改为中文字符的“你好！”，再次编译，即可看到软件正常输出中文字符了，如图 3-15 所示。

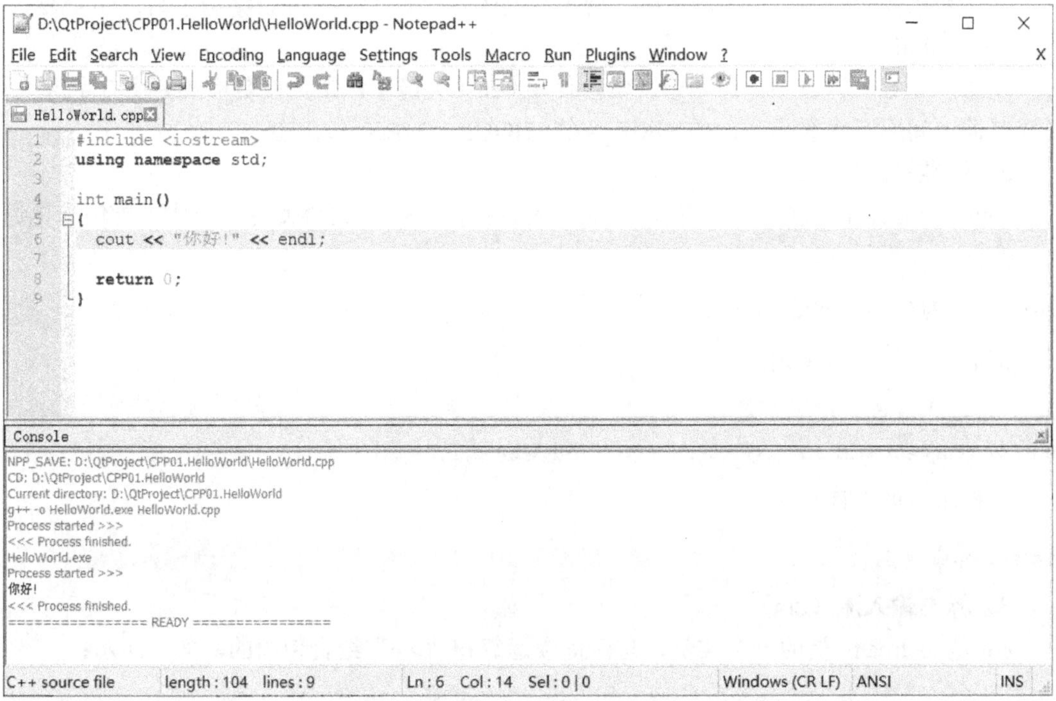

D:\QtProject\CPP01.HelloWorld\HelloWorld.cpp - Notepad++

File Edit Search View Encoding Language Settings Tools Macro Run Plugins Window ?

HelloWorld.cpp

```
#include <iostream>
using namespace std;

int main()
{
  cout << "你好！" << endl;

  return 0;
}
```

Console

```
NPP_SAVE: D:\QtProject\CPP01.HelloWorld\HelloWorld.cpp
CD: D:\QtProject\CPP01.HelloWorld
Current directory: D:\QtProject\CPP01.HelloWorld
g++ -o HelloWorld.exe HelloWorld.cpp
Process started >>>
<<< Process finished.
HelloWorld.exe
Process started >>>
你好!
<<< Process finished.
================ READY ================
```

C++ source file　length : 104　lines : 9　Ln : 6　Col : 14　Sel : 0 | 0　Windows (CR LF)　ANSI　INS

图 3-15　输出中文字符

3.1.4　本节任务

基于 Notepad++软件，新建一个 IntroduceMyself.cpp 文件，编写程序，打印输出自己的姓名、性别、学号和兴趣。

3.2　简单的秒值-时间值转换实验

3.2.1　实验内容

我们知道，一天有 24×60×60 = 86400 秒，如果从 0 开始计算，每天按秒计数，则范围为 0～86399。通过键盘输入一个 0～86399 之间的整数值，包括 0 和 86399，将其转换为小时值、分钟值和秒值，并输出到 Notepad++软件的 Console 栏。

3.2.2　实验原理

1. 变量命名规范

通常习惯将类的属性称为类的全局变量（也称成员变量），而将方法中的属性称为局部变量。全局变量在类体中声明，局部变量在方法体中声明，除了全局变量和局部变量，还有一种在类体中以 static 关键字声明的变量，称为静态变量。

（1）全局变量命名以 m 字母开头，后续单词的首字母大写，其余字母小写，如 mECGWave、mHeartRate。

（2）局部变量命名格式为，第一个单词的首字母小写，后续单词的首字母大写，其余字母小写，如 timerStatus、tickVal、restTime。

（3）静态变量命名以 s 字母开头，后续单词的首字母大写，其余字母小写，如 sMaxVal、sScreenResolution。

注意，在 C++语言中，声明一个常量使用 const 关键字，常量命名格式为所有字母大写，不同单词之间用下画线隔开，如 TIME_VAL_HOUR、MAX_VALUE。

2. 标准输出流（cout）

cout 是 iostream 类的一个实例，与流插入运算符“<<”结合使用，在代码语句末尾通过 endl 换行，如下所示：

```
cout << "字符串" << 变量 << endl;
```

例如，执行以下语句：

```
int currNum = 12;
cout << "Current num is " << currNum << "." << endl;
```

会打印出如下信息：

```
Current num is 12.
```

3. 标准输入流（cin）

cin 是 iostream 类的一个实例，与流提取运算符“>>”结合使用的，如下所示：

```
int currNum;
cout << "请输入数字：";
cin >> currNum;
```

4. 标识符与关键字

标识符为有效字符序列，用于标识类名、对象名、变量名、常量名、方法名、数组名和文件名等，标识符可以有一个或多个字符，构成规则如下。

（1）标识符由数字（0～9）、字母（A～Z 和 a～z）、美元符号（$）、下画线（_）及 Unicode 字符集中所有大于 0xC0 的符号组合构成（各符号之间没有空格），C++标识符内不允许出现标点字符，如@、&和%。

（2）标识符的第一个符号为字母、下画线或美元符号，后面可以是任意字母、数字、美元符号或下画线。

标识符分为两类：关键字和用户自定义标识符。关键字是有特殊含义的标识符，如 if、else、true、false 等。关键字是对编译器有特殊意义的固定单词，因此不可以把关键字作为标识符来使用。C++语言的关键字如表 3-1 所示。

表 3-1　C++语言关键字

关 键 字 名
asm、else、new、this、auto、enum、operator、throw、bool、explicit、private true、break、export、protected、try、case、extern、public、typedef、catch、false、register、typeid、char、float、reinterpret_cast、typename、class、for、return、union、const、friend、short、unsigned、const_cast、goto、signed、using、continue、if、sizeof、virtual、default、inline、static、void、delete、int、static_cast、volatile、do、long struct、wchar_t、double、mutable、switch、while、dynamic_cast、namespace、template

5. 数据类型

表 3-2 列举了各种变量类型在内存中存储值时需要占用的空间，以及该类型的变量所能存储的最大值和最小值。

表 3-2　C++数据类型

类　型	存储空间	范　围
char	1 字节	-2^7～（2^7-1）或 0～（2^8-1）
unsigned char	1 字节	0～（2^8-1）
signed char	1 字节	-2^7～（2^7-1）
int	4 字节	-2^{31}～（$2^{31}-1$）
unsigned int	4 字节	0～（$2^{32}-1$）
signed int	4 字节	-2^{31}～（$2^{31}-1$）
short int	2 字节	-2^{15}～（$2^{15}-1$）
unsigned short int	2 字节	0～（$2^{16}-1$）
signed short int	2 字节	-2^{15}～（$2^{15}-1$）
long int	8 字节	-2^{63}～（$2^{63}-1$）
signed long int	8 字节	-2^{63}～（$2^{63}-1$）
unsigned long int	8 字节	0～（$2^{64}-1$）
float	4 字节	-2^{128}～（$2^{128}-1$）
double	8 字节	-2^{1024}～（$2^{1024}-1$）
long double	16 字节	-2^{16384}～（$2^{16384}-1$）
wchar_t	2 字节或 4 字节	1 个宽字符

6. 运算符

C++中的运算符可以分为 6 类，分别是算术运算符、比较运算符、逻辑运算符、位运算符、赋值运算符和杂项运算符。下面依次介绍这些运算符。

（1）算术运算符

算术运算符分为单目运算符和双目运算符，其中，单目运算符包括“++”和“--”，双目运算符包括“+”“-”“*”“/”和“%”，如表 3-3 所示。

表 3-3　算术运算符

运算符	格　式	说　明
+	A + B	加法，相加运算符两侧的值
-	A - B	减法，左操作数减去右操作数
*	A * B	乘法，相乘操作符两侧的值
/	A / B	除法，左操作数除以右操作数的商
%	A % B	取余，左操作数除以右操作数的余数
++	A++或++A	自增，操作数的值增加 1
- -	A--或--A	自减，操作数的值减少 1

（2）比较运算符

比较运算符用来比较两个操作数，因此，比较运算符属于双目运算符，运算结果是一个布尔型数。比较运算符如表 3-4 所示。

表 3-4　比较运算符

运 算 符	格　式	说　明
>	A > B	大于，比较左边操作数是否大于右边操作数，结果为 true 或 false
<	A < B	小于，比较左边操作数是否小于右边操作数，结果为 true 或 false
==	A == B	等于，比较左边操作数是否等于右边操作数，结果为 true 或 false
>=	A >= B	大于等于，比较左边操作数是否大于等于右边操作数，结果为 true 或 false
<=	A <= B	小于等于，比较左边操作数是否小于等于右边操作数，结果为 true 或 false
!=	A != B	不等于，比较左边操作数是否不等于右边操作数，结果为 true 或 false

（3）逻辑运算符

逻辑运算符分为单目运算符和双目运算符，其中，单目运算符只有“!”，双目运算符包括“&&”和“||”，如表 3-5 所示。

表 3-5　逻辑运算符

<table>
<tr><th>运 算 符</th><th>格　式</th><th>说　明</th></tr>
<tr><td>&&</td><td>A && B</td><td>逻辑与，当且仅当两个操作数都为真时，结果才为真</td></tr>
<tr><td>||</td><td>A || B</td><td>逻辑或，两个操作数中任一个为真，结果为真</td></tr>
<tr><td>!</td><td>!A</td><td>逻辑非，用于反转操作数的逻辑状态，如果操作数为 true，则结果为 false</td></tr>
</table>

（4）位运算符

位运算符主要用于二进制运算，包括“位与”“位或”“位异或”“位非”“左移”“右移”，如表 3-6 所示。

表 3-6　位运算符

<table>
<tr><th>运 算 符</th><th>格　式</th><th>说　明</th></tr>
<tr><td>&</td><td>A & B</td><td>位与，将两个操作数转换为二进制，然后从高位开始按位进行与操作</td></tr>
<tr><td>|</td><td>A | B</td><td>位或，将两个操作数转换为二进制，然后从高位开始按位进行或操作</td></tr>
<tr><td>^</td><td>A ^ B</td><td>位异或，将两个操作数转换为二进制，然后从高位开始按位进行异或操作</td></tr>
<tr><td>~</td><td>~A</td><td>位非，将操作数转换为二进制，然后从高位开始按位取反</td></tr>
<tr><td><<</td><td>A << n</td><td>左移，将左边操作数在内存中的二进制数左移右边操作数指定的位数，左边移空的位填 0</td></tr>
<tr><td>>></td><td>A >> n</td><td>右移，将左边操作数在内存中的二进制数右移右边操作数指定的位数，如果最高位是 0，左边移空的位填 0，如果最高位是 1，左边移空的位填 1</td></tr>
</table>

（5）赋值运算符

赋值运算符以符号“=”表示，属于双目运算符，如表 3-7 所示。

表 3-7　赋值运算符

运 算 符	格　式	说　明
=	C = A + B	简单的赋值运算符，把右边操作数的值赋给左边操作数
+=	C += A	加且赋值运算符，把右边操作数加上左边操作数的结果赋值给左边操作数
-=	C -= A	减且赋值运算符，把左边操作数减去右边操作数的结果赋值给左边操作数
*=	C *= A	乘且赋值运算符，把左边操作数乘以右边操作数的结果赋值给左边操作数

续表

运　算　符	格　　式	说　　明
/=	C /= A	除且赋值运算符，把左边操作数除以右边操作数的结果赋值给左边操作数
%=	C %= A	求模且赋值运算符，求两个操作数的模赋值给左边操作数
<<=	C <<= 2	左移且赋值运算符
>>=	C >>= 2	右移且赋值运算符
&=	C &= 2	按位与且赋值运算符
^=	C ^= 2	按位异或且赋值运算符
|=	C |= 2	按位或且赋值运算符

（6）杂项运算符

C++还支持其他一些重要的运算符，如表 3-8 所示。

表 3-8　杂项运算符

运　算　符	说　　明
sizeof	sizeof 运算符返回变量的大小。如 sizeof(a)将返回 4，其中 a 为整数
Condition ? X : Y	条件运算符。如果 Condition 为真？则值为 X；否则值为 Y
,	逗号运算符会顺序执行一系列运算
.和>	成员运算符用于引用类、结构和共用体的成员
Cast	强制转换运算符把一种数据类型转换为另一种数据类型。如 int(2.2000)将返回 2
&	指针运算符&返回变量的地址。如&a;将给出变量的实际地址
*	指针运算符*指向一个变量。如*var;将指向变量 var

不同类型的运算符与同类型的运算符一样，有优先级顺序。一个表达式中可以包括同类型的运算符和不同类型的运算符。当多种运算符出现在同一个表达式中时，应先按照不同类型运算符的优先级顺序进行运算。通常运算符优先级由高到低的顺序依次是：算数运算符、比较运算符、逻辑运算符、赋值运算符。如果两个运算符有相同的优先级，那么左边的表达式要比右边的表达式先被处理。可以用括号改变优先级顺序，使得括号内的运算优先于括号外的运算，对于多重括号，总是由内到外强制表达式的某些部分优先运行，括号内的运算总是最优先计算的。

C++语言中运算符的优先级共分为 16 级，其中 1 级为最高，16 级为最低，表 3-9 列出了所有运算符的优先级。

表 3-9　运算符的优先级

优 先 级	运 算 符	描　　述
1	()、[]、->、.	括号、箭头、点
2	++、--、(type)*、sizeof	自增、自减、类型、变量大小
3	*、/、%	乘、除、取余
4	+、-	加和减
5	>>、<<	右移、左移
6	>、<、>=、<=	比较运算符

续表

<table>
<tr><th>优 先 级</th><th>运 算 符</th><th>描 述</th></tr>
<tr><td>7</td><td>==、!=</td><td>等于、不等于</td></tr>
<tr><td>8</td><td>&</td><td>位与</td></tr>
<tr><td>9</td><td>^</td><td>位异或</td></tr>
<tr><td>10</td><td>|</td><td>位或</td></tr>
<tr><td>11</td><td>!</td><td>逻辑非</td></tr>
<tr><td>12</td><td>&&</td><td>逻辑与</td></tr>
<tr><td>13</td><td>||</td><td>逻辑或</td></tr>
<tr><td>14</td><td>?:</td><td>条件运算符</td></tr>
<tr><td>15</td><td>=、+=、 =、*=、/=、%=、>>=、<<=、&=、^=、|=</td><td>赋值运算符</td></tr>
<tr><td>16</td><td>,</td><td>逗号</td></tr>
</table>

3.2.3 实验步骤

首先，基于 Notepad++软件，新建一个 ConvertTime.cpp 文件，保存至“D:\QtProject\CPP02.简单的秒值-时间值转换实验”文件夹中。然后，将程序清单 3-1 中的代码输入 ConvertTime.cpp 文件中。下面按照顺序对部分语句进行解释。

（1）第 1 行代码：包含头文件<iostream>。

（2）第 2 行代码：使用 std 命名空间。

（3）第 6 至 10 行代码：在 main()方法中定义 4 个局部变量，tick 用于保存时间值对应的秒值，hour、min 和 sec 分别用于保存小时值、分钟值和秒值。

（4）第 12 至 13 行代码：通过 cout 打印提示信息，提示用户输入一个 0～86399 之间的值，然后，通过 cin 获取键盘输入的内容。

（5）第 15 至 17 行代码：将 tick 依次转换为小时值、分钟值和秒值。

（6）第 19 至 20 行代码：通过 cout 打印转换之后的时间结果，格式为“小时-分钟-秒”。

程序清单 3-1

```
1.   #include <iostream>
2.   using namespace std;
3.
4.   int main()
5.   {
6.       int tick = 0;                 //0~86399
7.
8.       int hour;                     //小时值
9.       int min;                      //分钟值
10.      int sec;                      //秒值
11.
12.      cout << "Please input a tick between 0~86399" << endl;
13.      cin  >> tick;
14.
15.      hour = tick / 3600;           //tick 对 3600 取整数商赋值给 hour
16.      min  = (tick % 3600) / 60;    //tick 对 3600 取余后再对 60 取整数商赋值给 min
17.      sec  = (tick % 3600) % 60;    //tick 对 3600 取余后再对 60 取余赋值给 sec
```

```
18.
19.     //打印转换之后的时间结果
20.     cout << "Current time : " << hour << "-" << min << "-" << sec << endl;
21.
22.     return 0;
23. }
```

最后，按 F6 键编译和执行 C++文件，在 Notepad++的 Console 栏中，输入 80000 后按回车键，可以看到运行结果，即输出“Current time : 22-13-20”，说明实验成功。Console 栏中的输出信息如下：

```
NPP_SAVE: D:\QtProject\CPP02.简单的秒值-时间值转换实验\ConvertTime.cpp
CD: D:\QtProject\CPP02.简单的秒值-时间值转换实验
Current directory: D:\QtProject\CPP02.简单的秒值-时间值转换实验
g++ -o ConvertTime.exe ConvertTime.cpp
Process started >>>
<<< Process finished.
ConvertTime.exe
Process started >>>
Please input a tick between 0~86399
80000
Current time : 22-13-20
<<< Process finished.
================ READY ================
```

3.2.4 本节任务

2020 年有 366 天，将 2020 年 1 月 1 日作为计数起点，即计数 1，2020 年 12 月 31 日作为计数终点，即计数 366。计数 1 代表“2020 年 1 月 1 日-星期三”，计数 10 代表“2020 年 1 月 10 日-星期五”。参考本节实验，通过键盘输入一个 1～366 之间的值，包括 1 和 366，将其转换为年、月、日、星期，并输出转换结果。

3.3 基于数组的秒值-时间值转换实验

3.3.1 实验内容

通过键盘输入一个 0～86399 之间的整数值，包括 0 和 86399，将其转换为小时值、分钟值和秒值。小时值、分钟值和秒值为数组 arrTimeVal 的元素，即 arrTimeVal[2]为小时值、arrTimeVal[1]为分钟值、arrTimeVal[0]为秒值，并输出转换结果。

3.3.2 实验原理

1. 创建一维数组

数组是相同类型数据的有序集合，数组是相同类型的若干数据按照一定的先后次序排列组合而成的。其中，每一个数据称为一个元素，每个元素可以通过一个索引（下标）访问。数组有 3 个基本特点：① 长度确定，数组一旦被创建，其元素个数不可改变；② 各元素类型必须相同，不允许出现混合类型；③ 数组类型可以是任何数据类型，包括基本类型和引用类型。数组变量属于引用类型，数组也可以被看成对象，数组中的每个元素相当于该对象的成员变量。可根据数组的维数将数组分为一维数组、二维数组……这里只介绍一维数组。

一维数组的创建有两种方式。第一种方式是直接声明，数组大小必须为常量，例如：

```
int arr[4]; //声明一个 int 型数组，包含 4 个数组元素
```

第二种创建方式是使用 new 运算符生成无名动态数组，需要使用指针，其中数组大小可以是常量或变量，但都必须事先给定，可以通过键盘输入大小，例如：

```
int num;
cout << "输入 num 的值：" << endl;
cin >> num;

int *arr1 = new int[4]; //数组大小为常量
int *arr2 = new int[num]; //数组大小为变量
```

2. 数组赋值

数组可以在定义的时候就进行初始化赋值，例如：

```
int arr1[] = {1, 2, 3, 4};
int arr2[4] = {1, 2, 3, 4};
```

也可以先定义数组，再赋值，例如：

```
int arr1[4] ;
int *arr2 = new int[4];

arr1 [4] = {1, 2, 3, 4};
for(int i = 0; i < 4; i++)
{
    *(arr1 + i) = i + 1;
}
```

3.3.3 实验步骤

首先，基于 Notepad++软件，新建一个 ConvertTime.cpp 文件，保存至"D:\QtProject\CPP03.基于数组的秒值-时间值转换实验"文件夹中，然后，将程序清单 3-2 中的代码输入 ConvertTime.cpp 文件中。下面按照顺序对部分语句进行解释。

（1）第 8 行代码：声明一个 int 型数组，数组名为 arrTimeVal，并分配内存空间，可以存放 3 个 int 型数据。

（2）第 13 至 15 行代码：通过 tick 计算小时值、分钟值和秒值，分别赋值给 arrTimeVal[2]、arrTimeVal[1]、arrTimeVal[0]。

（3）第 17 至 18 行代码：通过 cout 打印转换之后的时间结果，格式为"小时-分钟-秒"。

程序清单 3-2

```
1.  #include <iostream>
2.  using namespace std;
3.
4.  int main()
5.  {
6.      int tick = 0;    //0~86399
7.
```

```
8.        int arrTimeVal[3];
9.
10.       cout << "Please input a tick between 0~86399" << endl;
11.       cin  >> tick;
12.
13.      arrTimeVal[2] =  tick / 3600;     //tick 对 3600 取整数商赋值给 arrTimeVal[2]，即小时值
14.      arrTimeVal[1] = (tick % 3600) / 60; //tick对3600取余后再对60取整数商赋值给arrTimeVal[1]，
                                                                                   即分钟值
15.      arrTimeVal[0] = (tick % 3600) % 60; //tick 对 3600 取余后再对 60 取余赋值给 arrTimeVal[0]，
                                                                                     即秒值
16.
17.       //打印转换之后的时间结果
18.       cout << "Current time : " << arrTimeVal[2] << "-" << arrTimeVal[1] << "-" << arrTimeVal[0]
                                                                                   << endl;
19.
20.       return 0;
21. }
```

最后，按 F6 键编译和执行 C++文件，在 Notepad++的 Console 栏中，输入 80000 后按回车键，可以看到运行结果，即输出“Current time : 22-13-20”，说明实验成功。

3.3.4　本节任务

对于 3.2.4 节的任务，采用数组来实现。

3.4　基于方法的秒值-时间值转换实验

3.4.1　实验内容

通过键盘输入一个 0～86399 之间的整数值，包括 0 和 86399，使用 calcHour()方法计算小时值，用 calcMin()方法计算分钟值，用 calcSec()方法计算秒值，在主方法中通过调用上述三个方法实现秒值-时间值转换，并输出转换结果。

3.4.2　实验原理

1. 方法

方法是指一组执行一个任务的语句。每个完整的 C++程序至少有一个方法，即 main() 方法，所有简单的程序都可以定义其他方法，当遇到同类问题时，可以直接调用定义的方法进行处理，减少代码量。

可自定义如何划分代码到不同的方法中，通常是根据每个方法执行一个特定的任务来进行划分。

方法声明告诉编译器方法的名称、返回类型和参数；方法定义提供了方法的实际主体。

C++标准库提供了大量的内置方法，可以被程序调用，如 strcat() 方法用来连接两个字符串，memcpy()方法用来复制内存到另一个位置。

方法也可称为函数、子例程或程序等。

2. 方法的定义格式

方法的定义格式如下：

```
修饰符 返回值类型 方法名(参数类型 参数名 1, 参数类型 参数名 2……)
{
    方法体
    return 返回值;
}
```

其中，修饰符是可选的，用于定义该方法的访问类型，如 virtual、static。返回值类型是方法返回值的数据类型，如 int、float，有些方法执行所需的操作，但没有返回值，这种情况下返回值类型是关键字 void。方法名是方法的实际名称，方法命名采用第一个单词的首字母小写，后续单词的首字母大写，其余字母小写的格式，如 calcHeartRate、playWave。参数列表是带有数据类型的变量名列表，称为形参，参数之间用逗号隔开，若方法没有参数，则参数列表可以为 void 或为空。方法体包含具体的语句，用于实现该方法的功能。关键字 return 包含两层含义，首先是宣布该方法结束，其次将计算结果返回，如果返回值类型为 void，则不需要 return 语句。

3.4.3　实验步骤

首先，基于 Notepad++软件，新建一个 ConvertTime.cpp 文件，保存至“D:\QtProject\CPP04.基于方法的秒值-时间值转换实验”文件夹中，然后，将程序清单 3-3 中的代码输入 ConvertTime.cpp 文件中。下面按照顺序对部分语句进行解释。

（1）第 4 至 23 行代码：在 ConvertTime 类中定义计算小时值的 calcHour()方法、计算分钟值的 calcMin()方法和计算秒值的 calcSec()方法。

（2）第 36 至 38 行代码：调用 calcHour()、calcMin()、calcSec()方法分别计算小时值、分钟值和秒值。

程序清单 3-3

```
1.  #include <iostream>
2.  using namespace std;
3.
4.  int calcHour(int tick)
5.  {
6.       int hour;
7.      hour = tick / 3600;                 //tick 对 3600 取整数商赋值给 hour
8.      return(hour);
9.  }
10.
11. int calcMin(int tick)
12. {
13.     int min;
14.     min = (tick % 3600) / 60;           //tick 对 3600 取余后再对 60 取整数商赋值给 min
15.     return(min);
16. }
17.
18. int calcSec(int tick)
19. {
20.     int sec;
21.     sec = (tick % 3600) % 60;           //tick 对 3600 取余后再对 60 取余赋值给 sec
22.     return(sec);
23. }
```

```
24.
25. int main()
26. {
27.      int tick = 0;                        //0~86399
28.
29.     int hour;                             //小时值
30.     int min;                              //分钟值
31.     int sec;                              //秒值
32.
33.      cout << "Please input a tick between 0~86399" << endl;
34.      cin  >> tick;
35.
36.     hour = calcHour(tick);                //计算小时值
37.     min  = calcMin(tick);                 //计算分钟值
38.     sec  = calcSec(tick);                 //计算秒值
39.
40.      //打印转换之后的时间结果
41.      cout << "Current time : " << hour << "-" << min << "-" << sec << endl;
42.
43.      return 0;
44. }
```

最后，按 F6 键编译和执行 C++文件，在 Notepad++的 Console 栏中，输入 80000 后按回车键，可以看到运行结果，即输出“Current time : 22-13-20”，说明实验成功。

3.4.4　本节任务

对于 3.2.4 节的任务，采用方法来实现。

3.5　基于枚举的秒值-时间值转换实验

3.5.1　实验内容

通过键盘输入一个 0～86399 之间的整数值，包括 0 和 86399，使用 calcTimeVal()方法计算时间值（小时值、分钟值和秒值），通过枚举区分具体是哪一种时间值，返回值为是否计算成功标志，在 main()方法中通过调用 calcTimeVal()实现秒值-时间值转换，并输出转换结果。

3.5.2　实验原理

1. 枚举类型

常量可以通过关键字 const 和 static 定义在类或接口中，这样在程序中就可以直接使用，并且该常量不能被修改，示例代码如下：

```
static const int TIME_VAL_HOUR = 0x01;
static const int TIME_VAL_MIN  = 0x02;
static const int TIME_VAL_SEC = 0x03;
```

如果一个变量只有几种可能的值，则可以定义为枚举类型，枚举就是把可能的值一一列举出来，变量的值只限于所列举值的范围内。而且，枚举类型提供了参数类型检测功能，如枚举类型作为某方法的形参时，调用该方法只接受枚举类型的常量作为参数。使用枚举类型定义常量的示例代码如下：

```
enum EnumTimeVal
{
    TIME_VAL_HOUR,
    TIME_VAL_MIN,
    TIME_VAL_SEC,
    TIME_VAL_MAX
};
```

其中，enum 是定义枚举类型的关键字，当需要在类中使用该常量时，可以使用 EnumTimeVal.TIME_VAL_HOUR 来表示。注意，在 switch…case…语句中使用枚举常量时，不需要枚举类型，直接使用 TIME_VAL_HOUR 即可。

2. switch…case…语句

switch…case…语句用于判断一个变量与一系列值中的某个值是否相等，每个值称为一个分支，switch…case…语句的语法如下：

```
switch(表达式)
{
   case 常量值 1:
      语句块 1
      [break;]
   …
   case 常量值 n:
       语句块 n
       [break;]
    default :
       语句块 n+1
       [break;]
}
```

switch 语句中表达式的值必须是整型、字符型或字符串类型。同样，case 常量值也必须是整型、字符型或字符串类型，而且表达式的值必须与 case 常量值的数据类型相同。switch…case…语句遵循以下规则：

（1）当表达式的值与 case 常量值相等时，执行 case 语句后面的语句块，直至遇到 break 语句。

（2）当遇到 break 语句时，switch…case…语句终止，程序跳转到 switch…case…语句后面的语句执行。

（3）case 语句不一定必须包含 break 语句，如果没有 break 语句，程序则继续执行下一条 case 语句，直至出现 break 语句。

（4）switch 语句可以包含一个 default 分支，该分支通常是 switch 语句的最后一个分支（可以在任意位置，但建议是最后一个），default 在没有 case 语句的值和变量值相等的情况下执行，default 分支可以不包含 break 语句。

3.5.3 实验步骤

首先，基于 Notepad++软件，新建一个 ConvertTime.cpp 文件，保存至“D:\QtProject\CPP05.基于枚举的秒值-时间值转换实验”文件夹中，然后，将程序清单 3-4 中的代码输入

ConvertTime.cpp 文件中。下面按照顺序对部分语句进行解释。

（1）第 4 至 10 行代码：定义一个名称为 EnumTimeVal 的枚举类型，并使用该枚举类型定义 4 个常量，分别为 TIME_VAL_HOUR、TIME_VAL_MIN、TIME_VAL_SEC 和 TIME_VAL_MAX。

（2）第 12 至 31 行代码：基于枚举和 switch…case…语句，计算小时值、分钟值和秒值，这里的枚举常量不需要枚举类型前缀。

（3）第 44 至 46 行代码：通过调用 calcTimeVal()方法计算小时值、分钟值和秒值，类型通过枚举常量区分，这里的枚举常量必须带有枚举类型前缀。

程序清单 3-4

```
1.  #include <iostream>
2.  using namespace std;
3.
4.  enum EnumTimeVal
5.  {
6.      TIME_VAL_HOUR,
7.      TIME_VAL_MIN,
8.      TIME_VAL_SEC,
9.      TIME_VAL_MAX
10. };
11.
12. int calcTimeVal(int tick, EnumTimeVal type)
13. {
14.     int TimeVal = 0;
15.
16.     switch(type)
17.     {
18.         case TIME_VAL_HOUR:
19.             TimeVal = tick / 3600;
20.             break;
21.         case TIME_VAL_MIN:
22.             TimeVal = (tick % 3600) / 60;
23.             break;
24.         case TIME_VAL_SEC:
25.             TimeVal = (tick % 3600) % 60;
26.         default:
27.             break;
28.     }
29.
30.     return TimeVal;
31. }
32.
33. int main()
34. {
35.     int tick = 0;   //0~86399
36.
37.    int hour; //小时值
38.    int min;  //分钟值
39.    int sec;  //秒值
40.
```

```
41.       cout << "Please input a tick between 0~86399" << endl;
42.       cin  >> tick;
43.
44.       hour = calcTimeVal(tick, TIME_VAL_HOUR);
45.       min  = calcTimeVal(tick, TIME_VAL_MIN);
46.       sec  = calcTimeVal(tick, TIME_VAL_SEC);
47.
48.       //打印转换之后的时间结果
49.       cout << "Current time : " << hour << "-" << min << "-" << sec << endl;
50.
51.       return 0;
52.   }
```

最后，按 F6 键编译和执行 C++文件，在 Notepad++的 Console 栏中，输入 80000 后按回车键，可以看到运行结果，即输出"Current time : 22-13-20"，说明实验成功。

3.5.4　本节任务

对于 3.2.4 节的任务，采用枚举来实现。

3.6　基于指针的秒值-时间值转换实验

3.6.1　实验内容

通过键盘输入一个 0～86399 之间的整数值，包括 0 和 86399，将其转换为小时值、分钟值和秒值，并且将小时值、分钟值和秒值分别存放在指针 p 的(p+2)地址、(p+1)地址和(p+0)地址，最后输出转换结果。

3.6.2　实验原理

1. 指针

指针是一个变量，它的值为另一个变量的地址，即内存位置的直接地址。在使用指针存储其他变量的地址前，首先要对指针进行声明，示例代码如下：

```
int *ip;            //一个整型的指针
double *dp;         //一个 double 型的指针
float *fp;          //一个浮点型的指针
char *chp;          //一个字符型的指针
```

所有指针的值不论实际数据类型是整型、浮点型、字符型的，还是其他的数据类型，都是一个代表内存地址的十六进制数。不同数据类型的指针之间唯一不同的是指针所指向的变量或常量的数据类型不同。

2. NULL 指针

NULL 指针是一个定义在标准库中的值为 0 的常量，赋为 NULL 值的指针称为空指针。在大多数操作系统中，程序不允许访问地址为 0 的内存，因为该内存是为操作系统保留的。内存地址 0 有特别重要的意义，它表明该指针不指向一个可访问的内存位置。

很多时候未初始化的变量存有一些垃圾值，导致程序难以调试。通常在声明指针时，如果没有确切的地址可以赋值，则可以为指针变量赋一个 NULL 值。若将所有未使用的指针赋值为 NULL，同时在使用指针前对指针进行判空处理，则可以防止误用一个未初始化的指针。

3. 释放内存

当需要一个动态分配的变量时，必须向系统申请获取相应的内存来存储该变量。当该变量使用结束时，需要显式释放它所占用的内存，使得系统可以回收该内存，以防止内存泄露，同时可以对该内存进行再次分配，做到重复利用。

释放内存主要有两种方式：delete 和 free。一般通过 new 分配的内存需要配套使用 delete 来释放内存；通过 malloc 分配的内存需要配套使用 free 来释放内存。注意，使用 malloc 时需要包含头文件 stdlib.h。

delete 和 free 只释放了指针指向的内存，指针本身未被释放，即指针指向的地址不变。内存释放并不意味着把指针指向地址存储的值赋值为 0，内存被释放的指针此时存储的是一些垃圾值，此时的指针未被赋值，也就是通常所说的“野指针”。

指针仍指向已经释放的内存会很危险，因为该内存可能已经被系统回收，重新分配给了其他变量，而在编程过程中稍有不慎，会误以为这是一个合法的指针而对该指针进行赋值，从而导致该内存中存放的变量值被覆盖，下面举例说明。

```
1.  #include <iostream>
2.  using namespace std;
3.
4.  int main()
5.  {
6.       int *p = new int;  //声明一个指针变量 p，分配一个 int 类型的内存
7.      *p = 99;            //将 99 赋值给 p 的地址
8.
9.       cout << "打印指针 p 指向的地址："<< p << endl;
10.     cout << "打印赋值为 99 后指针 p 存放的值："<< *p << endl;
11.
12.     delete p;           //释放指针 p 的内存
13.
14.     cout << "打印指针 p 释放内存后存放的值："<< *p << endl;
15.
16.     int *k = new int;  //声明一个指针变量 k，分配一个 int 类型的内存
17.     *k = 100;           //将 100 赋值给 k 的地址
18.
19.     cout << "打印指针 p 释放内存后指向的地址："<< p << endl;
20.     cout << "打印指针 k 指向的地址："<< k << endl;
21.
22.     *p = 88;            //将 88 赋值给 p 的地址
23.
24.     cout << "将 88 赋给 p 的地址后，指针 p 存放的值："<< *p << endl;
25.     cout << "将 88 赋给 p 的地址后，指针 k 存放的值："<< *k << endl;
26.
27.     delete k;           //释放指针 k 的内存
28.
29.     return 0;
30. }
```

输出结果如下：

```
Process started >>>
```

```
打印指针 p 指向的地址：0x1f1100
打印赋值为 99 后指针 p 存放的值：99
打印指针 p 释放内存后存放的值：2064824
打印指针 p 释放内存后指向的地址：0x1f1100
打印指针 k 指向的地址：0x1f1100
将 88 赋给 p 的地址后，指针 p 存放的值：88
将 88 赋给 p 的地址后，指针 k 存放的值：88
<<< Process finished.
================ READY ================
```

从输出结果可以看到，指针 p 被释放内存后其存放的值不为 0，而是一个垃圾值，且指针指向的地址未变；指针 p 被释放内存后，系统回收了该内存并赋给新建的指针 k，这时指针 k 与指针 p 指向的地址相同，导致后面误用指针 p 时，对指针 p 指向的地址赋值 88，覆盖了指针 k 指向的地址赋的值 100，从而导致数据不准确，所以在执行释放内存操作后，应该及时将指针指向 NULL 地址。

3.6.3　实验步骤

首先，基于 Notepad++软件，新建一个 ConvertTime.cpp 文件，保存至"D:\QtProject\CPP06.基于指针的秒值-时间值转换实验"文件夹中，然后，将程序清单 3-5 中的代码输入 ConvertTime.cpp 文件中。下面按照顺序对部分语句进行解释。

（1）第 8 行代码：声明一个指针变量 p，动态分配 3 个 int 类型内存，同时将内存空间全赋初值为 0。

（2）第 15 至 17 行代码：通过 tick 计算小时值、分钟值和秒值，分别赋值给 *(p + 2)、*(p + 1)和*(p + 0)。

（3）第 23 至 24 行代码：通过 delete 释放内存，并将指针指向 NULL 地址。

程序清单 3-5

```
1.   #include <iostream>
2.   using namespace std;
3.
4.   int main()
5.   {
6.       int tick = 0;                  //0~86399
7.
8.       int *p = new int[3]();         //动态分配 3 个 int 类型内存，同时内存空间全赋初值为 0
9.
10.      cout << "Please input a tick between 0~86399" << endl;
11.      cin  >> tick;
12.
13.      if(NULL != p)                  //对指针 p 判空
14.      {
15.          *(p + 2) =  tick / 3600;           //tick 对 3600 取整数商赋值给*(p + 2)，即小时值
16.          *(p + 1) = (tick % 3600) / 60;    //tick 对 3600 取余后再对 60 取整数商赋值给*(p +
1)，即分钟值
17.          *(p + 0) = (tick % 3600) % 60;    //tick 对 3600 取余后再对 60 取余赋值给*(p + 0)，
即秒值
18.
19.          //打印转换之后的时间结果
20.          cout << "Current time : " << *(p + 2) << "-" << *(p + 1) << "-" << *(p + 0) << endl;
```

```
21.         }
22.
23.         delete p; //释放内存空间，指示系统随时可回收内存，指针指向地址不变
24.         p = NULL; //指针指向 0 地址，即置空
25.
26.         return 0;
27. }
```

最后，按 F6 键编译和执行 C++文件，在 Notepad++的 Console 栏中，输入 80000 后按回车键，可以看到运行结果，即输出“Current time : 22-13-20”，说明实验成功。

3.6.4　本节任务

对于 3.2.4 节的任务，采用指针来实现。

3.7　基于引用的秒值-时间值转换实验

3.7.1　实验内容

通过键盘输入一个 0～86399 之间的整数值，包括 0 和 86399，声明小时值、分钟值的引用，操作引用别名获取转换的小时值和分钟值；定义一个转换秒值的方法，将引用作为形参，然后调用该方法获取转换的秒值，最后输出转换结果。

3.7.2　实验原理

1. 引用

引用是指对某个已存在的变量重新定义一个名称，一旦把引用初始化为某个变量，就可以使用该引用名或变量名来指向变量。它只表示该引用名是目标变量名的一个别名，本身不是一种数据类型，因此引用不占存储单元。

2. 引用与指针的异同

（1）引用是别名，指针是实体。

（2）引用必须连接到一片合法的内存，不存在空引用。指针存在空指针。

（3）引用在被声明时就必须初始化，指针可以单独初始化。

（4）引用被初始化为一个对象后，就不能被指向另一个对象，而指针可以随意更改指向的对象。

（5）引用不需要分配内存，指针需要分配内存。

（6）引用与指针都是与地址相关的概念，指针指向内存的地址，引用为内存地址的一个别名。

3.7.3　实验步骤

首先，基于 Notepad++软件，新建一个 ConvertTime.cpp 文件，保存至“D:\QtProject\CPP07.基于引用的秒值-时间值转换实验”文件夹中，然后，将程序清单 3-6 中的代码输入 ConvertTime.cpp 文件中。下面按照顺序对部分语句进行解释。

（1）第 4 至第 8 行代码：定义一个计算秒值的方法，形参部分为引用。

（2）第 18 至 20 行代码：分别声明小时与分钟的引用。

（3）第 25 至 27 行代码：通过 tick 计算小时值和分钟值，分别赋值给 s_hour 与 s_min；将 tick 与 sec 作为实参传入，调用 calcSec()方法获取 sec 的值。

程序清单 3-6

```
1.  #include <iostream>
2.  using namespace std;
3.
4.  //把引用作为形参，调用时实参可直接为变量本身
5.  void calcSec(int& s_tick, int& s_sec)
6.  {
7.      s_sec  = (s_tick % 3600) % 60; //tick 对 3600 取余后再对 60 取余赋值给 sec
8.  }
9.
10. int main()
11. {
12.     int tick = 0;                //0~86399
13.
14.     int hour;                    //小时值
15.     int min;                     //分钟值
16.     int sec;                     //秒值
17.
18.     //定义引用
19.     int& s_hour = hour;          //小时值引用
20.     int& s_min  = min;           //分钟值引用
21.
22.     cout << "Please input a tick between 0~86399" << endl;
23.     cin  >> tick;
24.
25.     s_hour = tick / 3600;        //tick 对 3600 取整数商赋值给 hour
26.     s_min  = (tick % 3600) / 60; //tick 对 3600 取余后再对 60 取整数商赋值给 min
27.     calcSec(tick, sec);          //直接将变量作为实参计算 sec 的值
28.
29.     //打印转换之后的时间结果
30.     cout << "Current time : " << hour << "-" << min << "-" << sec << endl;
31.
32.     return 0;
33. }
```

最后，按 F6 键编译和执行 C++文件，在 Notepad++的 Console 栏中，输入 80000 后按回车键，可以看到运行结果，即输出“Current time : 22-13-20”，说明实验成功。

3.7.4　本节任务

对于 3.2.4 节的任务，采用引用来实现。

本 章 任 务

本章共有 7 个实验，首先学习各实验的实验原理，然后按照实验步骤完成实验，最后按照要求完成本节任务。

本 章 习 题

1．在 C++程序中，第 1 个执行的方法是什么？该方法有什么特点？

2．标识符是指什么？

3．signed 与 unsigned 通常用于修饰什么数据类型？在数据类型前添加 signed 与 unsigned 有什么意义？

4．简述数组的特点。

5．什么是指针？

6．简述 NULL 指针的意义和作用。

7．什么是引用？

8．简述引用与指针的异同点。

第 4 章　面向对象程序设计

通过完成本章实验，掌握 C++语言面向对象程序设计的基础概念，包括类与对象、static 关键字、类的封装、类的继承、类的多态、抽象类和接口、访问控制、内部类等。

4.1　类的封装实验

4.1.1　实验内容

创建 CalcTime 类，在类中依次定义用于保存小时值、分钟值和秒值的成员变量 mHour、mMin 和 mSec；用于指定小时值、分钟值和秒值的常量 TIME_VAL_HOUR、TIME_VAL_MIN 和 TIM_VAL_SEC；用于计算三个时间值的 calcTimeVal()方法；用于获取三个时间值的 getTimeVal()方法。创建 ConvertTime 类，在类中创建 CalcTime 类型的对象，通过对象分别获取转换的小时值、分钟值和秒值，然后通过 cout 输出转换结果。其中，CalcTime 类中的 calcTimeVal()、getTimeVal()和三个常量访问属性为 public，其余的成员变量访问属性为 private。在 main()方法中获取键盘输入值（0～86399 之间的整数值，包括 0 和 86399），然后，实现秒值-时间值转换，并输出转换结果。

4.1.2　实验原理

1．面向过程和面向对象

在面向对象出现之前，广泛采用的是面向过程，面向过程只针对自己来解决问题。面向对象的概念最早是由 IBM 提出的，在 20 世纪 70 年代的 Smaltalk 语言中进行了应用，后来根据面向对象的设计思路，才出现了 C++。

面向过程是一种以过程为中心的编程思想，以什么正在发生为目标进行编程，即程序是一步一步地按照一定的顺序从头到尾执行一系列的函数。面向对象是一种以事物为中心的编程思想。即当解决一个问题时，面向对象会从这些问题中抽象出一系列对象，再抽象出这些对象的属性和方法，让每个对象去执行自己的方法。值得指出的是，面向对象中的方法相当于面向过程中的函数。

面向过程的优点是其性能比面向对象的高，因为类调用时需要实例化，消耗更多的资源，例如单片机、嵌入式、Linux/Unix 等对性能要求高，通常采用面向过程开发；面向过程的缺点是不如面向对象易维护、易复用、易扩展。由于面向对象有封装、继承、多态性的特性，可以设计出低耦合的系统，使系统更加灵活。

2．类与对象

类与对象是整个面向对象中最基本的组成单元。其中，类是抽象的概念集合，表示一个共性的产物，类中定义的是属性和行为（方法）；对象是一种个性的表示，表示一个独立而具体的个体。概括总结类和对象的区别：类是对象的模板，对象是类的实例。类只有通过对象才可以使用，在开发中先产生类，再产生对象。类不能直接使用，对象可以直接使用。

例如，尝试以面向对象的思想来解决从汉堡店购买汉堡的问题，可分为以下 4 个步骤。

（1）从问题中抽象出对象，这里的对象就是汉堡店。

（2）抽象出对象的属性，如汉堡种类、汉堡尺寸、汉堡层数、制作时间等，这些属性都是静态的。

（3）抽象出对象的行为，如选择汉堡、支付费用、制作汉堡、交付汉堡等，这些行为都是动态的。

（4）抽象出对象的属性和行为，就完成了对这个对象的定义，接下来就可以根据这些属性和行为，制定出从汉堡店购买汉堡的具体方案，从而解决问题。

当然，抽象出这个对象及其属性和行为，不仅仅是为了解决一个简单的问题。可以发现所有的汉堡店要么具有以上相同的属性和行为，要么是对以上的属性和行为进行删减或更改，这样，就可以将这些属性和行为封装起来，用于描述汉堡店这一类餐饮店。因此，可以将类理解为封装对象属性和行为的载体，而对象则是类抽象出来的一个实例，两者之间的关系如图 4-1 所示。

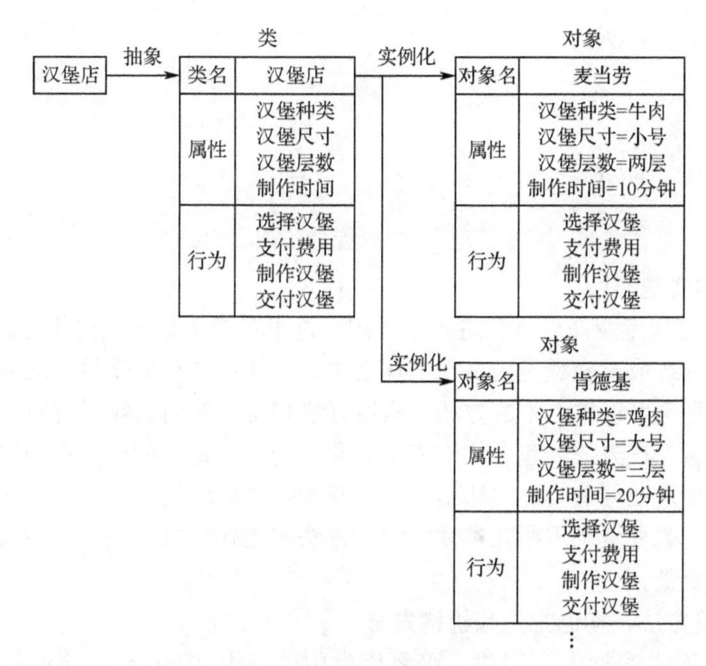

图 4-1　对象与类之间的关系

在 C++语言中，属性是以成员变量的形式定义的，行为是以方法的形式定义的，而类包括对象的属性和方法，下面在 C++语言中定义汉堡店这个类：

```
class HamburgerShop
{
    private:
        int mBakingTime; //制作时间

        //制作汉堡
        void makeBurger() {
        }

    public:
        int mBurgerType;          //汉堡种类
        int mBurgerSize;          //汉堡尺寸
```

```
        int mBurgerLayer;       //汉堡层数

        //选择汉堡
        void selectBurger() {
        }

        //支付费用
        void pay() {
        }

        //交付汉堡
        void deliverBurger() {
        }

        //构造方法
        HamburgerShop(){
        }

        //析构方法
        ~HamburgerShop(){
        }
}
```

3．类包含的变量类型

3.2.2 节已经对变量及命名规范进行了介绍，这里对类中包含的变量进行补充说明。

（1）成员变量：成员变量是定义在类体之中、方法体之外的变量。这种变量在创建对象时实例化。成员变量可以被类中的方法、构造方法和特定类的语句块访问。

（2）局部变量：在方法（包含构造方法）和语句块中定义的变量称为局部变量。这种变量声明和初始化都是在方法中，方法结束后，变量就会自动销毁。

（3）类变量：类变量也声明在类体之中、方法体之外，但必须声明为 static 类型。这种变量也称为静态变量。

4．类的成员方法、构造方法和析构方法

成员方法对应类的行为，例如，汉堡店类中的 selectBurger()、pay()、makeBurger()和deliverBurger()方法。一个成员方法可以不带参数，也可以带一个或若干参数，这些参数既可以是对象，也可以是基本数据类型的变量，同时，成员方法既可以有返回值，也可以不返回任何值，返回值既可以是计算结果，也可以是其他数值和对象。

在类中除了成员方法，还存在两种特殊类型的方法：构造方法和析构方法。

（1）构造方法是一个与类同名的方法，如汉堡店类中的 HamburgerShop()方法，对象的创建就是通过构造方法完成的。每当类实例化一个对象时，类都会自动调用构造方法。构造方法没有返回值，每个类都有构造方法，一个类可以有多个构造方法。如果没有显式地为类定义构造方法，C++编译器将会为该类提供一个默认的无参构造方法。注意，如果在类中定义的构造方法都不是无参的构造方法，那么编译器也不会为类设置一个默认的无参构造方法，当试图调用无参构造方法实例化一个对象时，编译器会报错。所以只有在类中没有定义任何构造方法时，编译器才会在该类中自动创建一个不带参数的构造方法。

（2）析构方法与构造方法相反，如汉堡店类中的~HamburgerShop()方法，当对象结束其生命周期时，如对象所在的方法已经调用完毕，那么系统会自动执行析构方法。通常建立一个对象需要用到 new 自动调用构造方法开辟出一片内存空间，delete 会自动调用析构方法释放内存。C++中可以通过析构方法来清理类的对象，析构方法没有任何参数和返回值类型，在对象销毁时自动调用。

4.1.3　实验步骤

首先，基于 Notepad++软件，新建一个 ConvertTime.cpp 文件，保存至“D:\QtProject\OOP01.类的封装实验”文件夹中，然后，将程序清单 4-1 中的代码输入 ConvertTime.cpp 文件中。下面按照顺序对部分语句进行解释。

（1）第 4 至 60 行代码：创建 CalcTime 类，在类中定义用于保存计算结果的三个成员变量，分别是 mHour、mMin 和 mSec；定义用于指定小时值、分钟值和秒值类型的常量，分别是 TIME_VAL_HOUR、TIME_VAL_MIN 和 TIME_VAL_SEC；定义在判断 tick 值符合条件下计算小时值、分钟值和秒值的成员方法 calcTimeVal()；定义获取三个时间值的成员方法 getTimeVal()。其中，calcTimeVal()、getTimeVal()及三个常量访问属性为 public，其余的成员变量访问属性为 private。

（2）第 62 至 86 行代码：创建 ConvertTime 类，在类中创建一个 CalcTime 型对象，该对象名为 ct；定义用于输出转换结果的成员方法 dispTime()，在该方法中通过 ct 分别获取小时值、分钟值和秒值，最后通过 cout 输出转换结果。

（3）第 88 至 100 行代码：在 main()方法中创建一个 ConvertTime 型对象，该对象名为 convert；通过 cout 打印提示信息，提示用户输入一个 0～86399 之间的整数值，然后通过 cin 获取键盘输入的内容，最后通过对象 convert 调用成员方法 dispTime()打印转换之后的时间结果，格式为“小时-分钟-秒”。

程序清单 4-1

```
1.   #include <iostream>
2.   using namespace std;
3.
4.   class CalcTime
5.   {
6.       private:
7.           int mHour;  //小时值
8.           int mMin;   //分钟值
9.           int mSec;   //秒值
10.
11.      public:
12.          static const int TIME_VAL_HOUR = 0x01;
13.          static const int TIME_VAL_MIN  = 0x02;
14.          static const int TIME_VAL_SEC  = 0x03;
15.
16.          //当 tick 的值在 0~86399 之间时，获取转换的时间值
17.          int calcTimeVal(int tick)
18.          {
19.            int validFlag = 0;  //判断 tick 是否符合条件的标志位
20.
21.            if(tick >= 0 && tick <= 86399)
22.              {
```

```
23.                 validFlag = 1;  //符合则返回 1，然后转换时间
24.
25.                   //tick 对 3600 取整数商赋值给 mHour
26.                 mHour = tick / 3600;
27.
28.                   //tick 对 3600 取余后再对 60 取整数商赋值给 mMin
29.                 mMin  = (tick % 3600) / 60;
30.
31.                   //tick 对 3600 取余后再对 60 取余赋值给 mSec
32.                 mSec  = (tick % 3600) % 60;
33.             }
34.
35.             return validFlag;
36.         }
37.
38.         //外部接口，输出转换的时间值
39.         int getTimeVal(int type)
40.         {
41.             int timeVal = 0;
42.
43.             switch(type)
44.             {
45.                 case TIME_VAL_HOUR:
46.                     timeVal = mHour;
47.                     break;
48.                 case TIME_VAL_MIN:
49.                     timeVal = mMin;
50.                     break;
51.                 case TIME_VAL_SEC:
52.                     timeVal = mSec;
53.                     break;
54.                 default:
55.                     break;
56.             }
57.
58.             return timeVal;
59.         }
60. };
61.
62. class ConvertTime
63. {
64.     private:
65.         CalcTime ct;
66.
67.     public:
68.         //获取转换的时间并打印显示
69.         void dispTime(int tick)
70.         {
71.              int hour; //小时值
72.              int min;  //分钟值
73.              int sec;  //秒值
74.
```

```
75.                 //当 tick 的值在 0~86399 之间时，获取转换的时间值
76.                 if(ct.calcTimeVal(tick) == 1)
77.                 {
78.                     hour = ct.getTimeVal(ct.TIME_VAL_HOUR);
79.                     min  = ct.getTimeVal(ct.TIME_VAL_MIN);
80.                     sec  = ct.getTimeVal(ct.TIME_VAL_SEC);
81.
82.                     //打印转换之后的时间结果
83.                     cout << "Current time : " << hour << "-" << min << "-" << sec << endl;
84.                 }
85.             }
86. };
87.
88. int main()
89. {
90.     ConvertTime convert;
91.
92.     int tick = 0;   //0~86399
93.
94.     cout << "Please input a tick between 0~86399" << endl;
95.     cin  >> tick;
96.
97.     convert.dispTime(tick);
98.
99.     return 0;
100. }
```

最后，按 F6 键编译和执行 C++文件，在 Notepad++的 Console 栏中，输入 80000 后按回车键，可以看到运行结果，即输出“Current time : 22-13-20”，说明实验成功。Console 栏的输出信息如下：

```
NPP_SAVE: D:\QtProject\OOP01.类的封装实验\ConvertTime.cpp
CD: D:\QtProject\OOP01.类的封装实验
Current directory: D:\QtProject\OOP01.类的封装实验
g++ -o ConvertTime.exe ConvertTime.cpp
Process started >>>
<<< Process finished.
ConvertTime.exe
Process started >>>
Please input a tick between 0~86399
80000
Current time : 22-13-20
<<< Process finished.
================ READY ================
```

4.1.4　本节任务

对于 3.2.4 节的任务，采用类的封装来实现。

4.2 类的继承实验

4.2.1 实验内容

创建一个父类 CalcTime，在父类中依次定义用于保存小时值、分钟值和秒值的成员变量 mHour、mMin 和 mSec；用于指定小时值、分钟值的常量 TIME_VAL_HOUR 和 TIME_VAL_MIN；用于计算小时值和分钟值，同时获取对应值后向外输出的 getTimeVal()方法。然后定义一个继承父类的 CalcAllTime 子类，在子类中定义用于计算秒值，同时获取对应值向外输出的 getSecVal()方法；用于判断 tick 是否符合条件的 calcFlg()方法；用于打印转换结果的 dispTime()方法。在 main()方法中创建一个 CalcAllTime 型对象，该对象名为 ct，然后获取键盘输入值（0～86399 之间的整数值，包括 0 和 86399），实现秒值-时间值转换，并输出转换结果。

4.2.2 实验原理

1．类的继承

继承是一种新建类的方式，新建的类称为子类，被继承的类称为父类。继承是类与类之间的关系，使用继承可以减少代码的冗余。

例如，现在有两个问题，第一个是使用看门犬解决看家问题，第二个是使用牧羊犬解决放牧问题。由于看门犬和牧羊犬都属于犬类，具有与犬类相同的属性和行为，如性别和身长属性，以及行走和奔跑行为，这样就可以先定义一个犬类。然后，在使用看门犬解决看家问题时，可以创建一个继承犬类的看门犬类，并且在看门犬类中新增看门行为的定义；在使用牧羊犬解决放牧问题时，可以创建一个继承犬类的牧羊犬类，并且在牧羊犬类中新增牧羊行为的定义，如图 4-2 所示。这样，就节省了定义犬类与看门犬、牧羊犬共同具有的属性和行为的时间，这就是继承的基本思想。

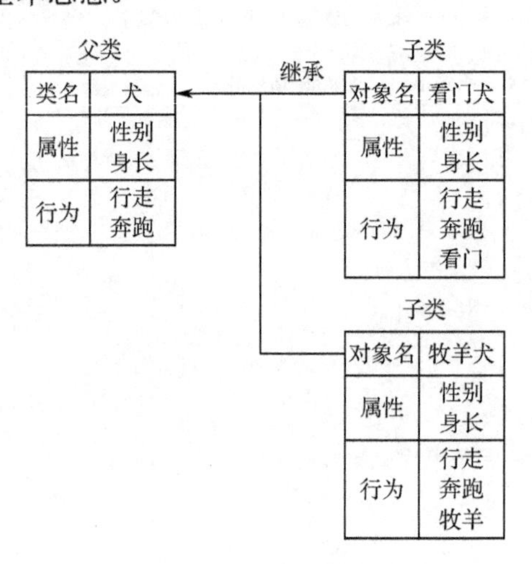

图 4-2　类的继承实例

2．继承的优点和缺点

如果不使用继承的思想，分别定义看门犬类和牧羊犬类，代码就会出现重复，这样不仅会导致代码臃肿，而且在后期维护中，如果重复性的地方出错，则需要修改大量的代码，使得系统维护性降低。而使用继承的思想，以上问题都可以解决，因此，继承的优点有：① 代码冗余度低，开发时间短；② 代码扩展性高，系统开发灵活性强；③ 代码重用性高，系统出错概率低。当然，类也有相应的缺点：① 继承是侵入性的，只要继承，就必须拥有父类的所有属性和方法；② 子类拥有父类的属性和方法，增加了子类代码的约束，降低了代码的灵活性；③ 当父类的常量、变量和方法被修改时，需要考虑子类的修改，而且在缺乏规范的环境下，这种修改可能带来大段代码需要重构的后果，增强了代码的耦合性。

3. 继承的方式

在 C++中，允许一个类继承多个类，即一个子类可以拥有多个父类，子类除了可以扩展父类的功能，还可以重写父类的成员方法。

类有 3 种继承方式：公有继承（public）、私有继承（private）和保护继承（protected）。

公有继承可以理解为父类的 public 成员和 protected 成员分别写到子类的 public 成员和 protected 成员中，而父类的 private 成员被分到了一个特殊的区域里，该区域只能用父类原有的方法来访问。

私有继承可以理解为父类的 public 成员和 protected 成员写到子类的 private 成员中，而父类的 private 成员被分到一个特殊的区域里，该区域只能用父类原有的方法来访问。

保护继承可以理解为父类的 public 成员和 protected 成员写到子类的 protected 成员中，而父类的 private 成员被分到一个特殊的区域里，该区域只能用父类原有的方法来访问。

4.2.3 实验步骤

首先，基于 Notepad++软件，新建一个 ConvertTime.cpp 文件，保存至“D:\QtProject\OOP02.类的继承实验”文件夹中，然后，将程序清单 4-2 中的代码输入 ConvertTime.cpp 文件中。下面按照顺序对部分语句进行解释。

（1）第 5 至 42 行代码：创建 CalcTime 父类，在该类中实现小时值和分钟值的计算。

（2）第 45 至 90 行代码：定义一个继承 CalcTime 父类的 CalcAllTime 子类，继承方式为公有继承，在子类中实现秒值的计算，并赋给从父类继承过来的 mSec 成员变量，扩展父类的功能，添加 calcFlg()方法用于判断 tick 是否符合条件，在 tick 符合条件的情况下通过 dispTime 打印转换后的时间结果。

程序清单 4-2

```
1.   #include <iostream>
2.   using namespace std;
3.
4.   //基类
5.   class CalcTime
6.   {
7.       private:
8.           int mHour;  //小时值
9.           int mMin;   //分钟值
10.
11.      public:
12.          int mSec;   //秒值
13.
14.          static const int TIME_VAL_HOUR = 0x01;
15.          static const int TIME_VAL_MIN  = 0x02;
```

```
16.
17.           //外部接口，输出转换的时间值
18.           int getTimeVal(int type,int tick)
19.           {
20.             int timeVal = 0;
21.
22.               //tick 对 3600 取整数商赋值给 mHour
23.             mHour = tick / 3600;
24.
25.               //tick 对 3600 取余后再对 60 取整数商赋值给 mMin
26.             mMin  = (tick % 3600) / 60;
27.
28.             switch(type)
29.             {
30.                case TIME_VAL_HOUR:
31.                   timeVal = mHour;
32.                   break;
33.                case TIME_VAL_MIN:
34.                   timeVal = mMin;
35.                   break;
36.                default:
37.                   break;
38.             }
39.
40.             return timeVal;
41.         }
42. };
43.
44. //类 CalcAllTime 通过公有继承方式继承基类 CalcTime
45. class CalcAllTime: public CalcTime
46. {
47.     public:
48.           //外部接口，输出转换的秒值
49.           int getSecVal(int tick)
50.           {
51.               int timeSec = 0;
52.
53.             //tick 对 3600 取余后再对 60 取余赋值给 mSec
54.             mSec  = (tick % 3600) % 60;
55.               timeSec = mSec;
56.
57.               return timeSec;
58.           }
59.
60.           int calcFlg(int tick)
61.           {
62.             int validFlag = 0;  //判断 tick 是否符合条件的标志位
63.
64.             if(tick >= 0 && tick <= 86399)
65.               {
66.                 validFlag = 1;  //符合则返回 1，然后转换时间
67.             }
```

```
68.
69.             return validFlag;
70.         }
71.
72.         //获取转换的时间并打印显示
73.         void dispTime(int tick)
74.         {
75.             int hour; //小时值
76.             int min;  //分钟值
77.             int sec;  //秒值
78.
79.             //当 tick 的值在 0~86399 之间时，获取转换的时间值
80.             if(calcFlg(tick) == 1)
81.             {
82.                 hour = getTimeVal(TIME_VAL_HOUR,tick);
83.                 min  = getTimeVal(TIME_VAL_MIN,tick);
84.                 sec  = getSecVal(tick);
85.
86.                 //打印转换之后的时间结果
87.                 cout << "Current time : " << hour << "-" << min << "-" << sec << endl;
88.             }
89.         }
90. };
91.
92. int main()
93. {
94.     CalcAllTime ct;
95.
96.     int tick = 0;   //0~86399
97.
98.     cout << "Please input a tick between 0~86399" << endl;
99.     cin  >> tick;
100.
101.    ct.dispTime(tick);
102.
103.    return 0;
104. }
```

最后，按 F6 键编译和执行 C++文件，在 Notepad++的 Console 栏中，输入 80000 后按回车键，可以看到运行结果，即输出“Current time : 22-13-20”，说明实验成功。

4.2.4　本节任务

对于 3.2.4 节的任务，采用类的继承来实现。

4.3　类的多态实验

4.3.1　实验内容

创建 CalcTime 类，在类中定义用于保存小时值的成员变量 mHour；用于计算并获取对应时间值的虚方法 getTimeVal()。通过公有继承方式继承基类 CalcTime 来创建 CalcMin 类，在

CalcMin 类中定义用于保存分钟值的成员变量 mMin；用于计算并获取对应时间值的 getTimeVal()方法。通过公有继承方式继承基类 CalcTime 来创建 CalcSec 类，在 CalcSec 类中定义用于保存秒值的成员变量 mSec；用于计算并获取对应时间值的 getTimeVal()方法。然后创建一个 ConvertTime 类，在该类中定义一个 CalcTime 类型的指针，指针名为 ct；分别创建 CalcTime、CalcMin 和 CalcSec 的对象，对象名分别为 ctHour、ctMin 和 ctSec，然后通过指针 ct 调用各类中的 getTimeVal()方法计算对应时间，通过 cout 输出转换后的时间结果。在 main()方法中获取键盘输入值（0～86399 之间的整数值，包括 0 和 86399），然后，实现秒值-时间值转换，并输出转换结果。

4.3.2　实验原理

1. 多态

多态是指相同的行为方式可能导致不同的行为结果，即产生了多种形态行为。在定义类时，若类中某一个方法可能在后续继承的过程中被重写，则可以用 virtual 关键字来修饰这个方法，此时被 virtual 声明的方法被重写后就具备了多态的特性，对于重写的方法，方法名与参数必须与原方法保持一致才具备多态的特性，若方法名相同但参数不同，则只是同名覆盖。

2. 重写

很多初学者经常将重写与重载混淆，重写方法需要遵循以下规则：① 父类方法与子类重写的方法参数列表、返回值类型与方法名必须相同；② 子类重写的方法不能拥有比父类方法更低的访问权限，而 public 权限最低，private 权限最高；③ 当父类中方法的访问权限修饰符为 private 时，该方法在子类中不能被重写；④ 如果父类方法抛出异常，那么子类重写的方法也要抛出异常，而且抛出的异常不能多于父类中抛出的异常(可以等于父类中抛出的异常)。

4.3.3　实验步骤

首先，基于 Notepad++软件，新建一个 ConvertTime.cpp 文件，保存至“D:\QtProject\OOP03.类的多态实验”文件夹中，然后，将程序清单 4-3 中的代码输入 ConvertTime.cpp 文件中。下面按照顺序对部分语句进行解释。

（1）第 11 至 18 行代码：定义一个 virtual 修饰的虚方法 getTimeVal()，用于返回计算的小时值。

（2）第 21 至 36 行代码：通过公有继承方式继承基类 CalcTime 来创建一个 CalcMin 类，在类中重写父类的 getTimeVal()方法，方法名与参数不变，用于返回计算的分钟值。

（3）第 38 至 53 行代码：通过公有继承方式继承基类 CalcTime 来创建一个 CalcSec 类，在类中重写父类的 getTimeVal()方法，方法名与参数不变，用于返回计算的秒值。

（4）第 55 到 91 行代码：创建一个 ConvertTime 类，在类中定义一个 CalcTime 类型的指针，指针名为 ct；分别创建 CalcTime、CalcMin 和 CalcSec 的对象，对象名分别为 ctHour、ctMin 和 ctSec，然后通过指针 ct 调用各类中的 getTimeVal()方法计算对应时间，通过 cout 输出转换后的时间结果。

程序清单 4-3

```
1.   #include <iostream>
2.   using namespace std;
3.
4.   //基类
```

```
5.  class CalcTime
6.  {
7.      private:
8.          int mHour;  //小时值
9.
10.     public:
11.         //这个方法加上 virtual 关键字来修饰它可被继承的子类重写，称为虚方法，实现多态
12.         virtual int getTimeVal(int tick)
13.         {
14.             //tick 对 3600 取整数商赋值给 mHour
15.            mHour = tick / 3600;
16.
17.            return mHour;
18.         }
19. };
20.
21. //类 CalcMin 通过公有继承方式继承基类 CalcTime
22. class CalcMin: public CalcTime
23. {
24.     private:
25.         int mMin;   //分钟值
26.
27.     public:
28.         //外部接口，输出转换的时间值
29.         int getTimeVal(int tick)
30.         {
31.             //tick 对 3600 取余后再对 60 取整数商赋值给 mMin
32.            mMin  = (tick % 3600) / 60;
33.
34.            return mMin;
35.         }
36. };
37.
38. //类 CalcSec 通过公有继承方式继承基类 CalcTime
39. class CalcSec: public CalcTime
40. {
41.     private:
42.         int mSec;   //秒值
43.
44.     public:
45.         //外部接口，输出转换的秒值
46.         int getTimeVal(int tick)
47.         {
48.             //tick 对 3600 取余后再对 60 取余赋值给 mSec
49.            mSec  = (tick % 3600) % 60;
50.
51.             return mSec;
52.         }
53. };
54.
55. class ConvertTime
56. {
```

```
57.     private:
58.         CalcTime *ct;      //创建一个 CalcTime 类型的指针
59.         CalcTime ctHour;  //创建一个 CalcTime 类的对象
60.         CalcMin  ctMin;   //创建一个 CalcMin 类的对象
61.         CalcSec  ctSec;   //创建一个 CalcSec 类的对象
62.
63.     public:
64.         //获取转换的时间并打印显示
65.         void dispTime(int tick)
66.         {
67.             int hour; //小时值
68.             int min;  //分钟值
69.             int sec;  //秒值
70.
71.             //当 tick 的值在 0~86399 之间时，获取转换的时间值
72.             if(tick >= 0 && tick <= 86399)
73.             {
74.                 ct   = &ctHour;
75.                 hour = ct -> getTimeVal(tick);
76.
77.                 ct   = &ctMin;
78.                 min  = ct -> getTimeVal(tick);
79.
80.                 ct   = &ctSec;
81.                 sec  = ct -> getTimeVal(tick);
82.
83.                 //打印转换之后的时间结果
84.                 cout << "Current time : " << hour << "-" << min << "-" << sec << endl;
85.             }
86.             else
87.             {
88.                 cout << "Tick value is not valid!!" << endl;
89.             }
90.         }
91. };
92.
93. int main()
94. {
95.     ConvertTime ct;
96.
97.     int tick = 0;   //0~86399
98.
99.     cout << "Please input a tick between 0~86399" << endl;
100.    cin  >> tick;
101.
102.    ct.dispTime(tick);
103.
104.    return 0;
105. }
```

最后，按 F6 键编译和执行 C++文件，在 Notepad++的 Console 栏中，输入 80000 后按回车键，可以看到运行结果，即输出“Current time : 22-13-20”，说明实验成功。

4.3.4　本节任务

对于 3.2.4 节的任务，使用多态的特性来实现。

4.4　重载实验

4.4.1　实验内容

创建 CalcTime 类，在类中依次定义用于保存小时值、分钟值和秒值的成员变量 mHour、mMin 和 mSec；用于计算并输出小时值、分钟值和秒值的 calcTimeVal()及其重载方法。其中，calcTimeVal()及其重载方法和三个成员变量的访问属性为 public。在 main()方法中创建 CalcTime 类型的对象，获取键盘输入值（0～86399 之间的整数值，包括 0 和 86399），CalcTime 类的对象通过分别调用 calcTimeVal()及其重载方法获取转换的小时值、分钟值和秒值，然后输出转换结果。

4.4.2　实验原理

1. 重载

如果同一个类中包含两个或两个以上方法名相同，但参数列表不同（与返回值类型无关）的方法，称为方法重载。所谓重载，就是要求“两同一不同”：① 同一个类中方法名相同；② 参数列表不同。方法的其他部分（返回值类型、修饰符等）与重载没有任何关系。参数列表不同包括：① 参数个数不同；② 参数类型不同。

4.4.3　实验步骤

首先，基于 Notepad++软件，新建一个 ConvertTime.cpp 文件，保存至“D:\QtProject\OOP04.重载实验”文件夹中，然后，将程序清单 4-4 中的代码输入 ConvertTime.cpp 文件中。下面按照顺序对部分语句进行解释。

（1）第 11 至 20 行代码：定义 calcTimeVal()方法，有 2 个参数，用于计算小时值。

（2）第 22 至 32 行代码：重载 calcTimeVal()方法，有 3 个参数，用于计算小时值和分钟值。

（3）第 34 至 44 行代码：重载 calcTimeVal()方法，有 4 个参数，用于计算小时值、分钟值和秒值。

（4）第 57 到 59 行代码：通过 CalcTime 类的对象 ct 分别调用 calcTimeVal()方法和它的重载方法，输出转换后的时间结果。

程序清单 4-4

```
1.   #include <iostream>
2.   using namespace std;
3.
4.   class CalcTime
5.   {
6.       public:
7.           int mHour; //小时值
8.           int mMin;  //分钟值
9.           int mSec;  //秒值
10.
```

```
11.         void calcTimeVal(bool hourFlg, int tick)
12.         {
13.             if(hourFlg == 1 && tick >= 0 && tick <= 86399)
14.             {
15.                 mHour = tick / 3600;        //tick 对 3600 取整数商赋值给 mHour
16.
17.                 //打印转换之后的时间结果
18.                 cout << "Current hourFlg : " << mHour << endl;
19.             }
20.         }
21.
22.         void calcTimeVal(bool hourFlg, bool minFlg, int tick)
23.         {
24.             if(hourFlg == 1 && minFlg == 1 && tick >= 0 && tick <= 86399)
25.             {
26.                 mHour = tick / 3600;        //tick 对 3600 取整数商赋值给 mHour
27.                 mMin  = (tick % 3600) / 60; //tick 对 3600 取余后再对 60 取整数商赋值给 mMin
28.
29.                 //打印转换之后的时间结果
30.                 cout << "Current hourVal-minVal : " << mHour << "-" << mMin << endl;
31.             }
32.         }
33.
34.         void calcTimeVal(bool hourFlg, bool minFlg, bool secFlg, int tick)
35.         {
36.             if(hourFlg == 1 && minFlg == 1 && secFlg == 1 && tick >= 0 && tick <= 86399)
37.             {
38.                 mHour = tick / 3600;        //tick 对 3600 取整数商赋值给 mHour
39.                 mMin  = (tick % 3600) / 60; //tick 对 3600 取余后再对 60 取整数商赋值给 mMin
40.                 mSec  = (tick % 3600) % 60; //tick 对 3600 取余后再对 60 取余赋值给 mSec
41.
42.                 //打印转换之后的时间结果
43.                 cout << "Current time : " << mHour << "-" << mMin << "-" << mSec << endl;
44.             }
45.         }
46. };
47.
48. int main()
49. {
50.     CalcTime ct;
51.
52.     int tick = 0;   //0~86399
53.
54.     cout << "Please input a tick between 0~86399" << endl;
55.     cin  >> tick;
56.
57.     ct.calcTimeVal(1,tick);
58.     ct.calcTimeVal(1,1,tick);
59.     ct.calcTimeVal(1,1,1,tick);
60.
61.     return 0;
62. }
```

最后，按 F6 键编译和执行 C++文件，在 Notepad++的 Console 栏中，输入 80000 后按回车键，可以看到运行结果，即输出“Current hourVal : 22”“Current hourVal-minVal : 22-13”和“Current time : 22-13-20”，说明实验成功。

4.4.4 本节任务

对于 3.2.4 节的任务，基于方法的重载来实现。

4.5 抽象类实验

4.5.1 实验内容

创建 Time 类，在类中依次定义用于保存小时值、分钟值和秒值的成员变量 mHour、mMin 和 mSec，然后通过 virtual 定义纯虚方法 dispTime()，使得 Time 类成为抽象类。通过公有继承的方式继承 Time 类来创建 CalcTime 类，在 CalcTime 类中定义用于计算小时值的 calcHour()方法、用于计算分钟值的 calcMin()方法和用于计算秒值的 calcSec()方法，并重写用于显示时间的 dispTime()方法。在 main()方法中获取键盘输入值（0～86399 之间的整数值，包括 0 和 86399），然后通过 CalcTime 的对象 ct 调用对应的方法，实现秒值-时间值转换，并输出转换结果。

4.5.2 实验原理

1. 抽象类

带有纯虚方法的类称为抽象类。抽象类是一种特殊的类，它是为了抽象和设计的目的而建立的，处于继承层次结构的较上层。

纯虚方法是指在基类中声明的虚方法的原型后加“=0”的方法。纯虚方法没有定义具体的方法实现，其声明格式如下：

```
virtual 返回值类型成员方法名（参数表）= 0;
```

例如：

```
virtual void DispTime() = 0;
```

在 C++中抽象类有以下规定：

（1）抽象类只能用作其他类的基类，不能建立抽象类对象。

（2）抽象类不能用作参数类型、方法返回类型或显式转换的类型。

（3）可以定义指向抽象类的指针和引用，此指针可以指向它的派生类，进而实现多态性。

2. 抽象类的应用

通常编写一个类时，会为这个类定义具体的属性和方法，但在某些情况下只知道一个类需要哪些属性和方法，而不知道这些方法具体是什么，这时就需要用到抽象类。

例如，产品经理定义了一个产品，要求设计一个成本不高于 80 元的电子血压计，能测量收缩压、舒张压和脉率。在本例中，产品就是一个抽象类，包括两个抽象属性：价格不高于 80 元和电子血压计；还包括三个抽象方法：测量收缩压、测量舒张压和测量脉率。现在工程师就可以按照产品经理的要求（即抽象类），去设计产品。抽象类就像一个大纲，规范了一个项目。

抽象类除了不能实例化对象，类的其他功能依然存在，成员变量、成员方法和构造方法的访问方式与普通类一样。抽象类不能实例化对象，所以抽象类必须被继承后，才能被使用。

4.5.3 实验步骤

首先，基于 Notepad++软件，新建一个 ConvertTime.cpp 文件，保存至“D:\QtProject\OOP05.抽象类实验”文件夹中，然后，将程序清单 4-5 中的代码输入 ConvertTime.cpp 文件中。下面按照顺序对部分语句进行解释。

（1）第 13 行代码：定义一个 virtual 修饰的纯虚方法 dispTime()，用于指定当前类为抽象类。

（2）第 19 至 33 行代码：在 CalcTime 类中分别定义计算小时值、分钟值和秒值的 calcHour()、calcMin()和 calcSec()方法。

（3）第 35 至 39 行代码：重写 dispTime()方法，输出转换后的时间结果。

程序清单 4-5

```
1.  #include <iostream>
2.  using namespace std;
3.
4.  //抽象类，不能创建对象，只能用于继承
5.  class Time
6.  {
7.      public:
8.          int mHour; //小时值
9.          int mMin;  //分钟值
10.         int mSec;  //秒值
11.
12.         //用于指示编译器当前声明的为纯虚方法，以达到使 Time 类成为抽象类
13.         virtual void dispTime() = 0;
14. };
15.
16. //CalcTime 类通过公有继承方式来继承 Time 类
17. class CalcTime: public Time
18. {
19.     public:
20.         void calcHour(int tick)
21.         {
22.           mHour = tick / 3600;        //tick 对 3600 取整数商赋值给 hour
23.         }
24.
25.         void calcMin(int tick)
26.         {
27.           mMin = (tick % 3600) / 60; //tick 对 3600 取余后再对 60 取整数商赋值给 min
28.         }
29.
30.         void calcSec(int tick)
31.         {
32.           mSec = (tick % 3600) % 60; //tick 对 3600 取余后再对 60 取余赋值给 sec
33.         }
34.
35.         void dispTime()
36.         {
```

```
37.             //打印转换之后的时间结果
38.             cout << "Current time : " << mHour << "-" << mMin << "-" << mSec << endl;
39.         }
40. };
41.
42. int main()
43. {
44.     CalcTime ct;
45.
46.     int tick = 0;   //0~86399
47.
48.     cout << "Please input a tick between 0~86399" << endl;
49.     cin  >> tick;
50.
51.     //转换时间并显示
52.     ct.calcHour(tick);
53.     ct.calcMin(tick);
54.     ct.calcSec(tick);
55.
56.     ct.dispTime();
57.
58.     return 0;
59. }
```

最后，按 F6 键编译和执行 C++文件，在 Notepad++的 Console 栏中，输入 80000 后按回车键，可以看到运行结果，即输出“Current time : 22-13-20”，说明实验成功。

4.5.4 本节任务

对于 3.2.4 节的任务，采用抽象类来实现。

4.6 接口实验

4.6.1 实验内容

创建 Interface 类，在类中不声明任何变量，然后通过 virtual 声明纯虚方法 dispTime()、calcHour()、calcMin()和 calcSec()，这时的 Interface 类属于接口类。通过公有继承的方式继承 Interface 类来创建 CalcTime 类，在 CalcTime 类中重写 calcHour()方法来计算小时值，重写 calcMin()方法来计算分钟值，重写 calcSec()方法来计算秒值，并重写用于显示时间的 dispTime()方法。在 main()方法中获取键盘输入值（0～86399 之间的整数值，包括 0 和 86399），然后通过 CalcTime 的对象 ct 调用对应的方法，实现秒值-时间值转换，并输出转换结果。

4.6.2 实验原理

1. 接口

接口描述了类的行为和功能，而不需要完成类的特定实现。在 C++中接口满足以下规定：

（1）类中没有定义任何成员变量。

（2）所有的成员方法都是公有的。

（3）所有的成员方法都是纯虚方法。

（4）接口是一种特殊的抽象类。

（5）接口一旦被继承，需要重写所有的成员方法才能创建对象。

2. 接口的应用

例如，鸟（Bird）都有 fly()和 eat()两个行为，因此可以定义一个接口：

```
class Bird {
    public:
        virtual void fly() = 0;
        virtual void eat() = 0;
};
```

但如果需要解决通过鸟送信的问题，那么该如何实现？下面进行分析。

若将 fly()、eat()和 send()这三个行为都定义在接口中，则需要用到送信功能的类就需要同时实现该接口中的 fly()和 eat()，但有些类根本就不具备 fly()和 eat()这两个功能，如送信机器人。

从上面的分析可以看出，Bird 的 fly()、eat()和 send()属于两个不同范畴的行为，fly()、eat()属于鸟固有的行为特性，而 send()属于延伸的附加行为。因此，最优化的解决办法是单独将送信设计为一个接口，包含 send()行为，将 Bird 设计为单独的类，包含 fly()、eat()两种行为。这样，就可以设计出一个送信鸟继承 Bird 类并实现 SendMail 接口，示例代码如下：

```
class Bird {
    public:
        void fly(){}

        void eat(){}
};

class SendMail
{
    public:
        void send() = 0;
};
```

4.6.3 实验步骤

首先，基于 Notepad++软件，新建一个 ConvertTime.cpp 文件，保存至“D:\QtProject\OOP06.接口实验”文件夹中，然后，将程序清单 4-6 中的代码输入 ConvertTime.cpp 文件中。下面按照顺序对部分语句进行解释。

（1）第 8 至 11 行代码：通过 virtual 声明纯虚方法 dispTime()、calcHour()、calcMin()和 calcSec()。

（2）第 22 至 33 行代码：在 CalcTime 类中重写计算小时值的 calcHour()方法、计算分钟值的 calcMin()方法和计算秒值的 calcSec()方法。

（3）第 37 至 41 行代码：重写 dispTime()方法，输出转换后的时间结果。

程序清单 4-6

```
1.   #include <iostream>
2.   using namespace std;
3.
```

```
4.  //接口，可继承，不可创建对象
5.  class Interface
6.  {
7.      public:
8.          virtual void dispTime() = 0;
9.          virtual void calcHour(int tick) = 0;
10.         virtual void calcMin(int tick) = 0;
11.         virtual void calcSec(int tick) = 0;
12. };
13.
14. //类 CalcTime 通过公有继承方式来继承 Interface 类
15. class CalcTime: public Interface
16. {
17.     public:
18.         int mHour; //小时值
19.         int mMin;  //分钟值
20.         int mSec;  //秒值
21.
22.         void calcHour(int tick)
23.         {
24.           mHour = tick / 3600;        //tick 对 3600 取模赋值给 mSec
25.         }
26.
27.         void calcMin(int tick)
28.         {
29.           mMin = (tick % 3600) / 60; //tick 对 3600 取余后再对 60 取整数商赋值给 mMin
30.         }
31.
32.         void calcSec(int tick)
33.         {
34.           mSec = (tick % 3600) % 60; //tick 对 3600 取余后再对 60 取余赋值给 mSec
35.         }
36.
37.         void dispTime()
38.         {
39.           //打印转换之后的时间结果
40.             cout << "Current time : " << mHour << "-" << mMin << "-" << mSec << endl;
41.         }
42. };
43.
44. int main()
45. {
46.     CalcTime ct;
47.
48.     int tick = 0;   //0~86399
49.
50.     cout << "Please input a tick between 0~86399" << endl;
51.     cin  >> tick;
52.
53.     //转换时间并显示
54.     ct.calcHour(tick);
55.     ct.calcMin(tick);
```

```
56.     ct.calcSec(tick);
57.
58.     ct.dispTime();
59.
60.     return 0;
61. }
```

最后，按 F6 键编译和执行 C++文件，在 Notepad++的 Console 栏中，输入 80000 后按回车键，可以看到运行结果，即输出“Current time : 22-13-20”，说明实验成功。

4.6.4　本节任务

对于 3.2.4 节的任务，基于接口来实现。

4.7　异常处理实验

4.7.1　实验内容

创建 CalcTime 类，在类中依次定义用于保存小时值、分钟值和秒值的成员变量 mHour、mMin 和 mSec，用于计算小时值、分钟值和秒值的 calcTimeVal()方法。在 main()方法中获取键盘输入值（0～86399 之间的整数值，包括 0 和 86399），然后在 try 语句中通过 CalcTime 类的对象 ct 调用对应的方法，实现秒值-时间值转换。若过程中有异常抛出，则通过 catch 捕获并输出提示，若无异常则输出转换结果。

4.7.2　实验原理

1. 异常

异常是指程序运行时不正确的状态，如数组越界、整数除零等程序需要报错的状态。一旦程序发生异常，在异常之后的语句都不会被执行，即如果程序中出现了一处异常，将导致整个程序崩溃，这显然是不希望看到的结果，所以需要进行异常处理。

2. 异常处理

在 C++中，异常处理机制会使用到捕捉和处理异常的 try...catch 语句。其中，try 语句块用来捕捉异常，在 try 语句块中的是可能发生异常的代码；catch 语句块用来处理异常，如显示错误信息等。根据处理异常的情况，try 后面可以跟多个 catch 块，示例代码如下：

```
try
{
        //可能产生异常的代码段
}catch( ExceptionName e1 )
{
        //处理异常 1
}catch( ExceptionName e2 )
{
        //处理异常 2
}
… …
catch( ExceptionName en )
{
        //处理异常 n
}
```

3. 抛出异常

使用 throw 语句可以在代码块中的任意地方抛出异常，throw 语句的操作数可以是任意表达式，表达式结果的类型决定了抛出的异常的类型，示例代码如下：

```
if(a < 0 || a > 100)
{
    throw "a 的值不符合要求"; //抛出异常信息
}
else
{
    cout << "a 的值为: " << a << endl;
}
```

4. 异常处理机制的意义

使用 if 语句也可以实现输出异常信息的操作，那么为什么还要使用异常处理机制？原因有两个方面：① if 语句通常只能解决简单的逻辑错误，而异常处理是针对意外情况的，当存在文件的输入/输出或文件的读写异常时，就无法使用 if 语句来处理异常；② if 语句体现的是流程控制的思想，而异常处理机制体现的是一种对错误进行有效控制的思想，相比之下，异常处理机制更符合面向对象的特点。

4.7.3 实验步骤

首先，基于 Notepad++软件，新建一个 ConvertTime.cpp 文件，保存至“D:\QtProject\OOP07.异常处理实验”文件夹中，然后，将程序清单 4-7 中的代码输入 ConvertTime.cpp 文件中。下面按照顺序对部分语句进行解释。

（1）第 2 行代码：包含异常处理需要用到的头文件<exception>。

（2）第 15 至 18 行代码：若输入的 tick 不在 0～86399 的范围内，则通过 throw 抛出 tick 值输入不合理的异常信息提示。

（3）第 19 至 28 行代码：若 tick 值符合范围，则分别计算小时值、分钟值和秒值，然后通过 cout 输出转换后的时间结果。

（4）第 41 至 49 行代码：在 try 语句中通过 CalcTime 类的对象 ct 调用 calcTimeVal()方法，若过程中有异常抛出，则通过 catch 捕获并输出提示。

程序清单 4-7

```
1.   #include <iostream>
2.   #include <exception>
3.   using namespace std;
4.
5.   class CalcTime
6.   {
7.       public:
8.           int mHour; //小时值
9.           int mMin;  //分钟值
10.          int mSec;  //秒值
11.
12.          void calcTimeVal(int tick)
13.          {
14.              if(tick < 0 || tick > 86399)
```

```
15.             {
16.                 throw "Tick value is not valid!!"; //抛出异常信息
17.             }
18.             else
19.             {
20.                 mHour = tick / 3600;        //tick 对 3600 取整数商赋值给 mHour
21.                 mMin  = (tick % 3600) / 60; //tick 对 3600 取余后再对 60 取整数商赋值给 mMin
22.                 mSec  = (tick % 3600) % 60; //tick 对 3600 取余后再对 60 取余赋值给 mSec
23.
24.                 //打印转换之后的时间结果
25.                 cout << "Current time : " << mHour << "-" << mMin << "-" << mSec << endl;
26.             }
27.         }
28. };
29.
30. int main()
31. {
32.     CalcTime ct;
33.
34.     int tick = 0;   //0~86399
35.
36.     cout << "Please input a tick between 0~86399" << endl;
37.     cin  >> tick;
38.
39.     //保护代码
40.     try
41.     {
42.         ct.calcTimeVal(tick);
43.     }
44.     //捕获异常信息并输出提示
45.     catch(const char* e)
46.     {
47.        cout << e << endl;
48.     }
49.
50.     return 0;
51. }
```

最后，按 F6 键编译和执行 C++文件，在 Notepad++的 Console 栏中，输入 80000 后按回车键，可以看到运行结果，即输出“Current time : 22-13-20”，说明实验成功。

4.7.4 本节任务

完成 3.2.4 节的任务，要求在代码中运用异常处理机制。

本 章 任 务

本章共有 7 个实验，首先学习各实验的实验原理，然后按照实验步骤完成实验，最后按照要求完成本节任务。

本 章 习 题

1．面向过程和面向对象有什么区别？

2．类与对象是面向对象程序设计中的两个最基本组成单元，简述类与对象的关系。

3．什么是成员变量？什么是局部变量？什么是类变量？

4．在定义一个类时，是否可以不定义构造方法，为什么？

5．类的封装有什么优点？

6．什么是类的继承？简述继承的优点和缺点。

7．子类可以通过什么方式继承父类？分别有什么区别？

8．简述方法重载和方法重写的区别。

9．在 C++中如何实现抽象类的定义？

10．C++中的接口满足什么规定？

11．简述异常处理的意义。

第5章　Qt程序设计

在Qt程序设计的过程中，有4个非常重要的概念需要熟练掌握，分别为布局管理器，信号与槽，模态、半模态和非模态对话框，以及多线程，本章将详细介绍这4个概念。

5.1　布局管理器

5.1.1　实验内容

2.4.1节已初步介绍了4种布局管理控件，布局管理控件中的其他小控件会按照特定的机制摆放，使最终实现的用户图形界面美观、整齐。在设计模式下设计界面时，从控件栏中移出的控件是可以随意摆放的，若使用手动对齐的方式，不仅费时费力，最终实现的效果也不尽理想。因此，对一个完善的应用程序而言，布局管理是必不可少的一部分。无论是希望界面中的控件具有整齐的布局，还是希望界面能适应窗口的大小变化，都需要进行布局管理。Qt主要提供了QLayout类及其子类QVBoxLayout、QHBoxLayout、QGridLayout和QFormLayout等作为布局管理器，用来实现常用的布局管理功能，QLayout类及其子类的关系如图5-1所示。控件栏中布局管理组下的4个控件分别属于以上4个布局管理器。本节主要介绍这些布局管理器的用法。

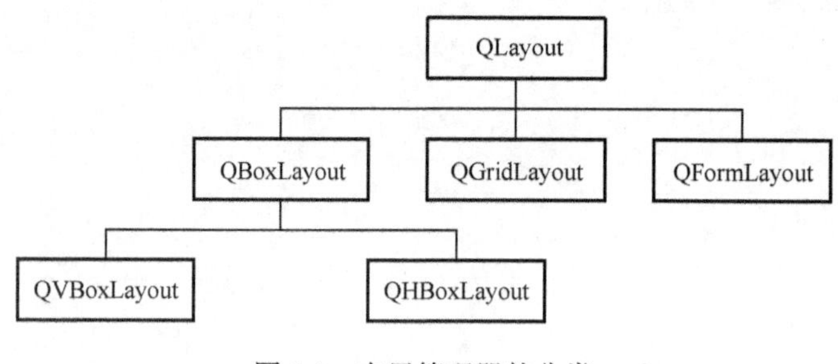

图5-1　布局管理器的分类

5.1.2　实验原理

1．QVBoxLayout

QVBoxLayout（垂直布局管理器）可以使子控件在垂直方向上排成一列，如图5-2所示。

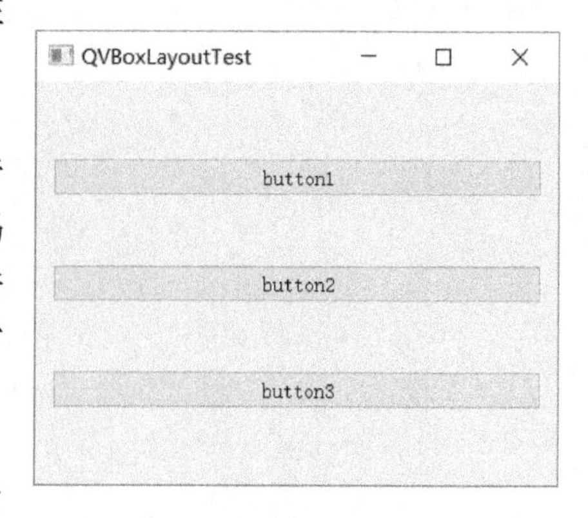

图5-2　垂直布局管理器运行效果图1

进行界面设计的方式有两种：① 打开.ui文件后，在设计模式下直接将控件栏中的控件移入界面中进行摆放，并在属性设置框中设置属性；② 通过编写代码的方式创建界面，并完成向界面中添加控件和设置控件属性等步骤。两种方法各有优劣，因此，可以采用二者相结合的方式来完成界面设计。

使用方法①实现图5-2所示的界面比较简单直观，只需从控件栏中将Vertical Layout控件移入界面，然后再将3个Push Button控件移入Vertical Layout控件中，最后依次修改Push Button按钮的文本即可。这里主要介绍方法②，实现图5-2所示界面的代码如下：

```
QVBoxLayout *mainVBoxLayout = new QVBoxLayout(this);          //创建垂直布局管理器
QPushButton *pushButton[3];                                   //定义 3 个按钮

QString buttonText[3] = {"button1", "button2", "button3"};    //按钮文本

for(int i = 0; i < 3; i++)
{
    pushButton[i] = new QPushButton(buttonText[i]);           //设置按钮文本
    mainVBoxLayout->addWidget(pushButton[i]);                 //将按钮添加至布局管理器中
}

setLayout(mainVBoxLayout);                                    //设置当前窗口的布局
```

还有其他一些常用的方法，如下：

- addSpacing()，设置一个固定大小的间距；
- setMargin()，同时设置左、上、右、下的外边距；
- setContentsMargins(int left, int top, int right, int bottom)，分别设置左、上、右、下的外边距。

实际应用的示例代码如下：

```
QVBoxLayout *mainVBoxLayout = new QVBoxLayout(this);
QPushButton *pushButton[3];

QString buttonText[3] = {"button1", "button2", "button3"};

mainVBoxLayout->setSpacing(20);           //设置控件之间的间距为 20
setContentsMargins(10, 40, 70, 100);      //设置左、上、右、下边距分别为 10、40、70、100

for(int i = 0; i < 3; i++)
{
    pushButton[i] = new QPushButton(buttonText[i]);
}

mainVBoxLayout->addWidget(pushButton[0], 0, Qt::AlignLeft | Qt::AlignTop); //设置 pushButton[0]
水平居左，垂直居上
mainVBoxLayout->addWidget(pushButton[1], 0, Qt::AlignCenter);      //设置 pushButton[1]居中
mainVBoxLayout->addWidget(pushButton[2], 0, Qt::AlignRight);       //设置 pushButton[2]水平居右

setLayout(mainVBoxLayout);                                         //设置当前窗口的布局
```

运行效果图如图 5-3 所示。

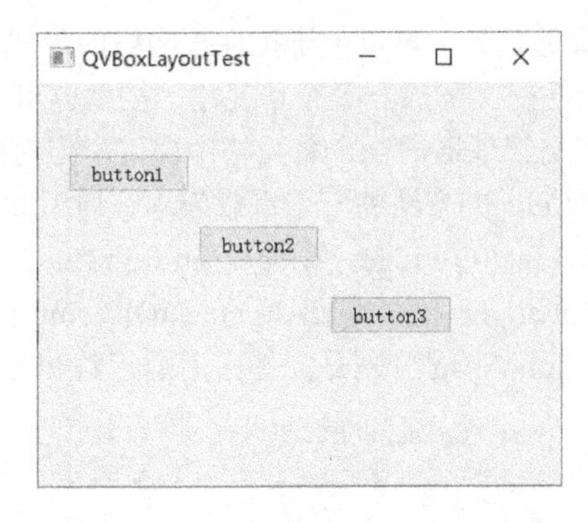

图 5-3　垂直布局管理器运行效果图 2

2. QHBoxLayout

QHBoxLayout（水平布局管理器）可以使子控件在水平方向上排成一行，其用法与 QVBoxLayout 基本一致，实现如图 5-4 所示界面的代码如下：

```
QHBoxLayout *mainHBoxLayout = new QHBoxLayout(this);            //创建水平布局管理器
QPushButton *pushButton[3];                                      //定义 3 个按钮

QString buttonText[3] = {"button1", "button2", "button3"};      //按钮文本

mainHBoxLayout->setSpacing(20);                                  //设置控件之间的间距为 20
setContentsMargins(10, 40, 70, 100);                             //设置左、上、右、下边距分别为 10、
                                                                           40、70、100

for(int i = 0; i < 3; i++)
{
    pushButton[i] = new QPushButton(buttonText[i]);              //设置按钮文本
}

mainHBoxLayout->addWidget(pushButton[0], 0, Qt::AlignBottom);     //设置 pushButton[0]垂直居下
mainHBoxLayout->addWidget(pushButton[1], 0, Qt::AlignCenter);     //设置 pushButton[1]居中
mainHBoxLayout->addWidget(pushButton[2], 0, Qt::AlignTop);        //设置 pushButton[2]垂直居上

setLayout(mainHBoxLayout);                                        //设置当前窗口的布局
```

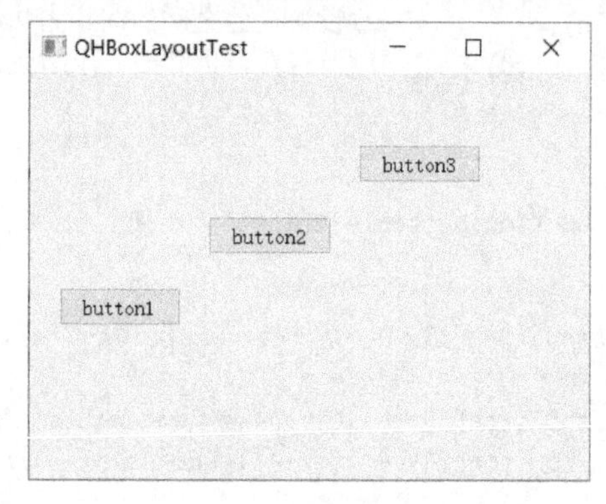

图 5-4　水平布局管理器运行效果图

3. QGridLayout

QGridLayout（网格布局管理器）可以使子控件按网格的形式来布局，布局管理器中的控件被划分为行和列，行和列的交叉形成一个个单元格，控件即可放入这些单元格中。

通常将控件放进网格布局管理器的一个单元格中即可，但有些控件可能需要占用多个单元格，这时就需要用到 addWidget()方法的一个重载版本，原型如下：

void QGridLayout::addWidget(QWidget *widget, int fromRow, int fromColumn, int rowSpan, int columnSpan, Qt::Alignment alignment = Qt::Alignment())。row 和 column 分别为控件开始的行数和列数，rowSpan 和 columnSpan 分别是控件占用的行数和列数。具体用法如下：

```
QGridLayout *mainGridLayout = new QGridLayout(this);     //创建网格布局管理器
QPushButton *pushButton[6];                               //定义 6 个按钮

QString buttonText[6] = {"button1", "button2", "button3", "button4", "button5", "button6"};
```

```
                                                       //按钮文本

for(int i = 0; i < 6; i++)
{
    pushButton[i] = new QPushButton(buttonText[i]);    //设置按钮文本
}

pushButton[1]->setSizePolicy(QSizePolicy::Minimum,QSizePolicy::Expanding);
                                                       //设置 pushButton[1]垂直方向可拉伸

mainGridLayout->addWidget(pushButton[0], 0, 0, 1, 1);  // pushButton[0]从第 0 行第 0 列开始，占
1 行 1 列
mainGridLayout->addWidget(pushButton[1], 0, 1, 2, 1);  // pushButton[1]从第 0 行第 1 列开始，占
2 行 1 列
mainGridLayout->addWidget(pushButton[2], 1, 0, 1, 1);  // pushButton[2]从第 1 行第 0 列开始，占
1 行 1 列
mainGridLayout->addWidget(pushButton[3], 2, 0, 1, 1);  // pushButton[3]从第 2 行第 0 列开始，占
1 行 1 列
mainGridLayout->addWidget(pushButton[4], 2, 1, 1, 1);  // pushButton[4]从第 2 行第 1 列开始，占
1 行 1 列
mainGridLayout->addWidget(pushButton[5], 4, 0, 1, 2);  // pushButton[5]从第 4 行第 0 列开始，占
1 行 2 列

setLayout(mainGridLayout);                             //设置当前窗口的布局
```

实现的界面如图 5-5 所示。

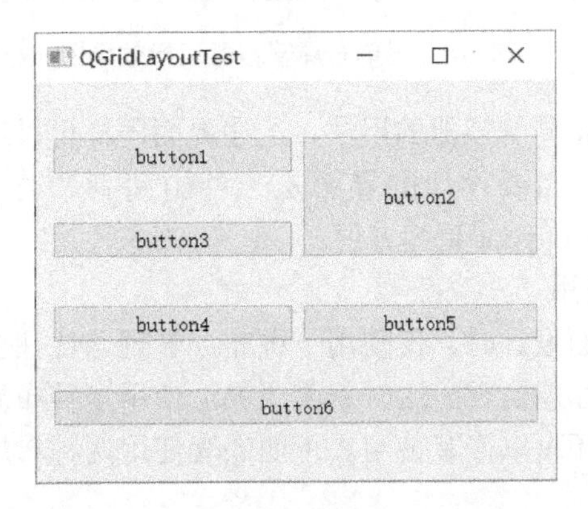

图 5-5　网格布局管理器运行效果图

4. QFormLayout

QFormLayout（表单布局管理器）用来管理表单的输入控件和与之相关的标签。表单布局管理器将子控件分为两列，左边一列通常为标签，右边一列通常为一些输入部件，如行编辑框 LineEdit 和数字显示框 Spin Box 等。

可以通过 addRow()方法来添加表单项，即创建一个带有指定文本的 QLabel 和 QWidget 控件行，该方法原型为 void QFormLayout::addRow(const QString &labelText, QWidget *field)。具体用法如下：

```
QFormLayout *mainFormLayout = new QFormLayout();       //创建表单布局管理器

QLineEdit *nameLineEdit = new QLineEdit();             //定义行编辑框
QLineEdit *phoneLineEdit = new QLineEdit();
```

```
QLineEdit *emailLineEdit = new QLineEdit();

mainFormLayout->addRow("Name:", nameLineEdit);          //添加表单项,nameLineEdit对应的QLabel标签为Name
mainFormLayout->addRow("Telephone:", phoneLineEdit);
mainFormLayout->addRow("Email:", emailLineEdit);
mainFormLayout->setSpacing(30);                         //设置表单项之间的间距

setLayout(mainFormLayout);                              //设置当前窗口的布局
```

实现的界面如图 5-6 所示。

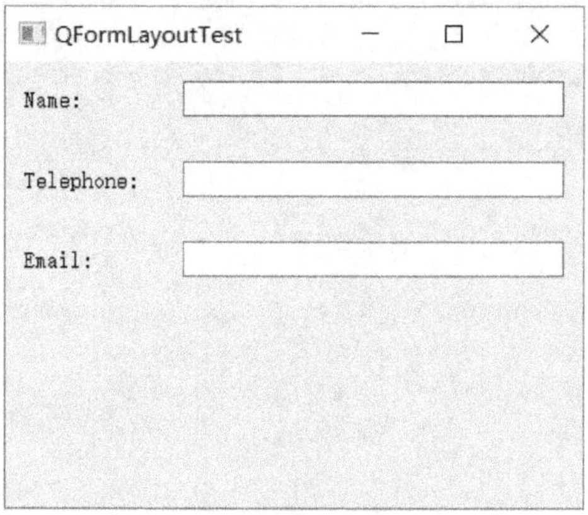

图 5-6　表单布局管理器运行效果图

根据前面介绍的网格布局管理器的用法，上述界面同样可以通过网格布局来实现，但是代码量相对较大。因此，当要设计的界面是一种由两列和若干行组成的形式时，使用 QFormLayout 比使用 QGridLayout 更为方便。

5．布局管理器嵌套使用

在进行一些复杂的界面设计时，仅使用一种布局管理器往往会使界面过于单调，而且有些布局需要较大的代码量才能实现。这时就需要灵活使用多种布局管理器，多种布局管理器之间除了可以独立使用，还可以嵌套使用。下面嵌套使用两种布局管理器来设计一个简单的界面。

```
QVBoxLayout *mainVBoxLayout = new QVBoxLayout();
QHBoxLayout *bottomHBoxLayout = new QHBoxLayout();

QPushButton *pushButton[6];

QString buttonText[6] = {"verbutton1", "verbutton2", "verbutton3", "horbutton1", "horbutton2",
"horbutton3"};

for(int i = 0; i < 6; i++)
{
    pushButton[i] = new QPushButton(buttonText[i]);
}

mainVBoxLayout->addWidget(pushButton[0]);
```

```
mainVBoxLayout->addWidget(pushButton[1]);
mainVBoxLayout->addWidget(pushButton[2]);
bottomHBoxLayout->addWidget(pushButton[3]);
bottomHBoxLayout->addWidget(pushButton[4]);
bottomHBoxLayout->addWidget(pushButton[5]);

mainVBoxLayout->addLayout(bottomHBoxLayout);

setLayout(mainVBoxLayout);
```

实现的界面如图 5-7 所示。

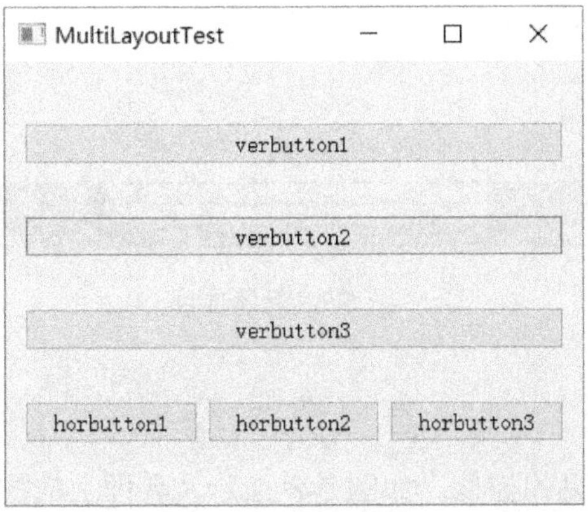

MultiLayoutTest

verbutton1

verbutton2

verbutton3

horbutton1　horbutton2　horbutton3

图 5-7　嵌套使用布局管理器运行效果图

5.1.3　实验步骤

本节的布局实验将通过嵌套使用 4 种布局管理器来实现如图 5-8 所示的界面。本实验主要通过编写代码的方式来进行布局。

LayoutTest

个人信息　　测量参数

姓名：　体温

性别：　血压

年龄：　心电

电话：　呼吸

邮箱：　血氧

确定　取消

图 5-8　布局实验运行结果

步骤 1：新建项目

参考 1.4.1 节，新建一个 Qt 项目，项目名称为 LayoutTest，项目路径为“D:\QtProject”，基类选择 QWidget，勾选“创建界面”选项。新建成功的项目如图 5-9 所示。

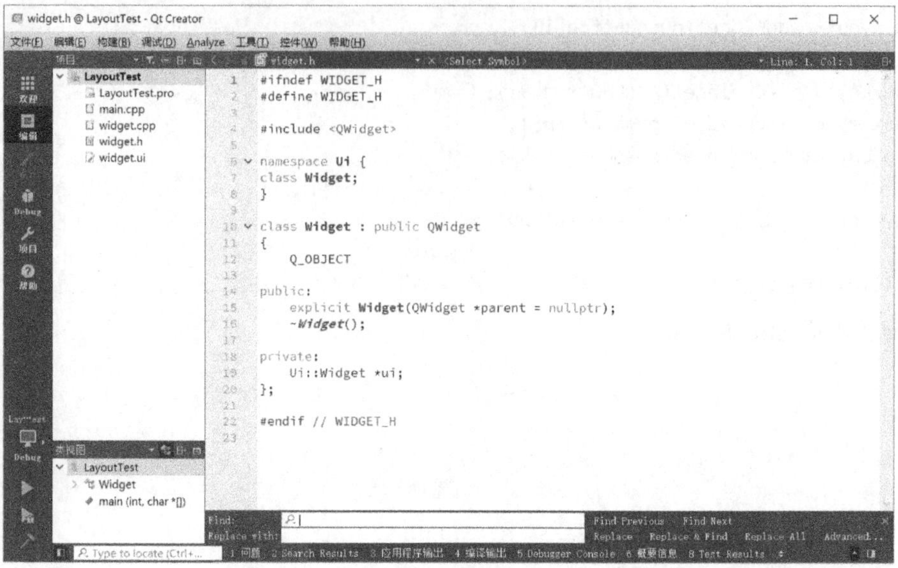

图 5-9　新建项目

步骤 2：完善项目

1）添加头文件

本项目使用到 9 种常见的控件。如图 5-8 所示，界面上的控件有标签（Label）、行编辑框（Line Edit）、复选框（Check Box）和按钮（Push Button）。此外，还有不可见的垂直空间间隔（Vertical Spacer）和 4 种布局管理器，分别为垂直布局管理器（QVBox Layout）、水平布局管理器（QHBox Layout）、网格布局管理器（QGrid Layout）和表单布局管理器（QForm Layout）。在使用这些控件之前，需要先添加对应类的头文件。双击打开项目中的 widget.cpp 文件，添加如程序清单 5-1 所示的第 3 至 11 行代码。

程序清单 5-1

```
1.  #include "widget.h"
2.  #include "ui_widget.h"
3.  #include <QVBoxLayout>
4.  #include <QHBoxLayout>
5.  #include <QGridLayout>
6.  #include <QFormLayout>
7.  #include <QLabel>
8.  #include <QLineEdit>
9.  #include <QCheckBox>
10. #include <QSpacerItem>
11. #include <QPushButton>
12.
13. Widget::Widget(QWidget *parent) :
14.     QWidget(parent),
15.     ui(new Ui::Widget)
16. {
17.     ui->setupUi(this);
18. }
19.
20. Widget::~Widget()
```

```
21. {
22.     delete ui;
23. }
```

2）添加 Form Layout

完成头文件添加后，接下来开始进行布局，首先添加包含个人信息的表单布局。添加如程序清单 5-2 所示的第 10 至 32 行代码，下面按照顺序对这些语句进行解释。

（1）第 10 至 13 行代码：分别创建 4 种布局管理器。

（2）第 15 至 18 行代码：创建标签，文本设置为“个人信息”，并设置字体、样式和字号。

（3）第 20 至 24 行代码：分别创建 5 个行编辑框。

（4）第 26 至 32 行代码：向表单布局管理器中依次添加 5 个表单项，并设置表单项之间的间距为 20，然后设置表单项的左、上、右和下外边距分别为 10、10、40 和 30。

程序清单 5-2

```
1.  #include "widget.h"
2.  ……
3.
4.  Widget::Widget(QWidget *parent) :
5.      QWidget(parent),
6.      ui(new Ui::Widget)
7.  {
8.      ui->setupUi(this);
9.
10.     QGridLayout *mainGridLayout   = new QGridLayout(this);
11.     QHBoxLayout *buttonHBoxLayout = new QHBoxLayout(this);
12.     QVBoxLayout *paraVBoxLayout   = new QVBoxLayout(this);
13.     QFormLayout *infoFormLayout   = new QFormLayout(this);
14.
15.     QLabel *infoLabel = new QLabel();
16.     infoLabel->setText("个人信息");
17.     QFont font("Microsoft YaHei", 10, 50);
18.     infoLabel->setFont(font);
19.
20.     QLineEdit *nameLineEdit  = new QLineEdit();
21.     QLineEdit *sexLineEdit   = new QLineEdit();
22.     QLineEdit *ageLineEdit   = new QLineEdit();
23.     QLineEdit *phoneLineEdit = new QLineEdit();
24.     QLineEdit *emailLineEdit = new QLineEdit();
25.
26.     infoFormLayout->addRow("姓名:", nameLineEdit);
27.     infoFormLayout->addRow("性别:", sexLineEdit);
28.     infoFormLayout->addRow("年龄:", ageLineEdit);
29.     infoFormLayout->addRow("电话:", phoneLineEdit);
30.     infoFormLayout->addRow("邮箱:", emailLineEdit);
31.     infoFormLayout->setSpacing(20);
32.     infoFormLayout->setContentsMargins(10, 10, 40, 30);
33. }
34.
35. Widget::~Widget()
36. {
37.     delete ui;
38. }
```

3）添加 Vertical Layout

接下来添加包含 5 种生理参数复选框的垂直布局。添加如程序清单 5-3 所示的第 15 至 37 行代码，下面按照顺序对这些语句进行解释。

（1）第 15 至 17 行代码：创建标签，文本设置为“测量参数”，并设置字体、样式和字号。

（2）第 19 至 29 行代码：分别创建 5 个复选框，文本设置为“体温”“血压”“心电”“呼吸”和“血氧”。

（3）第 31 至 37 行代码：将 5 个生理参数复选框添加到垂直布局管理器中，并设置复选框之间的间距为 20，然后设置复选框的左、上、右和下外边距分别为 10、10、20 和 30。

程序清单 5-3

```
1.   #include "widget.h"
2.   ……
3.
4.   Widget::Widget(QWidget *parent) :
5.       QWidget(parent),
6.       ui(new Ui::Widget)
7.   {
8.       ui->setupUi(this);
9.
10.      QGridLayout *mainGridLayout   = new QGridLayout(this);
11.      ……
12.      infoFormLayout->setSpacing(20);
13.      infoFormLayout->setContentsMargins(10, 10, 40, 30);
14.
15.      QLabel *paraLabel   = new QLabel();
16.      paraLabel->setText("测量参数");
17.      paraLabel->setFont(font);
18.
19.      QCheckBox *tempCheckBox = new QCheckBox();
20.      QCheckBox *nibpCheckBox = new QCheckBox();
21.      QCheckBox *ecgCheckBox  = new QCheckBox();
22.      QCheckBox *respCheckBox = new QCheckBox();
23.      QCheckBox *spo2CheckBox = new QCheckBox();
24.
25.      tempCheckBox->setText("体温");
26.      nibpCheckBox->setText("血压");
27.      ecgCheckBox ->setText("心电");
28.      respCheckBox->setText("呼吸");
29.      spo2CheckBox->setText("血氧");
30.
31.      paraVBoxLayout->addWidget(tempCheckBox);
32.      paraVBoxLayout->addWidget(nibpCheckBox);
33.      paraVBoxLayout->addWidget(ecgCheckBox);
34.      paraVBoxLayout->addWidget(respCheckBox);
35.      paraVBoxLayout->addWidget(spo2CheckBox);
36.      paraVBoxLayout->setSpacing(20);
37.      paraVBoxLayout->setContentsMargins(10, 10, 20, 30);
```

```
38. }
39.
40. Widget::~Widget()
41. {
42.     delete ui;
43. }
```

4）添加 Horizontal Layout

接下来添加包含两个按钮的水平布局。添加如程序清单 5-4 所示的第 15 至 25 行代码，下面按照顺序对这些语句进行解释。

（1）第 15 至 16 行代码：创建一个垂直空间间隔。

（2）第 18 至 22 行代码：创建两个按钮，文本分别设置为“确定”和“取消”。

（3）第 24 至 15 行代码：将两个按钮添加到水平布局管理器中。

程序清单 5-4

```
1.  #include "widget.h"
2.  ……
3.
4.  Widget::Widget(QWidget *parent) :
5.      QWidget(parent),
6.      ui(new Ui::Widget)
7.  {
8.      ui->setupUi(this);
9.
10.     QGridLayout *mainGridLayout = new QGridLayout(this);
11.     ……
12.     paraVBoxLayout->setSpacing(20);
13.     paraVBoxLayout->setContentsMargins(10, 10, 20, 30);
14.
15.     QSpacerItem *verticalSpacer;
16.     verticalSpacer = new QSpacerItem(40, 20, QSizePolicy::Expanding, QSizePolicy::Expanding);
17.
18.     QPushButton *okButton = new QPushButton();
19.     QPushButton *cancelButton = new QPushButton();
20.
21.     okButton->setText("确定");
22.     cancelButton->setText("取消");
23.
24.     buttonHBoxLayout->addWidget(okButton);
25.     buttonHBoxLayout->addWidget(cancelButton);
26. }
27.
28. Widget::~Widget()
29. {
30.     delete ui;
31. }
```

5）添加 Grid Layout

最后一步，添加 Grid Layout。添加如程序清单 5-5 所示的第 15 至 23 行代码，下面按照顺序对这些语句进行解释。

（1）第 15 至 16 行代码：向网格布局管理器中添加两个标签，infoLabel 从第 0 行第 0 列开始，占 1 行 1 列；paraLabel 从第 0 行第 1 列开始，占 1 行 1 列。

（2）第 17 行代码：向网格布局管理器中添加表单布局，infoFormLayout 从第 1 行第 0 列开始，占 5 行 1 列。

（3）第 18 行代码：向网格布局管理器中添加垂直布局，paraVBoxLayout 从第 1 行第 1 列开始，占 5 行 1 列。

（4）第 19 行代码：向网格布局管理器中添加垂直空间间隔，verticalSpacer 从第 6 行第 0 列开始，占 1 行 2 列。

（5）第 20 行代码：向网格布局管理器中添加水平布局，buttonHBoxLayout 从第 7 行第 0 列开始，占 1 行 2 列。

（6）第 22 行代码：设置窗体的标题。

（7）第 23 行代码：将 mainGridLayout 设置为当前窗口的布局。

程序清单 5-5

```
1.  #include "widget.h"
2.  ……
3.
4.  Widget::Widget(QWidget *parent) :
5.      QWidget(parent),
6.      ui(new Ui::Widget)
7.  {
8.      ui->setupUi(this);
9.
10.     QGridLayout *mainGridLayout = new QGridLayout(this);
11.     ……
12.     buttonHBoxLayout->addWidget(okButton);
13.     buttonHBoxLayout->addWidget(cancelButton);
14.
15.     mainGridLayout->addWidget(infoLabel, 0, 0, 1, 1);
16.     mainGridLayout->addWidget(paraLabel, 0, 1, 1, 1);
17.     mainGridLayout->addLayout(infoFormLayout, 1, 0, 5, 1);
18.     mainGridLayout->addLayout(paraVBoxLayout, 1, 1, 5, 1);
19.     mainGridLayout->addItem(verticalSpacer, 6, 0, 1, 2);
20.     mainGridLayout->addLayout(buttonHBoxLayout, 7, 0, 1, 2);
21.
22.     setWindowTitle("LayoutTest");
23.     setLayout(mainGridLayout);
24. }
25.
26. Widget::~Widget()
27. {
28.     delete ui;
29. }
```

步骤 3：构建并运行项目

添加完代码后，单击▶按钮构建并运行项目，如图 5-10 所示。

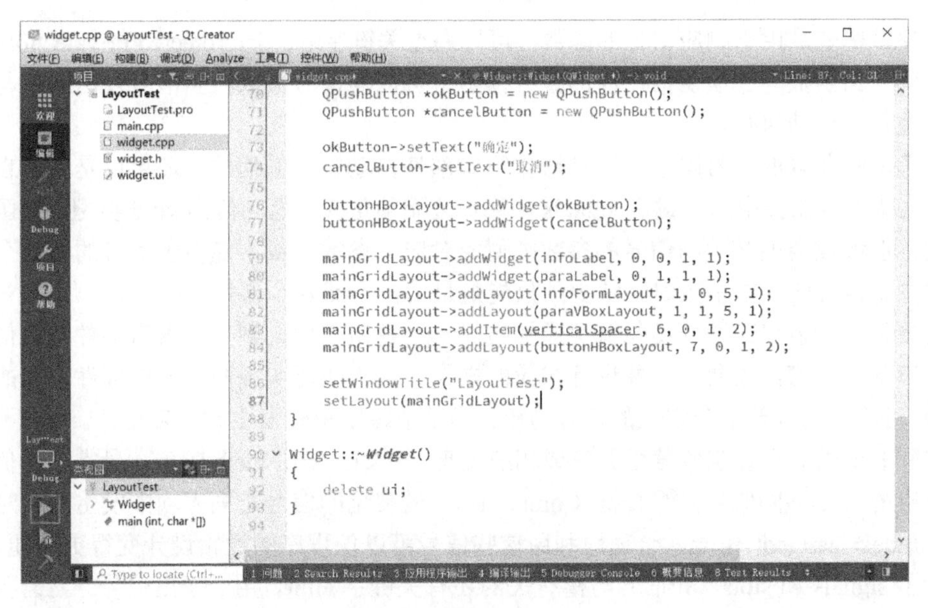

图 5-10　构建并运行项目

如图 5-11 所示，在弹出的“保存修改”对话框中，单击 Save All 按钮。运行的结果如图 5-8 所示。

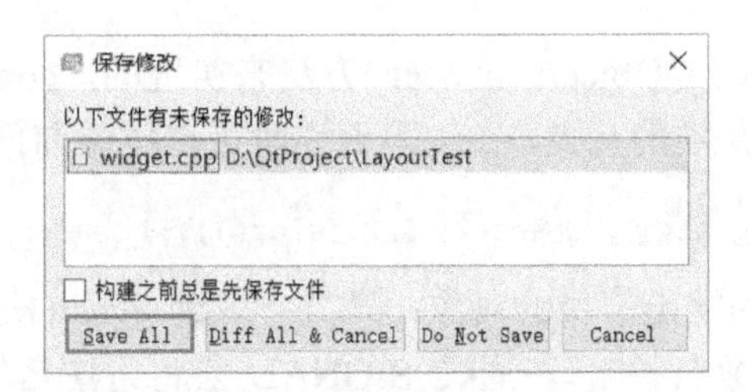

图 5-11　保存项目的文件

5.1.4　本节任务

在设计模式下，直接放置布局管理器并摆放其他控件，或使用代码编写与手动布局结合的方式，再次实现本节实验的布局。对比总结这些布局方式各有哪些优势。

5.2　信号与槽

5.2.1　实验内容

信号与槽（signal & slot）是 Qt 编程的基础，也是 Qt 不同于其他开发框架的核心特征。信号与槽用于完成界面操作的响应，是实现任意两个对象之间通信的机制。本节先介绍信号与槽的用法和特点，然后通过一个简单的实验来介绍实际应用。

5.2.2　实验原理

1．信号与槽简介

Qt 的窗口部件在用户操作或内部状态发生变化时，会发出特定的信号来通知关注这个信号的对象。槽就是用于响应信号的函数，可以通过关键字 public/protected/private slots 在类中进行声明。槽函数与一般函数不同的是：槽函数可以与信号关联，当信号发出时，与之关联的槽函数将会自动执行。

与槽函数关联的信号除了可以是操作窗口部件自动发出的信号，还可以是用户自定义的信号，这些信号在类中用关键字 signals 声明，且无须定义，返回值为 void 类型。槽函数可以有参数，但参数类型必须与信号的参数类型相对应，参数个数不能多于信号的参数个数（参数个数少于信号的参数个数时，缺少的只能是最后一个或几个参数）。

若要将一个窗口部件的变化情况通知给另一个窗口部件，则一个窗口部件发出信号，另一个窗口部件的槽接收此信号并进行相应的操作，这样即可实现两个窗口部件之间的通信。每个 Qt 对象都包含若干未定义的信号与槽，当某个特定事件发生时，会发射一个信号，与该信号关联的槽函数则会响应信号并完成相应处理。例如，按钮 Push Button 最常见的信号是单击时发出的 clicked()信号；组合框 Combo Box 最常见的信号是列表项中发生改变时发出的 CurrentIndexChanged()信号，合理地利用这些信号可以使程序的逻辑设计变得更简便。

除了 signals 和 slots，和信号与槽有关的还有关键字 emit，用于发出信号。当需要关联一些自定义的信号时，就可以使用 emit 手动发出信号。

因为有了信号与槽的编程机制，在 Qt 中处理界面各个组件的交互操作时变得更加简单、直观。

2．信号与槽的用法

信号与槽的关联是通过 QObject::connect()方法来实现的，connect()是 QObject 类的一个方法，QObject 类是所有 Qt 类的基类，在实际调用时可以省略前面的限定符。具体格式如下：

```
connect(Object1, SIGNAL(signal()), Object2, SLOT(slot()));
```

第一个参数 Object1 为发出信号的对象；第二个参数 signal()是待发送的信号，若有参数，则需要指明参数类型（参数名省略），通过 SIGNAL 宏将方法名转化为字符串；第三个参数 Object2 是接收信号的对象；第四个参数 slot()是信号接收对象的槽函数，若有参数，则需要指明参数类型（参数名省略），同样由 SLOT 宏转化为字符串。

3．信号与槽的连接方式

信号与槽并非只能是一一对应的关系，一个信号可以关联多个槽，多个信号也可以关联同一个槽，甚至一个信号还能关联另一个信号，如图 5-12 所示。

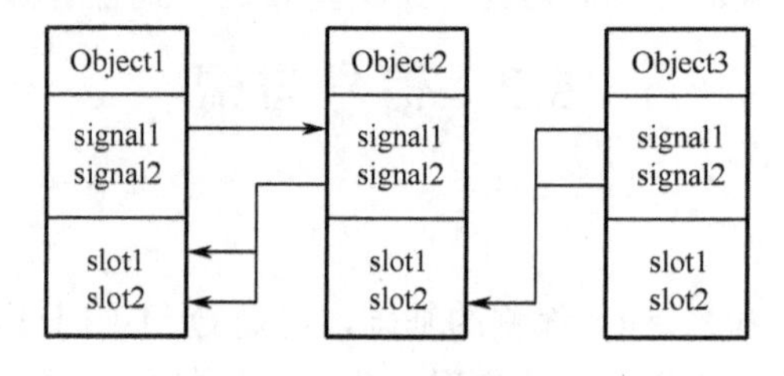

图 5-12　信号与槽的连接方式

（1）一个信号关联多个槽：

```
connect(Object2, SIGNAL(signal2()), Object1, SLOT(slot1()));
connect(Object2, SIGNAL(signal2()), Object1, SLOT(slot2()));
```

当一个信号关联多个槽时，若该信号触发，槽函数将按照关联的顺序依次执行。在上述代码中表现为：对象 Object2 发出信号 signal2()时，对象 Object1 依次执行槽函数 slot1()和 slot2()。

（2）多个信号关联同一个槽：

```
connect(Object3, SIGNAL(signal1()), Object2, SLOT(slot2()));
connect(Object3, SIGNAL(signal2()), Object2, SLOT(slot2()));
```

当多个信号关联同一个槽时，其中任何一个信号触发都将执行槽函数。在上述代码中表现为：无论对象 Object3 发出信号 signal1()还是 signal2()，对象 Object2 都会执行槽函数 slot2()。

（3）一个信号关联另一个信号：

```
connect(Object1, SIGNAL(signal1()), Object2, SIGNAL(signal2());
```

当一个信号关联另一个信号时，前者的发出将触发后者发出。在上述代码中表现为：对象 Object1 发出信号 signal1()时，对象 Object2 也将发出信号 signal2()。

信号与槽除了可以使用 connect()方法进行手动关联，还可以用自动关联的方式实现：双击 .ui 文件进入设计模式，从左侧控件栏中将控件移入界面后，右键单击控件，在快捷菜单中选择“转到槽”，选择一个信号并单击 OK 按钮，如图 2-11 所示。此时，在 .h 和 .cpp 文件中会分别自动添加槽函数的声明和实现，槽函数名格式为 on_xxx_xxx()，含义为 on_控件名称_信号类型()，如 on_button_clicked()。

4．信号与槽的特点

（1）类型安全

信号与槽在参数类型上一一对应，且槽的参数个数不能多于信号的参数个数（槽的参数个数少于信号的参数个数时，缺少的只能是最后一个或几个参数）。若在编写代码时出现信号与槽的参数类型不对应或信号的参数个数少于槽的参数个数等错误，编译器就会报错。

（2）松散耦合

信号与槽机制减弱了 Qt 对象的耦合度。发出信号的对象只需在适当的时机将信号发出即可，无须知道此信号将被哪些槽接收，以及是否已被接收。同样，槽也不需要知道哪些信号关联了自己，只需在收到信号后执行槽函数即可。

（3）灵活简便

信号与槽机制使界面中各个组件的交互操作变得十分灵活、简便。虽然与回调函数相比，信号与槽机制的运行速度偏慢，但对于实时程序来说，相较于信号与槽机制带来的灵活性和简便性，这一点性能损耗是可以忽略的。

5.2.3　实验步骤

本节通过一个简单的实验介绍信号与槽的具体用法，程序的主界面如图 5-13 所示，通过单击“修改”按钮弹出一个可编辑姓名的弹窗。

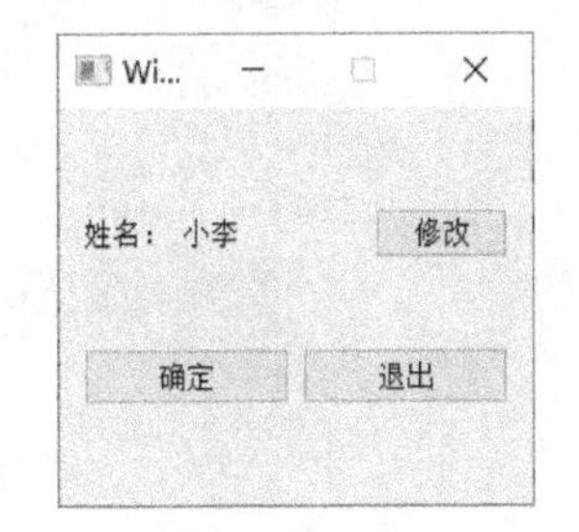

图 5-13　实验项目运行结果

步骤 1：新建项目

参考 1.4.1 节，新建一个 Qt 项目，项目名称为 SignalAndSlotTest，项目路径为“D:\QtProject”，基类选择 QWidget，勾选“创建界面”选项。新建成功的项目如图 5-14 所示。

图 5-14　新建项目

步骤 2：添加 C++ Class

为了实现弹窗的功能，需要在项目中新建另一个继承自 QWidget 的类，并在该类中进行弹窗的界面布局。当在主界面中单击“修改”按钮时，只需在关联“修改”按钮的 clicked() 信号的槽函数中添加该类的实例化，即可实现弹窗。

执行菜单命令“文件”→“新建文件或项目”，在弹出的 New File or Project 对话框中，选择一个模板类型。如图 5-15 所示，在“文件和类”中选择 C++，然后在中间的选项栏中选择 C++ Class，最后单击 Choose 按钮。

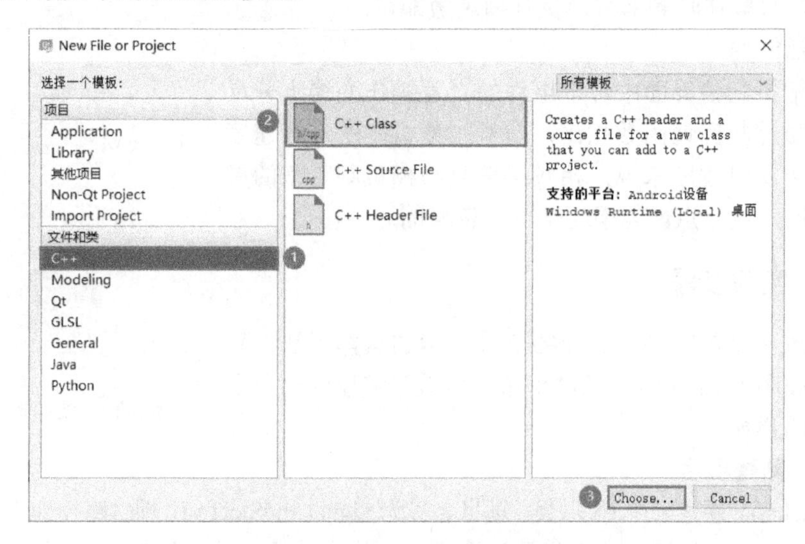

图 5-15　添加 C++Class 步骤 1

在 C++ Class 对话框中，将 Class name 设置为 NameModify，Base class 选择 QWidget，然后单击“下一步”按钮，如图 5-16 所示。

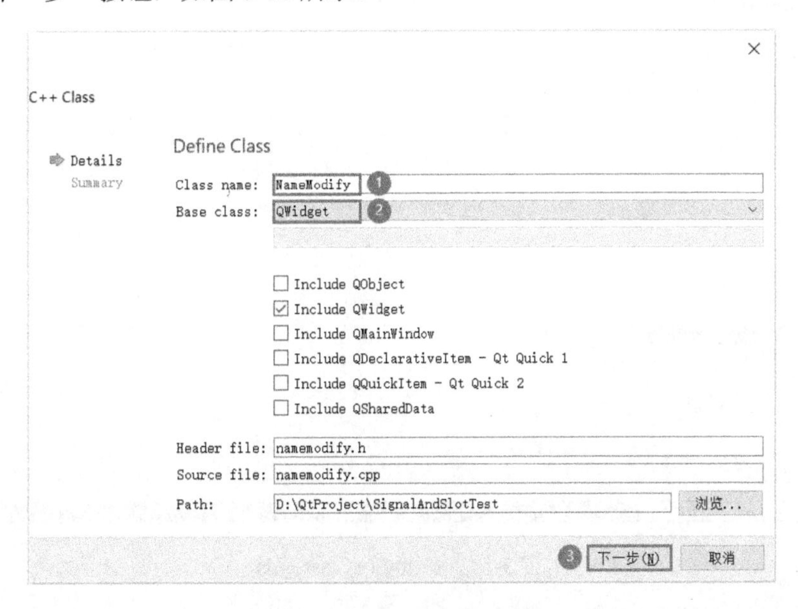

图 5-16　添加 C++Class 步骤 2

在弹出的对话框中，单击“完成”按钮即可，如图 5-17 所示。

图 5-17　添加 C++Class 步骤 3

此时可以看到在 SignalAndSlotTest 项目中已经成功添加 namemodify.cpp 和 namemodify.h 这两个文件，如图 5-18 所示。

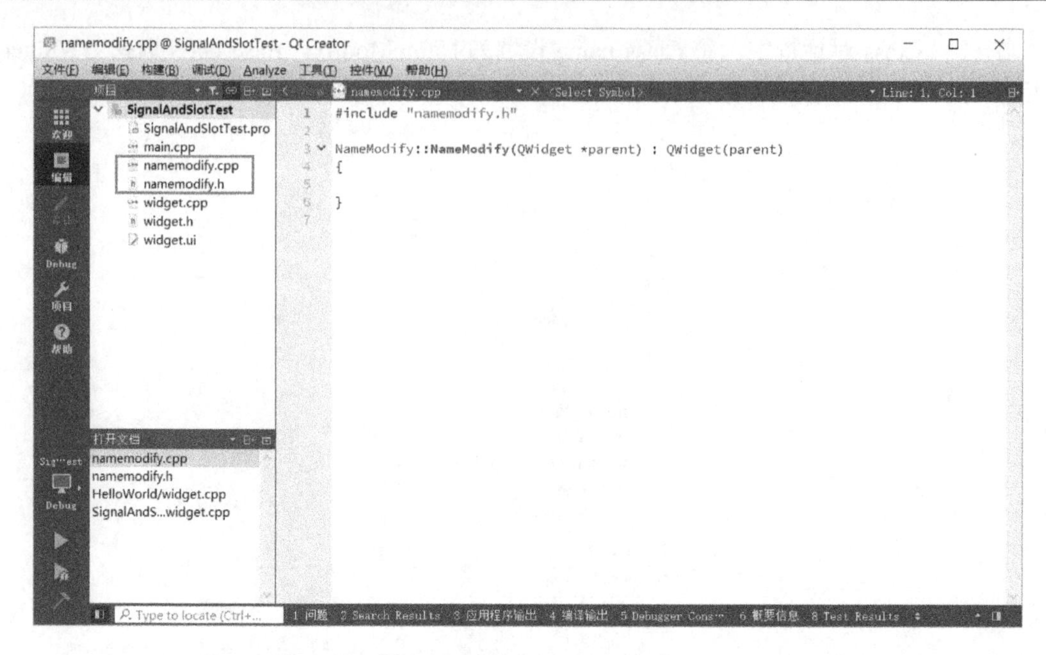

图 5-18　添加 C++Class 完成

步骤 3：完善 namemodify.h

可编辑姓名的弹窗中仅包含一个行编辑器和两个按钮，下面通过编写代码的方式来实现弹窗的界面布局。首先完善 namemodify.h 文件，添加如程序清单 5-6 所示的第 5 至 6 行、第 14 至 16 行、第 19 行和第 22 行代码。下面按照顺序对这些语句进行解释。

（1）第 5 至 6 行代码：添加行编辑框 QLineEdit 和按钮 QPushButton 类的头文件。

（2）第 14 至 16 行代码：声明一个行编辑框 mNameLineEdit 以及两个按钮 mSaveButton 和 mCancelButton。

（3）第 19 行代码：自定义信号，用于发送行编辑框中修改后的姓名。

（4）第 22 行代码：声明“保存”按钮 clicked()信号的槽函数 on_mSaveButton_clicked()。

程序清单 5-6

```
1.  #ifndef NAMEMODIFY_H
2.  #define NAMEMODIFY_H
3.
4.  #include <QWidget>
5.  #include <QLineEdit>
6.  #include <QPushButton>
7.
8.  class NameModify : public QWidget
9.  {
10.     Q_OBJECT
11. public:
12.     explicit NameModify(QWidget *parent = nullptr);
13.
14.     QLineEdit *mNameLineEdit;
15.     QPushButton *mSaveButton;
16.     QPushButton *mCancelButton;
17.
18. signals:
```

```
19.     void sendNewName(QString name);
20.
21. private slots:
22.     void on_mSaveButton_clicked();
23. };
24.
25. #endif // NAMEMODIFY_H
```

步骤4：完善 namemodify.cpp

双击打开 namemodify.cpp 文件，添加如程序清单 5-7 所示的第 2 至 3 行和第 7 至 23 行代码。下面按照顺序对这些语句进行解释。

（1）第 2 至 3 行代码：添加网格布局管理器 QGridLayout 和空间间隔 QSpacerItem 类的头文件。

（2）第 7 至 8 行代码：创建一个网格布局管理器 mainGridLayout 和空间间隔 verticalSpacer。

（3）第 10 至 12 行代码：实例化 mNameLineEdit、mSaveButton 和 mCancelButton，并将两个按钮的文本分别设置为“保存”和“取消”。

（4）第 14 至 17 行代码：将 mNameLineEdit 添加到 mainGridLayout 中，从第 0 行第 0 列开始，占 1 行 2 列；将 verticalSpacer 添加到 mainGridLayout 中，从第 1 行第 0 列开始，占 1 行 2 列；将 mSaveButton 添加到 mainGridLayout 中，从第 2 行第 0 列开始，占 1 行 1 列；将 mCancelButton 添加到 mainGridLayout 中，从第 2 行第 1 列开始，占 1 行 1 列。

（5）第 19 至 21 行代码：将 mSaveButton 按钮的 clicked()信号依次关联到 on_mSaveButton_clicked()和 close()槽，再将 mCancelButton 按钮的 clicked()信号关联到 close()槽。若程序调用 close()方法，则会关闭当前对象创建的界面。

（6）第 23 行代码：将 mainGridLayout 设置为当前窗口的布局。

程序清单 5-7

```
1.  #include "namemodify.h"
2.  #include <QGridLayout>
3.  #include <QSpacerItem>
4.
5.  NameModify::NameModify(QWidget *parent) : QWidget(parent)
6.  {
7.      QGridLayout *mainGridLayout = new QGridLayout();
8.      QSpacerItem *verticalSpacer = new QSpacerItem(40,20);
9.
10.     mNameLineEdit = new QLineEdit();
11.     mSaveButton   = new QPushButton("保存");
12.     mCancelButton = new QPushButton("取消");
13.
14.     mainGridLayout->addWidget(mNameLineEdit, 0, 0, 1, 2);
15.     mainGridLayout->addItem(verticalSpacer, 1, 0, 1, 2);
16.     mainGridLayout->addWidget(mSaveButton, 2, 0, 1, 1);
17.     mainGridLayout->addWidget(mCancelButton, 2, 1, 1, 1);
18.
19.     connect(mSaveButton, SIGNAL(clicked()), this, SLOT(on_mSaveButton_clicked()));
20.     connect(mSaveButton, SIGNAL(clicked()), this, SLOT(close()));
21.     connect(mCancelButton, SIGNAL(clicked()), this, SLOT(close()));
22.
```

```
23.     setLayout(mainGridLayout);
24. }
```

如程序清单 5-8 所示，添加第 10 至 13 行代码。将 sendNewName(QString name)信号发出，其参数为 mNameLineEdit 中的字符串。

程序清单 5-8

```
1.  #include "namemodify.h"
2.  #include <QGridLayout>
3.  #include <QSpacerItem>
4.
5.  NameModify::NameModify(QWidget *parent) : QWidget(parent)
6.  {
7.      ……
8.  }
9.
10. void NameModify::on_mSaveButton_clicked()
11. {
12.     emit(sendNewName(mNameLineEdit->text()));
13. }
```

步骤 5：完善 widget.h

双击打开 widget.h 文件，添加如程序清单 5-9 所示的第 5 行和第 19 至 25 行代码。下面按照顺序对这些语句进行解释。

（1）第 5 行代码：添加标签 QLabel 类的头文件。

（2）第 19 至 21 行代码：声明 2 个标签 mNameTextLabel 和 mNameEditLabel，定义 QString 类变量 mNewName。

（3）第 23 至 25 行代码：声明“修改”按钮 clicked()信号的槽函数 on_modifyButton_clicked () 和与 sendNewName(QString name)关联的槽函数 getNewName(QString name)。

程序清单 5-9

```
1.  #ifndef WIDGET_H
2.  #define WIDGET_H
3.
4.  #include <QWidget>
5.  #include <QLabel>
6.
7.  namespace Ui {
8.  class Widget;
9.  }
10.
11. class Widget : public QWidget
12. {
13.     Q_OBJECT
14.
15. public:
16.     explicit Widget(QWidget *parent = nullptr);
17.     ~Widget();
18.
19.     QLabel *mNameTextLabel;
20.     QLabel *mNameEditLabel;
```

```
21.     QString mNewName;
22.
23. private slots:
24.     void on_modifyButton_clicked();
25.     void getNewName(QString name);
26.
27. private:
28.     Ui::Widget *ui;
29. };
30.
31. #endif // WIDGET_H
```

步骤 6：完善 widget.cpp

双击打开 widget.cpp 文件，添加如程序清单 5-10 所示的第 3 至 6 行代码，包含 namemodify.h 头文件，以及垂直布局管理器 QVBoxLayout、水平布局管理器 QHBoxLayout 和按钮 QPushButton 类的头文件。

程序清单 5-10

```
1.  #include "widget.h"
2.  #include "ui_widget.h"
3.  #include "namemodify.h"
4.  #include <QVBoxLayout>
5.  #include <QHBoxLayout>
6.  #include <QPushButton>
7.
8.  Widget::Widget(QWidget *parent) :
9.      QWidget(parent),
10.     ui(new Ui::Widget)
11. {
12.     ui->setupUi(this);
13. }
14.
15. Widget::~Widget()
16. {
17.     delete ui;
18. }
```

如程序清单 5-11 所示，添加第 10 至 36 行代码。下面按照顺序对这些语句进行解释。

（1）第 10 至 12 行代码：创建一个垂直布局管理器 mainVBoxLayout 以及两个水平布局管理器 labelHBoxLayout 和 buttonHBoxLayout。

（2）第 14 至 15 行代码：实例化 mNameTextLabel 和 mNameEditLabel，前者固定显示“姓名:”，后者显示实际的姓名。

（3）第 17 至 20 行代码：实例化 3 个按钮 modifyButton、okButton 和 quitButton，文本分别设置为“修改”“确定”和“退出”，并设置 modifyButton 的最大尺寸。

（4）第 22 至 24 行代码：将 modifyButton 的 clicked()信号关联到 on_modifyButton_clicked () 槽函数，并将 okButton 和 quitButton 的 clicked()信号关联到 close()槽函数。

（5）第 26 至 30 行代码：将 mNameTextLabel、mNameEditLabel 和 modifyButton 依次添加到 labelHBoxLayout 中，且设置 mNameEditLabel 左对齐，再将 okButton 和 quitButton 依次添加到 buttonHBoxLayout 中。

（6）第 32 至 33 行代码：将 labelHBoxLayout 和 buttonHBoxLayout 依次添加到 mainVBox Layout 中。

（7）第 35 至 36 行代码：设置当前窗口的最大尺寸，并将 mainVBoxLayout 设置为当前窗口的布局。

程序清单 5-11

```
1.  #include "widget.h"
2.  ……
3.
4.  Widget::Widget(QWidget *parent) :
5.      QWidget(parent),
6.      ui(new Ui::Widget)
7.  {
8.      ui->setupUi(this);
9.
10.     QVBoxLayout *mainVBoxLayout   = new QVBoxLayout();
11.     QHBoxLayout *labelHBoxLayout  = new QHBoxLayout();
12.     QHBoxLayout *buttonHBoxLayout = new QHBoxLayout();
13.
14.     mNameTextLabel = new QLabel("姓名：");
15.     mNameEditLabel = new QLabel("小李");
16.
17.     QPushButton *modifyButton = new QPushButton("修改");
18.     modifyButton->setMaximumSize(70, 25);
19.     QPushButton *okButton = new QPushButton("确定");
20.     QPushButton *quitButton = new QPushButton("退出");
21.
22.     connect(modifyButton, SIGNAL(clicked()), this, SLOT(on_modifyButton_clicked()));
23.     connect(okButton, SIGNAL(clicked()), this, SLOT(close()));
24.     connect(quitButton, SIGNAL(clicked()), this, SLOT(close()));
25.
26.     labelHBoxLayout->addWidget(mNameTextLabel);
27.     labelHBoxLayout->addWidget(mNameEditLabel, Qt::AlignLeft);
28.     labelHBoxLayout->addWidget(modifyButton);
29.     buttonHBoxLayout->addWidget(okButton);
30.     buttonHBoxLayout->addWidget(quitButton);
31.
32.     mainVBoxLayout->addLayout(labelHBoxLayout);
33.     mainVBoxLayout->addLayout(buttonHBoxLayout);
34.
35.     setMaximumSize(250, 200);
36.     setLayout(mainVBoxLayout);
37. }
38.
39. Widget::~Widget()
40. {
41.     delete ui;
42. }
```

如程序清单 5-12 所示，添加第 9 至 17 行代码。下面按照顺序对部分语句进行解释。

（1）第 11 行代码：创建一个 NameModify 对象 nameModify 并实例化。

（2）第 13 行代码：将 nameModify 的 sendNewName(QString)信号关联 getNewName(QString))槽函数。

（3）第 15 至 16 行代码：将弹窗中的行编辑框 mNameLineEdit 的初始文本设置为当前主界面中 mNameEditLabel 的文本，并显示弹窗。

程序清单 5-12

```
1.  #include "widget.h"
2.  ......
3.
4.  Widget::~Widget()
5.  {
6.      delete ui;
7.  }
8.
9.  void Widget::on_modifyButton_clicked()
10. {
11.     NameModify *nameModify = new NameModify();
12.
13.     connect(nameModify, SIGNAL(sendNewName(QString)), this, SLOT(getNewName(QString)));
14.
15.     nameModify->mNameLineEdit->setText(mNameEditLabel->text());
16.     nameModify->show();
17. }
```

如程序清单 5-13 所示，添加第 9 至 13 行代码。下面按照顺序对部分语句进行解释。

（1）第 11 行代码：将 getNewName(QString name)槽函数的参数赋值给 mNewName。

（2）第 12 行代码：将 mNameEditLabel 的文本更新为 mNewName 中存储的内容。

程序清单 5-13

```
1.  #include "widget.h"
2.  ......
3.
4.  void Widget::on_modifyButton_clicked()
5.  {
6.      ......
7.  }
8.
9.  void Widget::getNewName(QString name)
10. {
11.     mNewName = name;
12.     mNameEditLabel->setText(mNewName);
13. }
```

步骤 7：构建并运行项目

添加完代码后，单击▶按钮构建并运行项目，运行结果如图 5-19 所示。

单击“修改”按钮，弹出如图 5-20 所示的弹窗。

在行编辑框中修改姓名，并单击“保存”按钮，此时弹窗关闭，且主界面显示的姓名“小李”会替换为修改之后的姓名，如图 5-21 所示。

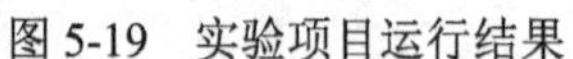
图 5-19　实验项目运行结果

图 5-20　修改姓名

图 5-21　修改结果

5.2.4　本节任务

本实验实现了一个信号关联一个槽以及关联多个槽，尝试实现一个信号关联另一个信号以及多个信号关联同一个槽。

5.3　模态、非模态和半模态对话框

5.3.1　实验内容

模态、非模态和半模态对话框是应用程序设计时经常用到的设计思想。本节先介绍模态、非模态和半模态对话框的基本概念，然后通过一个简单的实验介绍 3 种对话框的具体用法和区别。

5.3.2　实验原理

对话框窗口是一个顶级窗口，主要用于执行短期任务以及与用户进行简要通信。按照运行对话框时是否还可以与该程序的其他窗口进行交互，可以将对话框分为模态对话框和非模态对话框，半模态对话框可认为介于二者之间。下面分别介绍这 3 种对话框。

1．模态对话框

模态对话框是指阻塞同一应用程序中其他可视窗口输入的对话框。模态对话框有自己的事件循环，用户必须先完成这个对话框中的交互操作并且关闭后，才能访问应用程序中的其他窗口。即弹出模态对话框后，除了该对话框，整个应用程序的窗口都无法接受用户响应，处于等待状态，直到模态对话框被关闭。此时通常需要单击对话框中的“确定”或“取消”按钮关闭该对话框，随后程序将得到对话框的返回值（单击“确定”按钮时返回值为 Accepted，单击“取消”按钮时返回值为 Rejected），并根据返回值进行相应的操作，然后用户才重新拥有控制权，可以单击或移动程序的其他窗口。

模态对话框仅阻止访问与自身相关联的窗口，允许用户继续使用其他应用程序中的窗口，常见于新建项目和应用程序的配置选项的界面。

显示模态对话框最常用的方法是调用 exec()方法，该方法调用显示一个模态对话框后，代码不能向下运行，直到该方法返回。当对话框关闭时，exec()将提供一个返回值，程序继续从调用 exec()的地方运行。要使对话框关闭时返回相应的值，通常将按钮连接到默认的槽函数。例如，将“确定”按钮连接到 accept()槽，“取消”按钮连接到 reject()槽。这样，当单击“确定”按钮时，exec()方法返回 Accepted；单击“取消”按钮时，exec()方法返回 Rejected。

2．非模态对话框

与模态对话框相反，非模态对话框是独立于应用程序中其他窗口的对话框，不会阻塞用户对其他窗口的交互操作，同时，用户还可以与对话框自身进行交互。

直接使用 show()方法即可显示非模态对话框。与 exec()方法不同，当调用 show()方法后，代码不会被阻塞，可以继续往下执行，且控制权会立即返还给调用者。

非模态对话框常见于文字处理中的“查找”和“替换”场景。

3．半模态对话框

半模态对话框介于模态和非模态之间。半模态对话框会阻塞其他窗口的响应，不能进行单击、输入和拖动等任何操作，但是代码不会被阻塞，可以继续往下运行。

半模态对话框需要通过 setModal(true)和 show()方法来实现。setModal(true)指定窗口为模态窗口，也可以使用 setWindowModality()方法来代替。调用 show()方法显示对话框，代码继续运行。

5.3.3　实验步骤

本节安排了一个对话框测试实验。主界面如图 5-22 所示，单击界面下方的 3 个按钮可以分别创建 3 种对应类型的对话框，通过测试这 3 种类型的对话框，掌握模态、非模态和半模态对话框的特点。

图 5-22　实验项目运行结果

步骤 1：新建项目

参考 1.4.1 节，新建一个 Qt 项目，项目名称为 DialogTest，项目路径为“D:\QtProject”，基类选择 QWidget，勾选“创建界面”选项。新建成功的项目如图 5-23 所示。

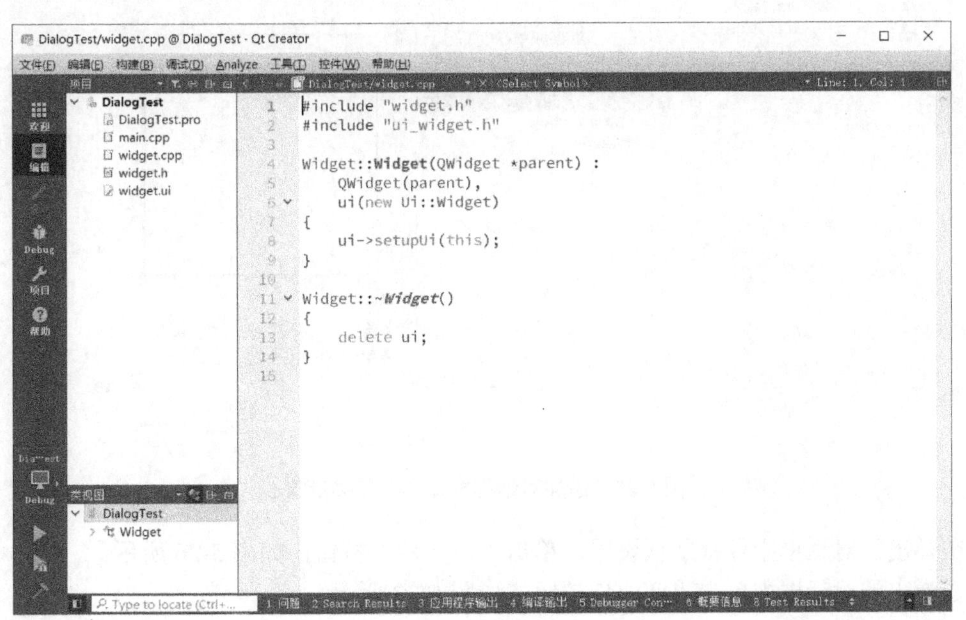

图 5-23　新建项目

步骤 2：添加对话框窗体文件和类

执行菜单命令"文件"→"新建文件或项目"，在弹出的 New File or Project 对话框中，选择一个模板类型。如图 5-24 所示，在"文件和类"栏中选择 Qt，在中间的选项栏中选择"Qt 设计师界面类"，然后单击 Choose 按钮。

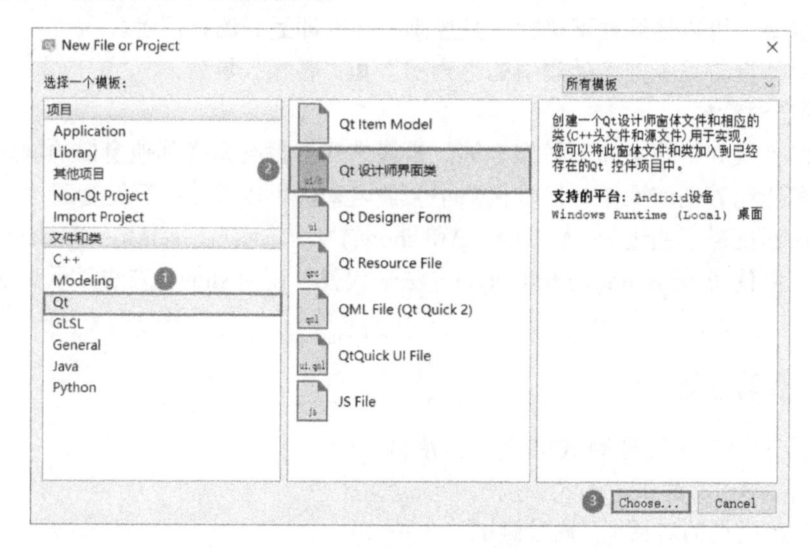

图 5-24　添加对话框窗体文件和类步骤 1

在"Qt 设计器界面类"对话框的 templates\forms 栏中选择 Dialog without Buttons，然后单击"下一步"按钮，如图 5-25 所示。

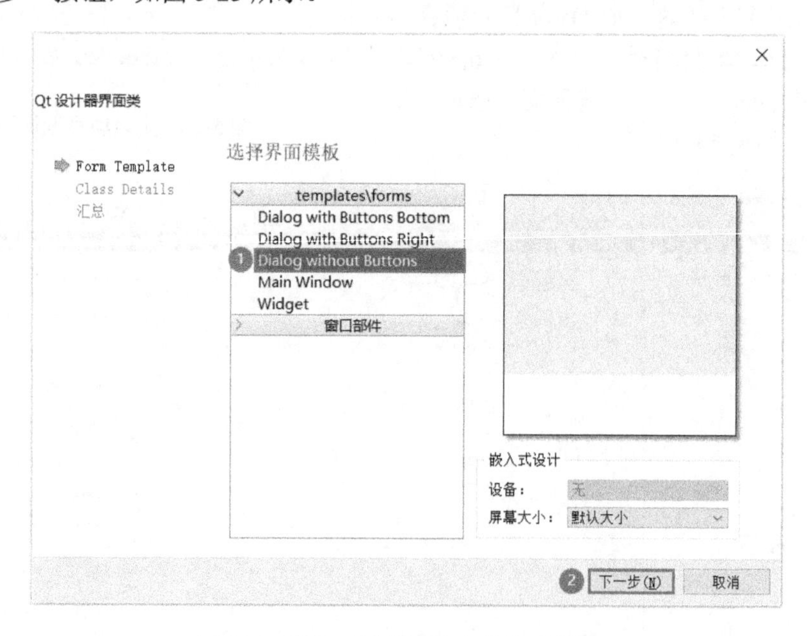

图 5-25　添加对话框窗体文件和类步骤 2

在弹出的对话框中保持默认设置，单击"下一步"按钮，如图 5-26 所示。

在弹出的对话框中单击"完成"按钮，如图 5-27 所示。

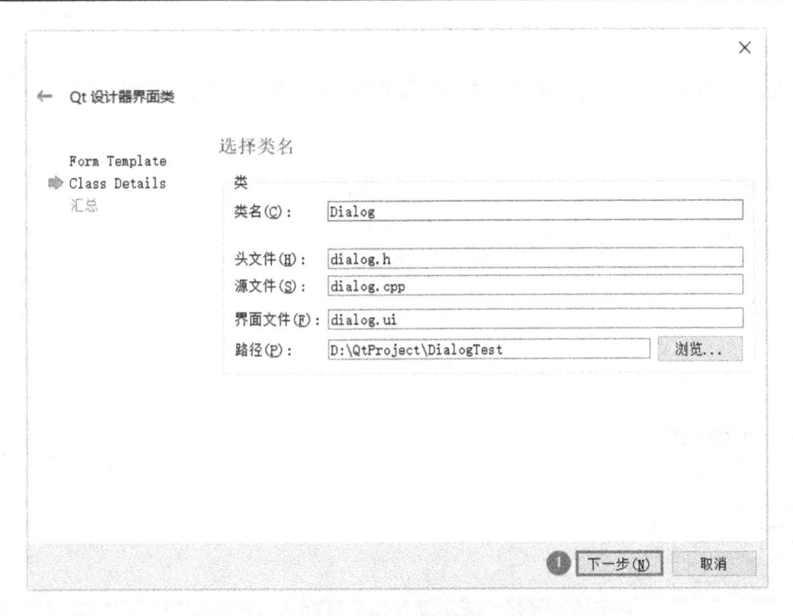

图 5-26　添加对话框窗体文件和类步骤 3

图 5-27　添加对话框窗体文件和类步骤 4

上述步骤完成后，Qt 会自动进入设计模式，单击模式选择栏中的“编辑”选项回到编辑模式，此时可以看到，在 DialogTest 项目中已经成功添加 dialog.cpp、dialog.h 和 dialog.ui 这 3 个文件，如图 5-28 所示。

步骤 3：完善 dialog.h 文件

双击打开 dialog.h 文件，添加如程序清单 5-14 所示的第 5 至 6 行和第 20 至 22 行代码。下面按照顺序对这些语句进行解释。

（1）第 5 至 6 行：添加标签 QLabel 和按钮 QPushButton 类的头文件。

（2）第 20 至 22 行：声明一个标签 mDialogTypeLabel，以及两个按钮 mOkButton 和 mCancelButton。

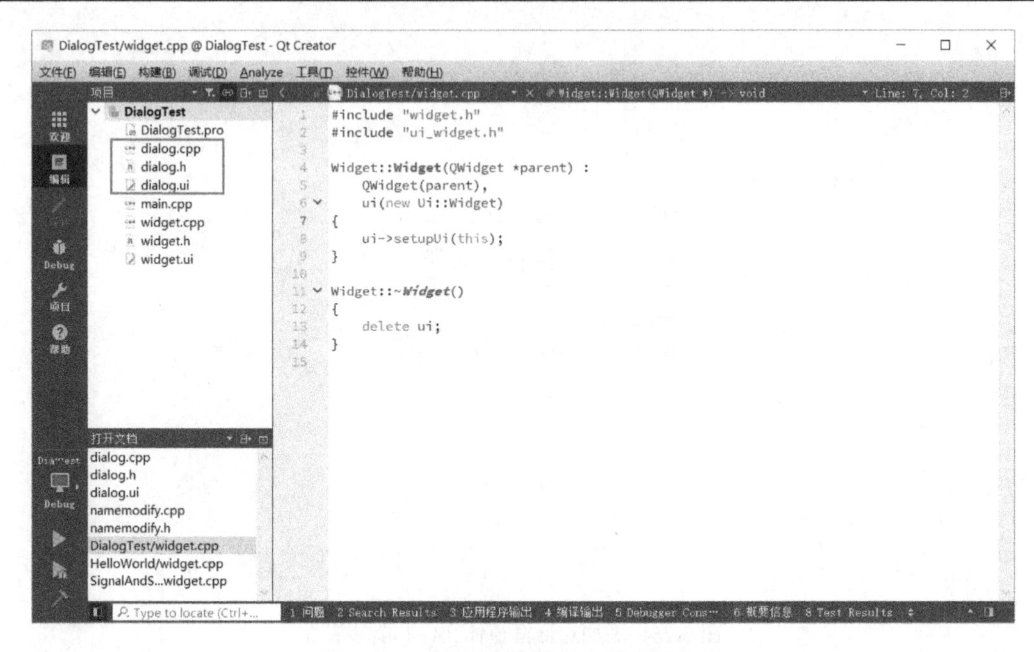

图 5-28　添加对话框窗体文件和类完成

程序清单 5-14

```
1.  #ifndef DIALOG_H
2.  #define DIALOG_H
3.
4.  #include <QDialog>
5.  #include <QLabel>
6.  #include <QPushButton>
7.
8.  namespace Ui {
9.  class Dialog;
10. }
11.
12. class Dialog : public QDialog
13. {
14.     Q_OBJECT
15.
16. public:
17.     explicit Dialog(QWidget *parent = nullptr);
18.     ~Dialog();
19.
20.     QLabel *mDialogTypeLabel;
21.     QPushButton *mOkButton;
22.     QPushButton *mCancelButton;
23.
24. private:
25.     Ui::Dialog *ui;
26. };
27.
28. #endif // DIALOG_H
```

步骤 4：完善 dialog.cpp 文件

双击打开 dialog.cpp 文件，添加如程序清单 5-15 所示的第 3 至 4 行和第 12 至 26 行代码。下面按照顺序对这些语句进行解释。

（1）第 3 至 4 行代码：添加垂直布局管理器 QVBoxLayout 和水平布局管理器 QHBoxLayout 类的头文件。

（2）第 12 至 13 行代码：创建垂直布局管理器 mainVBoxLayout 和水平布局管理器 bottomHBoxLayout。

（3）第 15 至 18 行代码：实例化标签并设置为最小尺寸，将标签添加到 mainVBoxLayout 中。

（4）第 20 至 24 行代码：实例化 mOkButton 和 mCancelButton，将按钮的文本分别设置为“确定”和“取消”，并将两个按钮添加到 bottomHBoxLayout 中。

（5）第 26 行代码：将 bottomHBoxLayout 添加到 mainVBoxLayout 中。

程序清单 5-15

```
1.  #include "dialog.h"
2.  #include "ui_dialog.h"
3.  #include <QVBoxLayout>
4.  #include <QHBoxLayout>
5.
6.  Dialog::Dialog(QWidget *parent) :
7.      QDialog(parent),
8.      ui(new Ui::Dialog)
9.  {
10.     ui->setupUi(this);
11.
12.     QVBoxLayout *mainVBoxLayout = new QVBoxLayout(this);
13.     QHBoxLayout *bottomHBoxLayout = new QHBoxLayout();
14.
15.     //添加标签
16.     mDialogTypeLabel = new QLabel();
17.     mDialogTypeLabel->setMinimumSize(200, 120);
18.     mainVBoxLayout->addWidget(mDialogTypeLabel);
19.
20.     //添加按钮
21.     mOkButton = new QPushButton("确定");
22.     mCancelButton = new QPushButton("取消");
23.     bottomHBoxLayout->addWidget(mOkButton);
24.     bottomHBoxLayout->addWidget(mCancelButton);
25.
26.     mainVBoxLayout->addLayout(bottomHBoxLayout);
27. }
28.
29. Dialog::~Dialog()
30. {
31.     delete ui;
32. }
```

步骤 5：完善 widget.h 文件

双击打开 widget.h 文件，添加如程序清单 5-16 所示的第 5 行、第 19 至 25 行和第 30 行代码。下面按照顺序对这些语句进行解释。

（1）第 5 行代码：添加文本浏览器 QTextBrowser 类的头文件。

（2）第 19 至 25 行代码：分别添加主界面上的 3 个按钮和对话框中的 2 个按钮的按钮槽函数。

（3）第 30 行代码：声明一个文本浏览器 mRsltTextBrowser。

程序清单 5-16

```
1.  #ifndef WIDGET_H
2.  #define WIDGET_H
3.
4.  #include <QWidget>
5.  #include <QTextBrowser>
6.
7.  namespace Ui {
8.  class Widget;
9.  }
10.
11. class Widget : public QWidget
12. {
13.     Q_OBJECT
14.
15. public:
16.     explicit Widget(QWidget *parent = nullptr);
17.     ~Widget();
18.
19. private slots:
20.     void on_modalButton_clicked();
21.     void on_modelessButton_clicked();
22.     void on_halfModalButton_clicked();
23.
24.     void on_mOkButton_clicked();
25.     void on_mCancelButton_clicked();
26.
27. private:
28.     Ui::Widget *ui;
29.
30.     QTextBrowser *mRsltTextBrowser;
31. };
32.
33. #endif // WIDGET_H
```

步骤 6：完善 widget.cpp 文件

双击打开 widget.cpp 文件，添加如程序清单 5-17 所示的第 3 至 6 行代码，包含 dialog.h 头文件，以及垂直布局管理器 QVBoxLayout、水平布局管理器 QHBoxLayout 和按钮 QPushButton 类的头文件。

程序清单 5-17

```
1.  #include "widget.h"
2.  #include "ui_widget.h"
3.  #include "dialog.h"
4.  #include <QVBoxLayout>
5.  #include <QHBoxLayout>
```

```
6.   #include <QPushButton>
7.
8.   Widget::Widget(QWidget *parent) :
9.       QWidget(parent),
10.      ui(new Ui::Widget)
11.  {
12.      ui->setupUi(this);
13.  }
14.
15.  Widget::~Widget()
16.  {
17.      delete ui;
18.  }
```

如程序清单 5-18 所示，添加第 10 至 31 行代码。下面按照顺序对这些语句进行解释。

（1）第 10 至 11 行代码：创建一个垂直布局管理器 mainVBoxLayout 和水平布局管理器 buttonHBoxLayout。

（2）第 12 至 14 行代码：创建 3 个按钮 modalButton、modelessButton 和 halfModalButton，文本分别设置为“模态对话框”“非模态对话框”和“半模态对话框”。

（3）第 16 至 18 行代码：依次将 3 个按钮添加到 buttonHBoxLayout 中。

（4）第 20 至 22 行代码：依次连接 3 个按钮的 clicked()信号与对应的槽函数。

（5）第 24 至 25 行代码：实例化文本浏览器 mRsltTextBrowser，并设置最小尺寸。

（6）第 27 至 28 行代码：依次将 mRsltTextBrowser 和 buttonHBoxLayout 添加到 mainVBoxLayout 中。

（7）第 30 至 31 行代码：设置主界面标题并设置 mainVBoxLayout 为当前窗口的布局。

程序清单 5-18

```
1.   #include "widget.h"
2.   ……
3.
4.   Widget::Widget(QWidget *parent) :
5.       QWidget(parent),
6.       ui(new Ui::Widget)
7.   {
8.       ui->setupUi(this);
9.
10.      QVBoxLayout *mainVBoxLayout = new QVBoxLayout();
11.      QHBoxLayout *buttonHBoxLayout = new QHBoxLayout();
12.      QPushButton *modalButton = new QPushButton("模态对话框");
13.      QPushButton *modelessButton = new QPushButton("非模态对话框");
14.      QPushButton *halfModalButton = new QPushButton("半模态对话框");
15.
16.      buttonHBoxLayout->addWidget(modalButton);
17.      buttonHBoxLayout->addWidget(modelessButton);
18.      buttonHBoxLayout->addWidget(halfModalButton);
19.
20.      connect(modalButton, SIGNAL(clicked()), this, SLOT(on_modalButton_clicked()));
21.      connect(modelessButton, SIGNAL(clicked()), this, SLOT(on_modelessButton_clicked()));
22.      connect(halfModalButton, SIGNAL(clicked()), this, SLOT(on_halfModalButton_clicked()));
23.
```

```
24.        mRsltTextBrowser = new QTextBrowser();
25.        mRsltTextBrowser->setMinimumSize(500, 400);
26.
27.        mainVBoxLayout->addWidget(mRsltTextBrowser);
28.        mainVBoxLayout->addLayout(buttonHBoxLayout);
29.
30.        setWindowTitle("DialogTest");
31.        setLayout(mainVBoxLayout);
32.    }
33.
34.    Widget::~Widget()
35.    {
36.        delete ui;
37.    }
```

界面布局完成后，接下来完善 5 个按钮的槽函数。首先完善“模态对话框”按钮，如程序清单 5-19 所示，添加第 9 至 30 行代码。下面按照顺序对部分语句进行解释。

（1）第 11 至 13 行代码：创建 Dialog 对象 dialog，设置对话框最大尺寸，并将对话框的标题设置为“Modal Dialog”。

（2）第 15 至 16 行代码：将对话框中的标签 mDialogTypeLabel 的文本设置为“模态对话框”，并在主界面的文本浏览器 mRsltTextBrowser 中添加文本“Created Modal Dialog”。

（3）第 18 至 19 行代码：分别将对话框中的 mOkButton 和 mCancelButton 的 clicked()信号连接到 accept()和 reject()槽。

（4）第 21 至 29 行代码：若在对话框中单击“确定”按钮，则 exec()方法返回 Accepted，在 mRsltTextBrowser 中显示“Clicked OK Button”；若在对话框中单击“取消”按钮，则 exec()方法返回 Rejected，在 mRsltTextBrowser 中显示“Clicked Cancel Button”；若直接关闭对话框，exec()方法也返回 Rejected。关闭对话框时，在 mRsltTextBrowser 中显示“Closed Modal Dialog”。

程序清单 5-19

```
1.  #include "widget.h"
2.  ……
3.
4.  Widget::~Widget()
5.  {
6.      delete ui;
7.  }
8.
9.  void Widget::on_modalButton_clicked()
10. {
11.     Dialog *dialog = new Dialog(this);
12.     dialog->setMaximumSize(280, 100);
13.     dialog->setWindowTitle("Modal Dialog");
14.
15.     dialog->mDialogTypeLabel->setText("模态对话框");
16.     mRsltTextBrowser->append("Created Modal Dialog");
17.
18.     connect(dialog->mOkButton, SIGNAL(clicked()), dialog, SLOT(accept()));
19.     connect(dialog->mCancelButton, SIGNAL(clicked()), dialog, SLOT(reject()));
20.
21.     if(dialog->exec() == Dialog::Accepted)
```

```
22.     {
23.         mRsltTextBrowser->append("Clicked OK Button");
24.     }
25.     else
26.     {
27.         mRsltTextBrowser->append("Clicked Cancel Button");
28.     }
29.     mRsltTextBrowser->append("Closed Modal Dialog");
30. }
```

接下来完善“非模态对话框”按钮的槽函数。如程序清单 5-20 所示，添加第 9 至 23 行代码。下面按照顺序对部分语句进行解释。

（1）第 11 至 14 行代码：创建 Dialog 对象 dialog，设置对话框最大尺寸，并将对话框的标题设置为“Modeless Dialog”，使用 setAttribute(Qt::WA_DeleteOnClose)表示当对话框关闭时自动释放内存，否则不会自动释放。

（2）第 16 至 17 行代码：将对话框中的标签 mDialogTypeLabel 的文本设置为“非模态对话框”，并在主界面的文本浏览器 mRsltTextBrowser 中添加文本“Created Modeless Dialog”。

（3）第 19 至 20 行代码：分别将对话框中的 mOkButton 和 mCancelButton 的 clicked()信号连接到 on_mOkButton_clicked()和 on_mCancelButton_clicked()槽。

（4）第 22 行代码：显示对话框。

程序清单 5-20

```
1.  #include "widget.h"
2.  ……
3.
4.  void Widget::on_modalButton_clicked()
5.  {
6.      ……
7.  }
8.
9.  void Widget::on_modelessButton_clicked()
10. {
11.     Dialog *dialog = new Dialog(this);
12.     dialog->setMaximumSize(280,100);
13.     dialog->setAttribute(Qt::WA_DeleteOnClose);
14.     dialog->setWindowTitle("Modeless Dialog");
15.
16.     dialog->mDialogTypeLabel->setText("非模态对话框");
17.     mRsltTextBrowser->append("Created Modeless Dialog");
18.
19.     connect(dialog->mOkButton, SIGNAL(clicked()), this, SLOT(on_mOkButton_clicked()));
20.     connect(dialog->mCancelButton,                          SIGNAL(clicked()),this,
SLOT(on_mCancelButton_clicked()));
21.
22.     dialog->show();
23. }
```

接下来完善“半模态对话框”按钮的槽函数。如程序清单 5-21 所示，添加第 9 至 24 行代码。下面按照顺序对部分语句进行解释。

（1）第 11 至 14 行代码：创建 Dialog 对象 dialog，设置对话框最大尺寸，并将对话框的标题设置为“Halfmodal Dialog”，使用 setAttribute(Qt::WA_DeleteOnClose)表示当对话框关闭时自动释放内存，否则不会自动释放。

（2）第 16 至 17 行代码：将对话框中的标签 mDialogTypeLabel 的文本设置为“半模态对话框”，并在主界面的文本浏览器 mRsltTextBrowser 中添加文本“Created Halfmodal Dialog”。

（3）第 19 至 20 行代码：分别将对话框中的 mOkButton 和 mCancelButton 的 clicked()信号连接到 on_mOkButton_clicked()和 on_mCancelButton_clicked()槽。

（4）第 22 至 23 行代码：设为模态对话框，并显示对话框。

程序清单 5-21

```
1.   #include "widget.h
2.   ……
3.
4.   void Widget::on_modelessButton_clicked()
5.   {
6.       ……
7.   }
8.
9.   void Widget::on_halfModalButton_clicked()
10.  {
11.      Dialog *dialog = new Dialog(this);
12.      dialog->setMaximumSize(280, 100);
13.      dialog->setWindowTitle("Halfmodal Dialog");
14.      dialog->setAttribute(Qt::WA_DeleteOnClose);
15.
16.      dialog->mDialogTypeLabel->setText("半模态对话框");
17.      mRsltTextBrowser->append("Created Halfmodal Dialog");
18.
19.      connect(dialog->mOkButton, SIGNAL(clicked()), this, SLOT(on_mOkButton_clicked()));
20.      connect(dialog->mCancelButton,                                   SIGNAL(clicked()),this,
SLOT(on_mCancelButton_clicked()));
21.
22.      dialog->setModal(true);
23.      dialog->show();
24.  }
```

最后完善“确定”和“取消”按钮的槽函数。如程序清单 5-22 所示，添加第 9 至 17 行代码。下面按照顺序对这些语句进行解释。

（1）第 9 至 12 行代码：向 mRsltTextBrowser 中添加文本“Clicked OK Button”。

（2）第 14 至 17 行代码：向 mRsltTextBrowser 中添加文本“Clicked Cancel Button”。

程序清单 5-22

```
1.   #include "widget.h"
2.   ……
3.
4.   void Widget::halfModalButtonClicked()
5.   {
6.       ……
7.   }
8.
9.   void Widget::on_mOkButton_clicked()
10.  {
11.      mRsltTextBrowser->append("Clicked OK Button");
```

```
12. }
13.
14. void Widget::on_mCancelButton_clicked()
15. {
16.     mRsltTextBrowser->append("Clicked Cancel Button");
17. }
```

步骤 7：构建并运行项目

（1）完成代码添加后，单击▶按钮构建并运行项目，运行结果如图 5-29 所示。

（2）单击“模态对话框”按钮，弹出 Modal Dialog 对话框，并在 mRsltTextBrowser 中显示“Created Modal Dialog”，如图 5-30 所示。

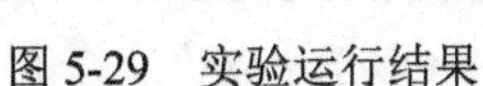
图 5-29　实验运行结果

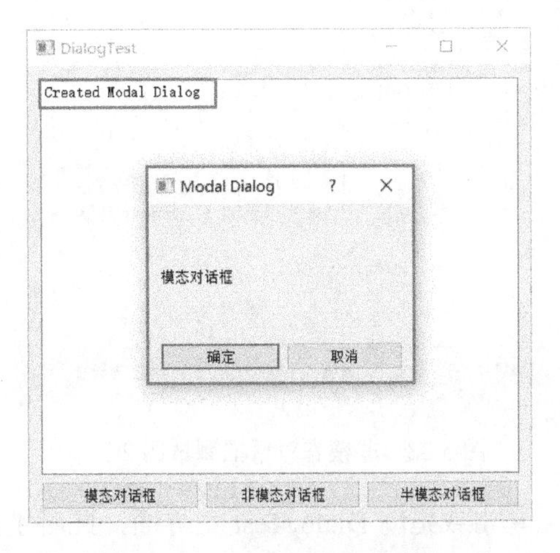

图 5-30　模态对话框测试图 1

单击或拖动 DialogTest 主界面，此时主界面无响应，且 Modal Dialog 对话框闪烁。单击“确定”按钮，Modal Dialog 对话框关闭，并在 mRsltTextBrowser 中显示“Clicked OK Button”和“Closed Modal Dialog”，如图 5-31 所示。若单击“取消”按钮，则 Modal Dialog 对话框也会关闭，并在 mRsltTextBrowser 中显示“Clicked Cancel Button”和“Closed Modal Dialog”。

（3）单击“非模态对话框”按钮，弹出 Modeless Dialog 对话框，且在 mRsltTextBrowser 中显示“Created Modeless Dialog”，如图 5-32 所示。

图 5-31　模态对话框测试图 2

图 5-32　非模态对话框测试图 1

单击或拖动 DialogTest 主界面，此时主界面能正常响应。若单击“确定”按钮，则在 mRsltTextBrowser 中会显示“Clicked OK Button”；若单击“取消”按钮，则显示“Clicked Cancel Button”，如图 5-33 所示。

（4）单击“半模态对话框”按钮，弹出 Halfmodal Dialog 对话框，并在 mRsltTextBrowser 中显示“Created Halfmodal Dialog”，如图 5-34 所示。

图 5-33　非模态对话框测试图 2

图 5-34　半模态对话框测试图 1

单击或拖动 DialogTest 主界面，此时主界面无响应，且 Halfmodal Dialog 对话框闪烁。单击“确定”按钮，在 mRsltTextBrowser 中会显示“Clicked OK Button”；单击“取消”按钮，则显示“Clicked Cancel Button”，如图 5-35 所示。

图 5-35　半模态对话框测试图 2

5.3.4　本节任务

从模态对话框的测试结果看，并不能体现出其阻止代码继续向下运行的特点，试修改 modalButtonClicked()槽函数，体现这一特点。

5.4　多线程

5.4.1　实验内容

为了满足用户构造复杂图形界面系统的需求，Qt 提供了丰富的多线程编程支持。本节将介绍多线程的优点和创建方法，以及线程同步的概念，并通过实验设计一个多线程的程序。

5.4.2　实验原理

1．什么是多线程

一个应用程序通常只有一个线程，称为主线程。线程内的操作是按顺序执行的，如果在主线程中执行一些耗时的操作（如加载图片、大型文件读取、文件传输和密集计算等），则会阻塞主线程，导致用户界面失去响应。在这种情况下，单一线程就无法适应应用程序的需求。可以再创建一个单独的线程，将耗时的操作转移到新建的线程中执行，并处理好该线程与主线程之间的同步与数据交互问题，这就是多线程应用程序。

2．多线程的特点

相比单线程，多线程具有以下特点。

（1）提高应用程序的响应速度。在多线程下，可将一些耗时的操作置于一个单独的线程中，使用户界面一直处于活动状态，避免因主线程阻塞而失去响应。

（2）提高多处理器系统的 CPU 利用率。当线程数小于 CPU 数目时，操作系统会合理分配各个线程，使其分别在不同的 CPU 上运行。

（3）改善程序结构。可将一些代码量庞大的复杂线程分为多个独立或半独立的执行部分，既可以增加代码的可读性，也有利于代码的维护。

（4）可以分别设置各个任务的优先级，以优化性能。

（5）等候使用共享资源时会造成程序的运行速度变慢。这些共享资源主要是独占性的资源，如打印机等。

（6）管理多个线程需要额外的 CPU 开销。多线程的使用会给系统带来上下文切换的额外负担（上下文切换是指内核在 CPU 上对进程或线程进行切换）。

（7）容易造成线程的死锁。

（8）同时读写公有变量容易造成脏读（读出无效数据）。

3．如何使用多线程

Qt 提供了对多线程操作的支持，包括一套独立于平台的线程类库、一个线程安全的事件发送途径，以及可跨线程使用的信号与槽。此外，还提供了用于线程之间通信与同步的若干机制，使得基于 Qt 的多线程应用程序开发变得灵活简单。

Qt 中的 QThread 类提供了管理线程的方法，是实现多线程的核心类。一个 QThread 类的对象管理一个线程，该线程可以与应用程序中的其他线程分享数据，但是是独立运行的。

创建一个新线程的方法为：自定义一个继承自 QThread 的类，并重写 run()方法，在 run()方法中添加该线程需要完成的任务，然后在主线程中创建一个上述自定义类的对象并实例化，最后调用 QThread::start()方法开始新线程。

一般的程序都是从 main()函数开始执行的，而 QThread 是从 run()方法开始执行的，start()方法默认调用 run()方法。QThread 在线程启动、结束和终止时分别发出 started()、finished()

和 terminated()信号。可以用 isRunning()和 isFinished()来查询线程的状态，还可以使用 wait()来阻塞线程，直到线程结束。run()通过调用 exec()方法来开启事件循环，并在线程内运行一个 Qt 事件循环，可以使用 quit()退出事件循环。当从 run()方法返回后，线程便执行结束。

4．线程同步

线程同步主要是为了协调各个线程之间的工作，以便更好地完成一些任务。虽然多线程的思想是多个线程尽可能多地并发执行，但有时有些线程需要暂停等待其他线程，例如，两个线程同时访问同一个全局变量，如果没有线程同步，读出的结果通常是不确定的。

Qt 提供了丰富的类用于线程同步，常用的有 QMutex、QReadWriteLock、QSemaphore 和 QWaitCondition。

（1）QMutex

QMutex 是基于互斥量的线程同步类，可以确保多个线程对同一资源的顺序访问。使用 QMutex 定义一个互斥量 mutex，通过 mutex.lock()和 mutex. unlock ()分别锁定和解锁互斥量，处于 mutex.lock()和 mutex. unlock()之间的代码为保护状态，同一时间最多只能有一个线程访问此段代码。当一个线程锁定互斥量后，若另一个线程也尝试调用 lock()来锁定这个互斥量，则不但无法成功锁定，反而会阻塞执行直到前一个线程解锁互斥量。通过调用 tryLock()方法也可以锁定互斥量，但与 lock()不同的是，如果成功锁定，则返回 true；如果其他线程已经锁定这个互斥量，则返回 false，但不会阻塞线程执行。

（2）QReadWriteLock

使用互斥量在提升线程安全性的同时也存在弊端：若程序中有多个线程仅需读取某一公有变量，如果使用互斥量，则必须排队访问，这样就会降低程序的性能。使用 QReadWriteLock 类可以避免上述问题。

QReadWriteLock 以读锁定或写锁定的方式保护一段代码，允许多个线程以只读的形式访问公有资源。常用的方法有 lockForRead()、lockForWrite()、unlock()、tryLockForRead()和 tryLockForWrite()。

（3）QSemaphore

QSemaphore 为基于信号量的线程同步类，是对互斥量功能的扩展。使用互斥量只能保护一个资源，而信号量可以保护多个资源。QSemaphore 的构造方法可以指定一个参数，即为当前可用资源的个数，默认为 0。QSemaphore 提供了 acquire()和 release()方法来获取和释放资源。

（4）QWaitCondition

QWaitCondition 允许一个线程在满足特定条件后，通知或唤醒其他多个线程。唤醒方式通过 wakeOne()和 wakeAll()方法实现，前者唤醒一个处于等待状态的线程，后者唤醒所有处于等待状态的线程。

5.4.3 实验步骤

本节将进行一个多线程实验。如图 5-36 所示，单击“开始”按钮，创建一个新线程，在新线程中进行 10 秒倒计时，并将计时结果返回主线程中，通过标签 Label 进行显示。

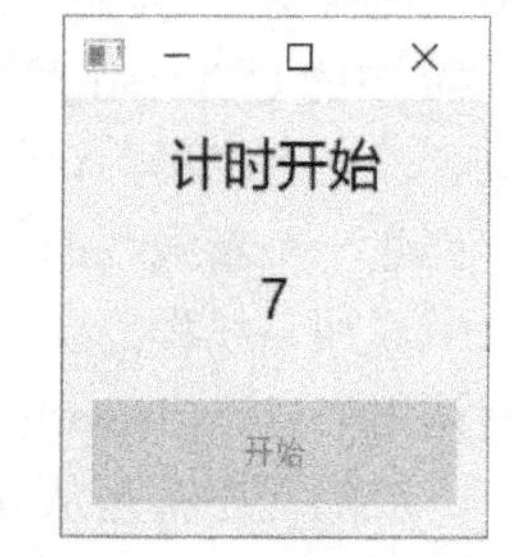

图 5-36　实验项目运行结果

步骤 1：新建项目

参考 1.4.1 节，新建一个 Qt 项目，项目名称为 ThreadTest，项目路径为“D:\QtProject”，基类选择 QWidget，勾选“创建界面”选项。创建成功的项目如图 5-37 所示。

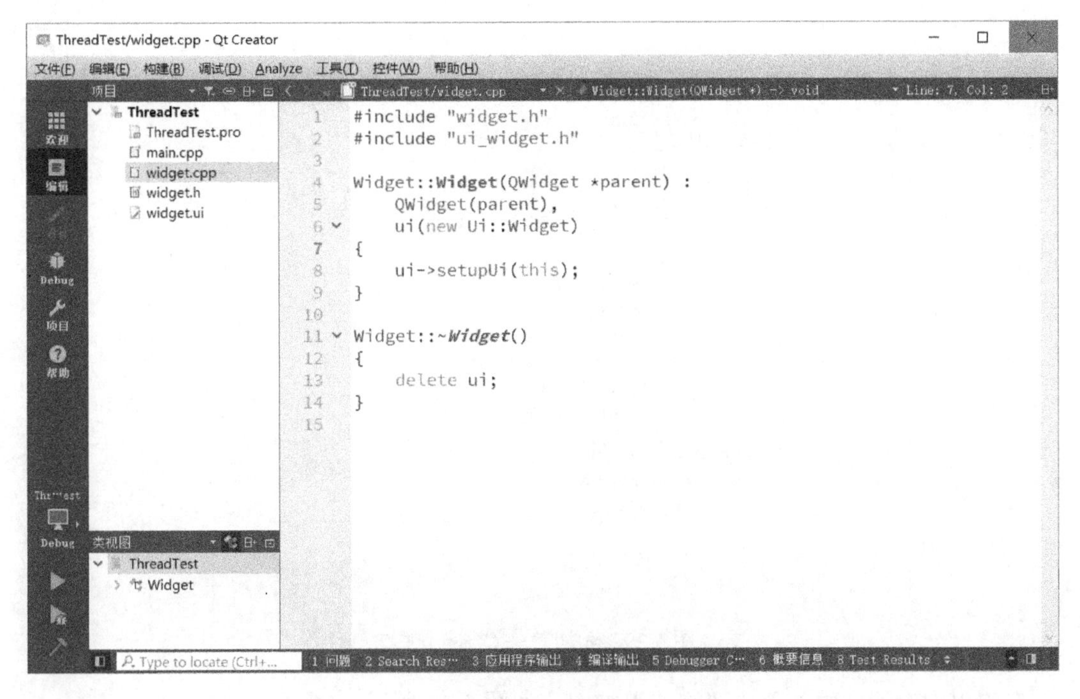

图 5-37　新建项目

步骤 2：新建 C++ Class

添加一个继承自 QThread 的类，执行菜单命令“文件”→“新建文件或项目”，在弹出的 New File or Project 对话框中，选择一个模板类型。如图 5-38 所示，选择“C++”→“C++ Class”，然后单击 Choose 按钮。

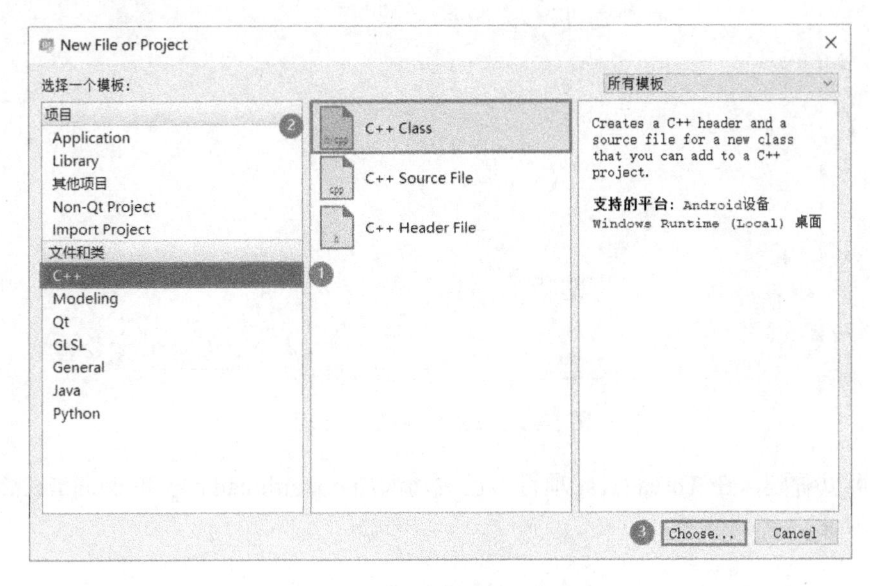

图 5-38　添加 C++ Class 步骤 1

在弹出的 C++ Class 对话框中，将 Class name 设置为 CountThread，Base class 选择 Custom，然后单击“下一步”按钮，如图 5-39 所示。

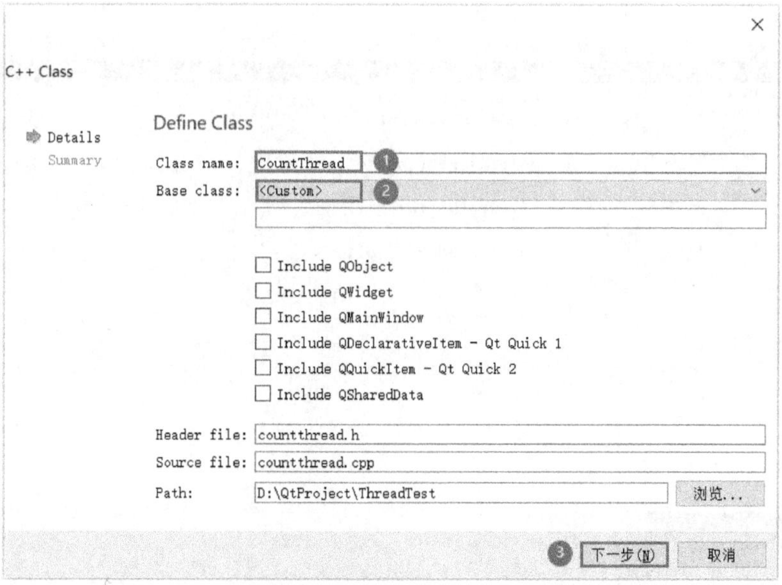

图 5-39　添加 C++ Class 步骤 2

在弹出的对话框中，单击“完成”按钮，如图 5-40 所示。

图 5-40　添加 C++ Class 步骤 3

此时可以看到，在 ThreadTest 项目中已成功添加 countthread.cpp 和 countthread.h 文件，如图 5-41 所示。

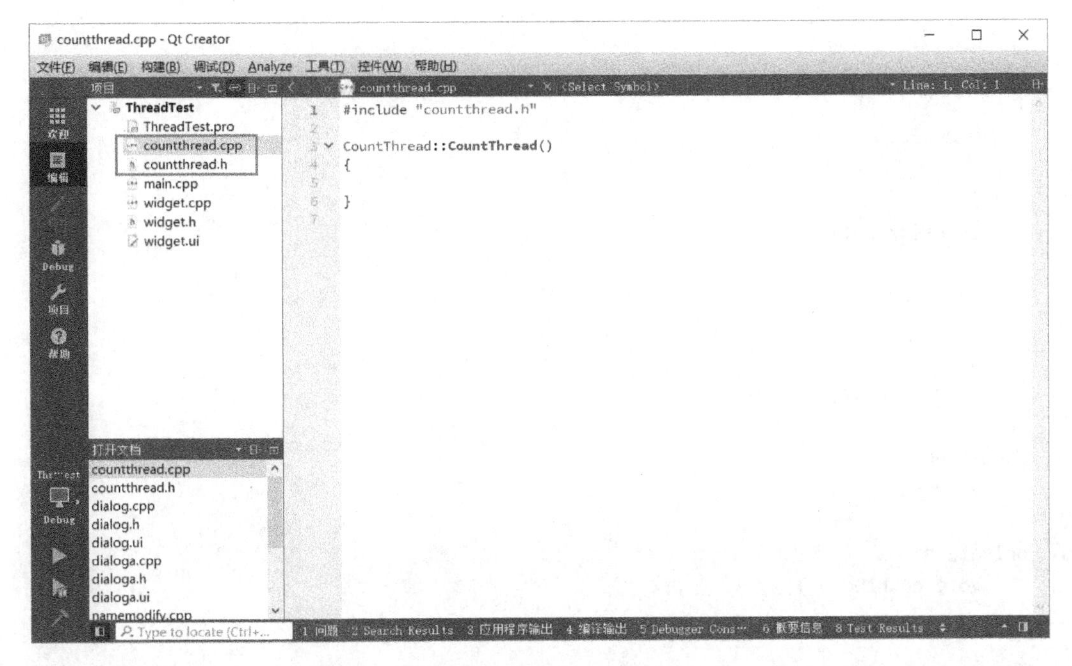

图 5-41　添加 C++类完成

步骤 3：完善 countthread.h 文件

双击打开 countthread.h 文件，如程序清单 5-23 所示，添加第 4 行代码并修改第 6 行代码，使 CountThread 类继承自 QThread 的类。

程序清单 5-23

```
1.   #ifndef COUNTTHREAD_H
2.   #define COUNTTHREAD_H
3.
4.   #include <QThread>
5.
6.   class CountThread: public QThread
7.   {
8.   public:
9.       CountThread();
10.  };
11.
12.  #endif // COUNTTHREAD_H
```

如程序清单 5-24 所示，添加第 8 和第 13 至 22 行代码，下面按照顺序对这些语句进行解释。

（1）第 8 行代码：添加 Q_OBJECT 宏，使程序可以使用信号与槽机制。

（2）第 13 行代码：定义整型变量 mNum，用于计数。

（3）第 15 至 16 行代码：定义信号，用于发送计数值。

（4）第 21 至 22 行代码：定义槽函数，每 1 秒计时完成时调用。

程序清单 5-24

```
1.   #ifndef COUNTTHREAD_H
2.   #define COUNTTHREAD_H
3.
4.   #include <QThread>
```

```
5.
6.   class CountThread: public QThread
7.   {
8.       Q_OBJECT
9.
10.  public:
11.      CountThread();
12.
13.      int mNum;
14.
15.  signals:
16.      void sendNum(int num);
17.
18.  protected:
19.      void run();
20.
21.  private slots:
22.      void countDown();
23.  };
24.
25.  #endif // COUNTTHREAD_H
```

步骤 4：完善 countthread.cpp 文件

双击打开 countthread.cpp 文件，如程序清单 5-25 所示，添加第 2、第 6 和第 9 至 21 行代码，下面按照顺序对这些语句进行解释。

（1）第 2 行代码：包含 QTimer 类头文件，后续需要使用定时器。

（2）第 6 行代码：初始化计数值为 10（10 秒计时）。

（3）第 11 至 15 行代码：创建两个定时器，oneSecTimer 实现 1 秒定时，tenSecTimer 实现 10 秒定时。

（4）第 17 至 18 行代码：连接信号与槽。oneSecTimer 定时完成时触发 timeout()信号，调用 countDown()槽函数。tenSecTimer 定时完成时调用 quit()方法结束事件循环，线程结束。

程序清单 5-25

```
1.   #include "countthread.h"
2.   #include <QTimer>
3.
4.   CountThread::CountThread()
5.   {
6.       mNum = 10;
7.   }
8.
9.   void CountThread::run()
10.  {
11.      QTimer *oneSecTimer = new QTimer();
12.      QTimer *tenSecTimer = new QTimer();
13.
14.      oneSecTimer->start(1000);
15.      tenSecTimer->start(10000);
16.
17.      connect(oneSecTimer, SIGNAL(timeout()), this, SLOT(countDown()));
```

```
18.     connect(tenSecTimer, SIGNAL(timeout()), this, SLOT(quit()));
19.
20.     exec();
21. }
```

如程序清单 5-26 所示，添加第 8 至 12 行代码。每调用一次 countDown()，计数值 mNum 减 1，同时发送信号，将 mNum 的值返回主线程。

程序清单 5-26

```
1.  #include "countthread.h"
2.  ......
3.
4.  void CountThread::run()
5.  {
38.     ......
6.  }
7.
8.  void CountThread::countDown()
9.  {
10.     mNum--;
11.     emit(sendNum(mNum));
12. }
```

步骤 5：完善 widget.h 文件

双击打开 widget.h 文件，如程序清单 5-27 所示，添加第 5 至 6 行、第 20 至 24 行和第 29 至 32 行代码。下面按照顺序对这些语句进行解释。

（1）第 5 至 6 行代码：包含标签 QLabel 和按钮 QPushButton 类的头文件。

（2）第 20 至 24 行代码：定义 4 个槽函数，函数的功能将在下文中介绍。

（3）第 29 至 32 行代码：定义字符串变量 mNumString 用于存放计数值；定义两个标签 mCountStateLabel 和 mNumLabel，分别用来显示计数状态和计数值；定义界面上的“开始”按钮。

程序清单 5-27

```
1.  #ifndef WIDGET_H
2.  #define WIDGET_H
3.
4.  #include <QWidget>
5.  #include <QLabel>
6.  #include <QPushButton>
7.
8.  namespace Ui {
9.  class Widget;
10. }
11.
12. class Widget : public QWidget
13. {
14.     Q_OBJECT
15.
16. public:
17.     explicit Widget(QWidget *parent = nullptr);
18.     ~Widget();
```

```
19.
20. private slots:
21.     void on_startButton_clicked();
22.     void countStart();
23.     void getNum(int num);
24.     void countOver();
25.
26. private:
27.     Ui::Widget *ui;
28.
29.     QString mNumString;
30.     QLabel *mCountStateLabel;
31.     QLabel *mNumLabel;
32.     QPushButton *mStartButton;
33. };
34.
35. #endif // WIDGET_H
```

步骤 6：完善 widget.cpp 文件

双击打开 widget.cpp 文件，如程序清单 5-28 所示，添加第 3 至 4 行和第 12 至 32 行代码，下面按照顺序对这些语句进行解释。

（1）第 3 至 4 行代码：包含 countthread.h 头文件和垂直布局管理器 QVBoxLayout 类的头文件。

（2）第 12 行代码：定义垂直布局管理器 mainVBoxLayout。

（3）第 14 至 20 行代码：实例化 mCountStateLabel 和 mNumLabel，设置标签文本水平居中，并设置字体格式。

（4）第 22 至 23 行代码：实例化按钮，将文本设置为“开始”，并设置最大尺寸。

（5）第 25 行代码：将 mStartButton 按钮的 clicked()信号关联到 on_startButton_clicked()槽。

（6）第 27 至 29 行代码：将 mCountStateLabel、mNumLabel 和 mStartButton 依次添加到 mainVBoxLayout 中。

（7）第 31 至 32 行代码：将 mainVBoxLayout 设置为当前窗口的布局，并设置窗口尺寸。

程序清单 5-28

```
1.  #include "widget.h"
2.  #include "ui_widget.h"
3.  #include "countthread.h"
4.  #include <QVBoxLayout>
5.
6.  Widget::Widget(QWidget *parent) :
7.      QWidget(parent),
8.      ui(new Ui::Widget)
9.  {
10.     ui->setupUi(this);
11.
12.     QVBoxLayout *mainVBoxLayout = new QVBoxLayout();
13.
14.     mCountStateLabel = new QLabel("");
15.     mNumLabel = new QLabel("");
16.     mCountStateLabel->setAlignment(Qt::AlignHCenter);
```

```
17.     mNumLabel->setAlignment(Qt::AlignHCenter);
18.     QFont font("Microsoft YaHei", 15, 50);
19.     mCountStateLabel->setFont(font);
20.     mNumLabel->setFont(font);
21.
22.     mStartButton = new QPushButton("开始");
23.     mStartButton->setMaximumSize(200, 50);
24.
25.     connect(mStartButton, SIGNAL(clicked()), this, SLOT(on_startButton_clicked()));
26.
27.     mainVBoxLayout->addWidget(mCountStateLabel);
28.     mainVBoxLayout->addWidget(mNumLabel);
29.     mainVBoxLayout->addWidget(mStartButton);
30.
31.     setLayout(mainVBoxLayout);
32.     this->resize(200, 200);
33. }
34.
35. Widget::~Widget()
36. {
37.     delete ui;
38. }
```

如程序清单 5-29 所示，添加第 9 至 18 行代码。下面按照顺序对这些语句进行解释。

（1）第 11 行代码：创建新线程 newThread。

（2）第 13 至 15 行代码：线程 newThread 在开始和结束时会发出 started()和 finished()信号。分别将 newThread 的 started()和 finished()信号关联到主线程的 countStart()和 countOver()槽，并将 sendNum(int)信号关联到 getNum(int)槽。

（3）第 17 行代码：线程开始执行。

程序清单 5-29

```
1.  #include "widget.h"
2.  ……
3.
4.  Widget::~Widget()
5.  {
6.      delete ui;
7.  }
8.
9.  void Widget::on_startButton_clicked()
10. {
11.     CountThread *newThread = new CountThread();
12.
13.     connect(newThread, SIGNAL(started()), this, SLOT(countStart()));
14.     connect(newThread, SIGNAL(sendNum(int)), this, SLOT(getNum(int)));
15.     connect(newThread, SIGNAL(finished()), this, SLOT(countOver()));
16.
17.     newThread->start();
18. }
```

如程序清单 5-30 所示，添加第 9 至 26 行代码。下面按照顺序对这些语句进行解释。

（1）第 9 至 13 行代码：countStart()槽函数，调用该函数时将 mCountStateLabel 的文本设置为“计时开始”，并禁用“开始”按钮。

（2）第 15 至 19 行代码：getNum(int num)槽函数，获取 sendNum(int num)信号传递来的计数值，将其转换为字符串并通过 mNumLabel 显示。

（3）第 21 至 26 行代码：countOver()槽函数，调用该函数时将 mCountStateLabel 的文本设置为“计时结束”，将 mNumLabel 的文本设置为空，并启用“开始”按钮。

程序清单 5-30

```
1.  #include "widget.h"
2.  ……
3.
4.  void Widget::on_startButton_clicked()
5.  {
6.      ……
7.  }
8.
9.  void Widget::countStart()
10. {
11.     mCountStateLabel->setText("计时开始");
12.     mStartButton->setEnabled(false);
13. }
14.
15. void Widget::getNum(int num)
16. {
17.     mNumString = QString::number(num);
18.     mNumLabel->setText(mNumString);
19. }
20.
21. void Widget::countOver()
22. {
23.     mCountStateLabel->setText("计时结束");
24.     mNumLabel->setText("");
25.     mStartButton->setEnabled(true);
26. }
```

步骤 7：构建并运行项目

完成代码添加后，单击▶按钮，构建并运行项目，运行结果如图 5-42 所示。

单击“开始”按钮，创建新线程，出现“计时开始”标签，显示倒计时的计数值，此时按钮被禁用，如图 5-43 所示。

计时结束后，显示“计时结束”标签，并重新启用“开始”按钮，如图 5-44 所示。

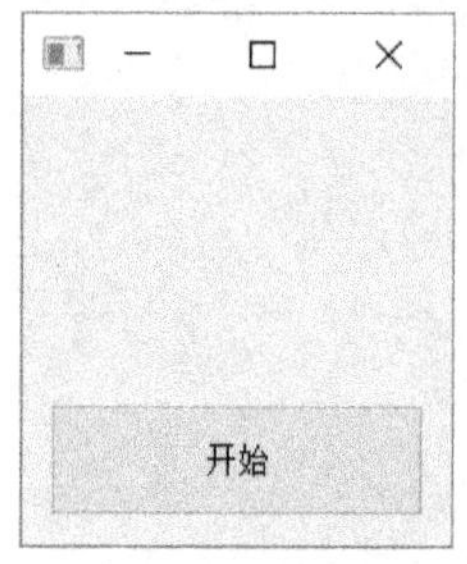

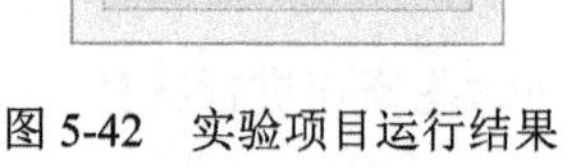

图 5-42　实验项目运行结果

图 5-43　计时开始

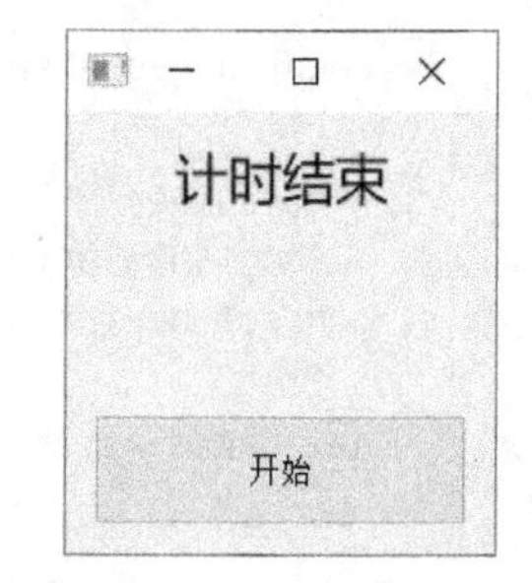

图 5-44　计时结束

5.4.4　本节任务

本实验是通过 10 秒定时器使线程定时结束，试在主界面中添加一个按钮，通过单击按钮可以直接结束线程。

本 章 任 务

本章共有 4 个实验，首先学习各个实验的实验原理，然后按照实验步骤完成实验，最后按照要求完成本节任务。

本 章 习 题

1．简要概括手动布局和代码布局各自的优劣之处。
2．简述信号与槽的用法及实现过程。
3．信号与槽有哪几种连接方式？
4．exec()和 show()方法都可以用来显示对话框，二者最大的区别是什么？
5．多线程相比于单线程的优势有哪些？
6．简述创建一个新线程的方法步骤。

第6章　打包解包小工具设计实验

本书的目标是，基于 Windows 平台开发人体生理参数监测系统软件，在该软件中可将一系列控制命令（如启动血压测量、停止血压测量等）发送到人体生理参数监测系统硬件平台，硬件平台返回的五大生理参数（体温、血氧、呼吸、心电、血压）信息即可显示在计算机显示屏上。为确保数据（或命令）在传输过程中的完整性和安全性，需要在发送之前对数据（或命令）进行打包处理，接收到数据（或命令）之后进行解包处理。因此，无论是软件还是硬件平台，都需要有一个共同的模块，即打包解包模块（PackUnpack），该模块遵照某种通信协议。本章将介绍 PCT 通信协议，并通过开发一个打包解包小工具，来深入理解和学习 PCT 通信协议。

6.1　实验内容

学习 PCT 通信协议，设计一个打包解包小工具，在行编辑框中输入模块 ID、二级 ID 及 6 字节数据后，通过“打包”按钮实现打包操作，并将打包结果显示到打包结果显示区。另外，还可以根据用户输入的 10 字节待解包数据，通过“解包”按钮实现解包操作，并将解包结果显示到解包结果显示区。

6.2　实验原理

6.2.1　PCT 通信协议

从机常作为执行单元，用于处理一些具体的事务，而主机（如 Windows、Linux、Android 和 emWin 平台等）常用于与从机进行交互，向从机发送命令，或处理来自从机的数据，主机与从机交互框图如图 6-1 所示。

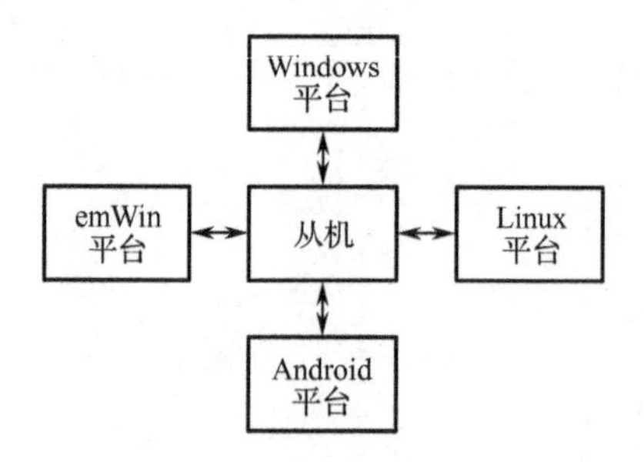

图 6-1　主机与从机交互框图

主机与从机之间的通信过程如图 6-2 所示。主机向从机发送命令的具体过程是：① 主机对待发命令进行打包；② 主机通过通信设备（串口、蓝牙、Wi-Fi 等）将打包好的命令发送出去；③ 从机在接收到命令之后，对命令进行解包；④ 从机按照相应的命令执行任务。

从机向主机发送数据的具体过程是：① 从机对待发数据进行打包；② 从机通过通信设备（串口、蓝牙、Wi-Fi 等）将打包好的数据发送出去；③ 主机在接收到数据之后，对数据进行解包；④ 主机对接收到的数据进行处理，如计算、显示等。

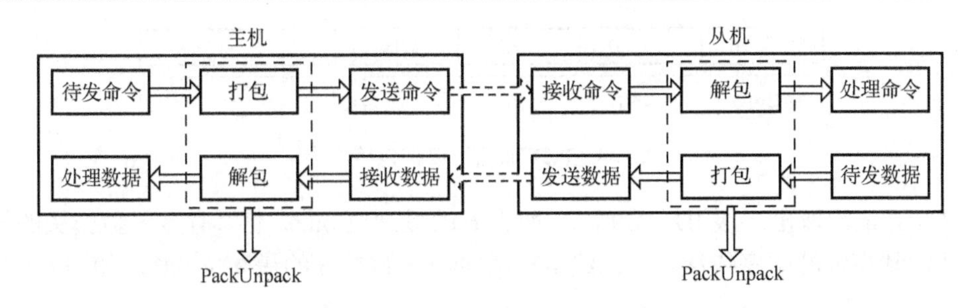

图 6-2　主机与从机之间的通信过程（打包/解包框架图）

1. PCT 通信协议格式

在主机与从机的通信过程中，主机和从机有一个共同的模块，即打包解包模块（PackUnpack），该模块遵循某种通信协议。通信协议有很多种，本实验采用的 PCT 通信协议由本书作者设计，该协议可由 C、C++、C#、Java 等编程语言实现。PCT 通信协议的数据包格式如图 6-3 所示。

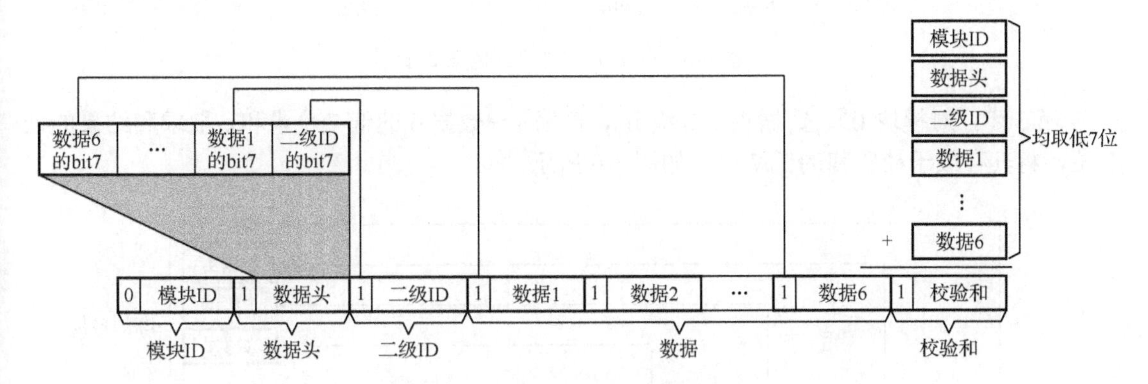

图 6-3　PCT 通信协议的数据包格式

PCT 通信协议规定：

（1）数据包由 1 字节模块 ID+1 字节数据头+1 字节二级 ID+6 字节数据+1 字节校验和构成，共计 10 字节。

（2）数据包中有 6 个数据，每个数据为 1 字节。

（3）模块 ID 的最高位 bit7 固定为 0。

（4）模块 ID 的取值范围为 0x00～0x7F，最多有 128 种类型。

（5）数据头的最高位 bit7 固定为 1，数据头的低 7 位按照从低位到高位的顺序，依次存放二级 ID 的最高位 bit7、数据 1～数据 6 的最高位 bit7。

（6）校验和的低 7 位为模块 ID+数据头+二级 ID+数据 1+数据 2+…+数据 6 求和的结果（取低 7 位）。

（7）二级 ID、数据 1～数据 6 及校验和的最高位 bit7 固定为 1。

2. PCT 通信协议打包过程

PCT 通信协议的打包过程分为 4 步。

第 1 步，准备原始数据，原始数据由模块 ID（0x00～0x7F）、二级 ID、数据 1～数据 6 组成，如图 6-4 所示。其中，模块 ID 的取值范围为 0x00～0x7F，二级 ID 和数据的取值范围为 0x00～0xFF。

图 6-4　PCT 通信协议打包第 1 步

第 2 步，依次取出二级 ID、数据 1～数据 6 的最高位 bit7，将其存放于数据头的低 7 位，按照从低位到高位的顺序依次存放二级 ID、数据 1～数据 6 的最高位 bit7，如图 6-5 所示。

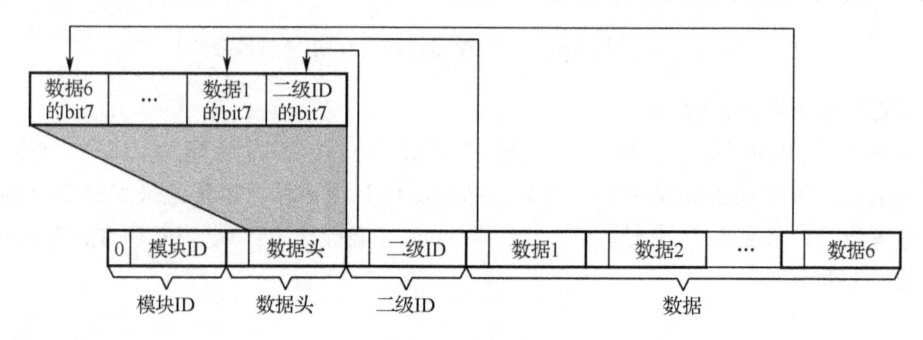

图 6-5　PCT 通信协议打包第 2 步

第 3 步，对模块 ID、数据头、二级 ID、数据 1～数据 6 的低 7 位求和，取求和结果的低 7 位，将其存放于校验和的低 7 位，如图 6-6 所示。

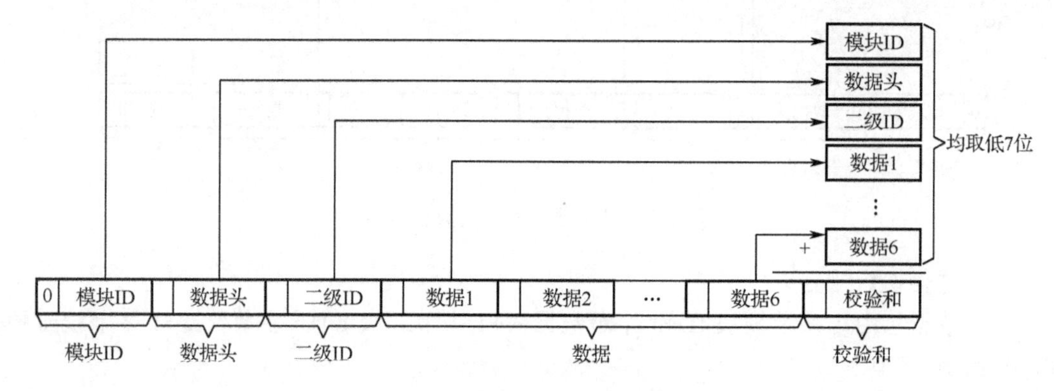

图 6-6　PCT 通信协议打包第 3 步

第 4 步，将数据头、二级 ID、数据 1～数据 6 及校验和的最高位置为 1，如图 6-7 所示。

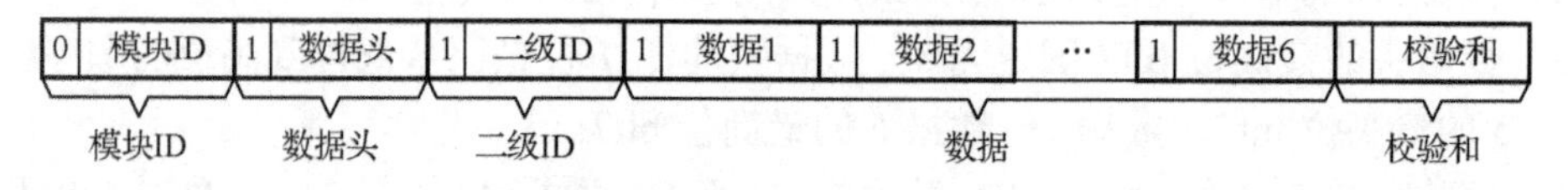

图 6-7　PCT 通信协议打包第 4 步

3. PCT 通信协议解包过程

PCT 通信协议的解包过程也分为 4 步。

第 1 步，准备解包前的数据包，原始数据包由模块 ID、数据头、二级 ID、数据 1～数据 6、校验和组成，如图 6-8 所示。其中，模块 ID 的最高位为 0，其余字节的最高位均为 1。

第 2 步，对模块 ID、数据头、二级 ID、数据 1～数据 6 的低 7 位求和，如图 6-9 所示，取求和结果的低 7 位与数据包的校验和低 7 位对比，如果两个值的结果相等，则说明校验正确。

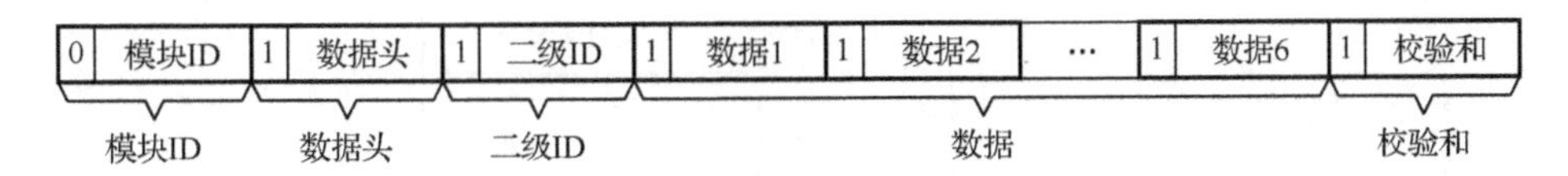

图 6-8　PCT 通信协议解包第 1 步

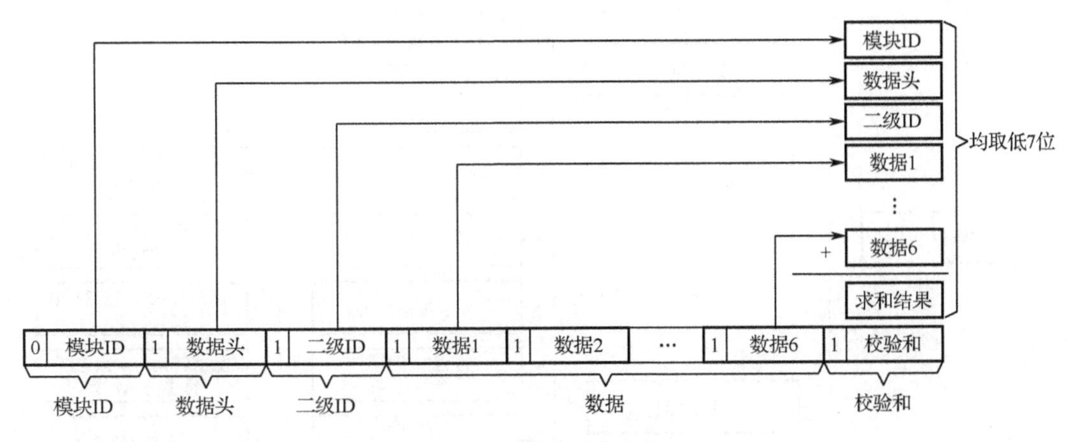

图 6-9　PCT 通信协议解包第 2 步

第 3 步，数据头的最低位 bit0 与二级 ID 的低 7 位拼接之后作为最终的二级 ID，数据头的 bit1 与数据 1 的低 7 位拼接之后作为最终的数据 1，数据头的 bit2 与数据 2 的低 7 位拼接之后作为最终的数据 2，以此类推，如图 6-10 所示。

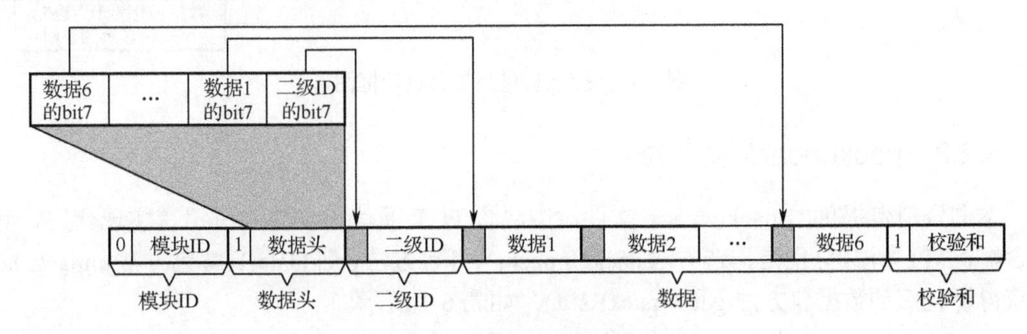

图 6-10　PCT 通信协议解包第 3 步

第 4 步，图 6-11 所示即为解包后的结果，由模块 ID、二级 ID、数据 1～数据 6 组成。其中，模块 ID 的取值范围为 0x00～0x7F，二级 ID 和数据的取值范围为 0x00～0xFF。

图 6-11　PCT 通信协议解包第 4 步

6.2.2　设计框图

打包解包小工具设计框图如图 6-12 所示。

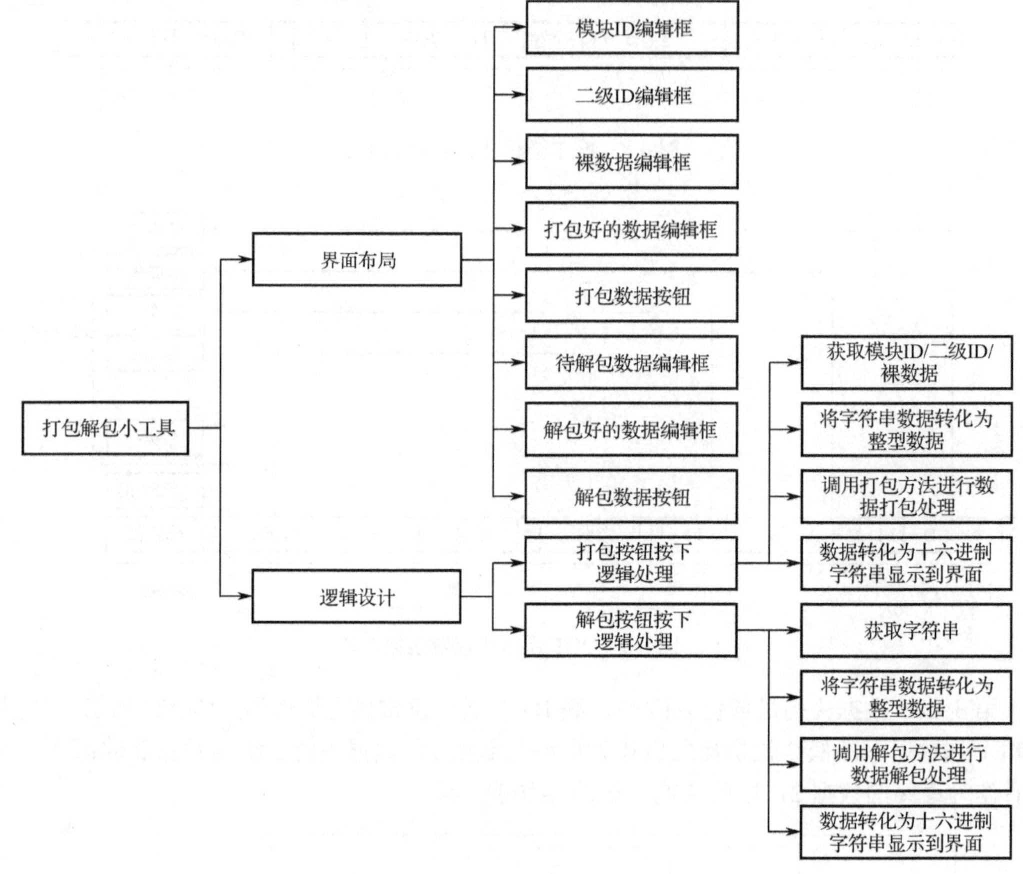

图 6-12　打包解包小工具设计框图

6.2.3　packunpack 文件对

本书资料包提供的 packunpack 文件对中包含 PCT 通信协议的 C++语言实现代码，其中包含4个API方法，分别是构造方法PackUnpack()、打包方法packData()、解包方法unpackData()及获得解包后的数据包方法 getUnpackRslt()，如表 6-1 所示。

表 6-1　packunpack 文件对的方法说明

方　法	说　明
PackUnpack();	构造方法，对模块进行初始化
int packData();	待打包的数据必须是 8 字节，模块 ID 必须是 0x00 到 0x7F
bool unpackData();	通过该方法逐个对数据进行解包和判断，解包后的数据通过 getUnpackRslt()方法获取
Qlist<uchar> getUnpackRslt();	返回值为获得解包后的数据包

6.3　实验步骤

前面详细介绍了 PCT 通信协议，但具体如何通过 C++语言实现 PCT 通信协议的打包与解包，如何通过调用 PCT 通信协议的打包解包接口方法将 PCT 通信协议应用在具体的产品和项目中？本节将通过一个基于 Qt 的打包解包小工具的设计，详细介绍 PCT 通信协议的 C++语言实现及应用。

步骤 1：复制 PackUnpack 项目

首先，将本书配套资料包中的“04.例程资料\Material\01.PackUnpack\PackUnpack”文件夹复制到“D:\QtProject”目录下，然后打开 Qt Creator 软件，执行菜单命令“文件”→“打开文件或项目”，打开“D:\QtProject\PackUnpack”路径下的 PackUnpack.pro 文件。

步骤 2：更换界面文件

打开项目后，首先要更换界面文件。如图 6-13 所示，右键单击 widget.ui 文件，在快捷菜单中选择 Remove。

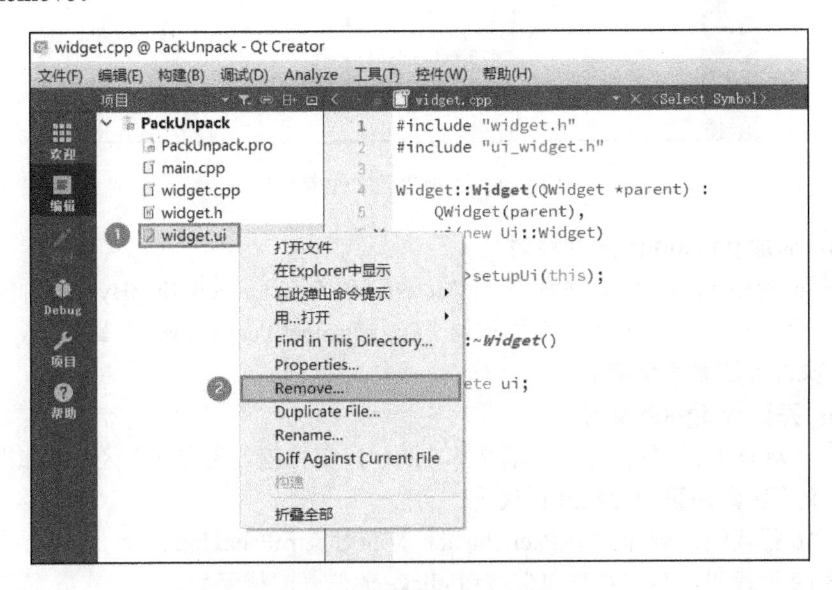

图 6-13　更换界面文件步骤 1

如图 6-14 所示，在弹出的 Remove File 对话框中，勾选 Delete file permanently，然后单击 OK 按钮。

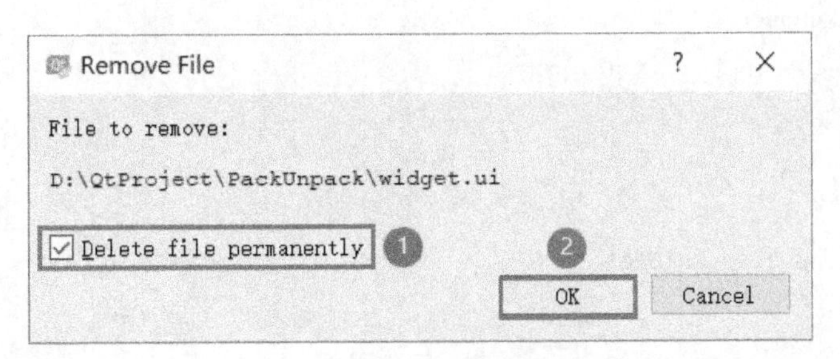

图 6-14　更换界面文件步骤 2

将本书配套资料包“04.例程资料\Material\01.PackUnpack\StepByStep”文件夹中的 widget.ui 文件复制到当前项目的存储路径下（“D:\QtProject\PackUnpack”），再将其添加到项目中。如图 6-15 所示，右键单击项目名 PackUnpack，在快捷菜单中选择“添加现有文件”，在弹出的“文件选择”对话框中选择并打开 widget.ui 文件。

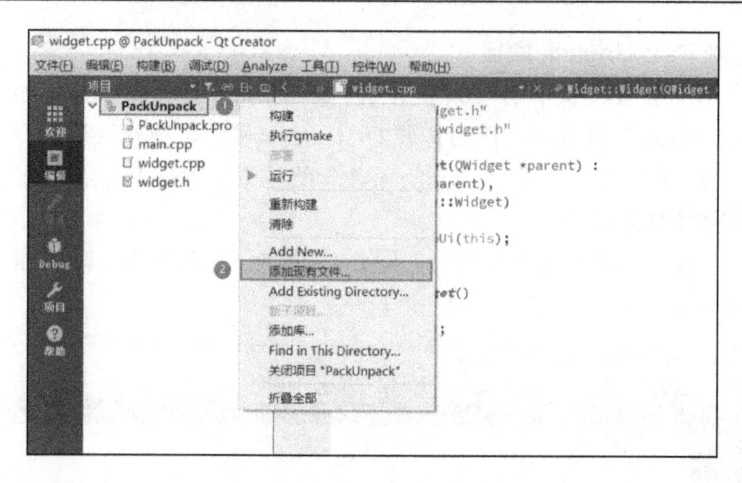

图 6-15　更换界面文件步骤 3

步骤 3：添加 packunpack 文件对

将本书配套资料包“04.例程资料\Material\01.PackUnpack\StepByStep”文件夹中的 packunpack.h 和 packunapck.cpp 文件复制到“D:\QtProject\PackUnpack”路径下，再将其添加到项目中。操作方法参考步骤 3。

步骤 4：完善 widget.h 文件

双击打开 widget.h 文件，如程序清单 6-1 所示，在“包含头文件”区，添加第 2 行代码，在“类的定义”区添加第 16 至 20 行代码。

（1）第 16 行代码：创建一个 PackUnpack 类的对象 mPackUnpack。

（2）第 19 行代码：声明“打包”按钮 clicked()信号的槽函数。

（3）第 20 行代码：声明“解包”按钮 clicked()信号的槽函数。

程序清单 6-1

```
1.  #include <QWidget>
2.  #include "packunpack.h"
3.
4.  namespace Ui {
5.  class Widget;
6.  }
7.
8.  class Widget : public QWidget
9.  {
10. Q_OBJECT
11.
12. public:
13.     explicit Widget(QWidget *parent = nullptr);
14.     ~Widget();
15.
16.     PackUnpack mPackUnpack;
17.
18. private slots:
19.     void on_packButton_clicked();
20.     void on_unpackButton_clicked();
21.
22. private:
```

```
23.     Ui::Widget *ui;};
24.
25. #endif // WIDGET_H
```

步骤 5：完善 widget.cpp 文件

双击打开 widget.cpp 文件，在“包含头文件”区添加程序清单 6-2 中的第 3 至 5 行代码。

程序清单 6-2

```
1. #include "widget.h"
2. #include "ui_widget.h"
3. #include <QDebug>
4. #include "packunpack.h"
5. #include <QMessageBox>
```

在 widget.cpp 文件的“成员方法实现”区，添加程序清单 6-3 中的第 7 至 9 行代码。

（1）第 7 行代码：设置项目窗口的标题为“打包解包小工具”。

（2）第 8 行代码：禁用项目窗口的最大化按钮。

（3）第 9 行代码：禁止拖动窗口大小。

程序清单 6-3

```
1.  Widget::Widget(QWidget *parent) :
2.      QWidget(parent),
3.      ui(new Ui::Widget)
4.  {
5.      ui->setupUi(this);
6.
7.      setWindowTitle(QString::fromUtf8("打包解包小工具"));
8.      setWindowFlags(windowFlags()&~Qt::WindowMaximizeButtonHint);    // 禁止最大化按钮
9.      setFixedSize(this->width(), this->height());                    // 禁止拖动窗口大小
10. }
```

在 widget.cpp 文件的“成员方法实现”区，添加 convertHexChar()和 convertHexStrToByteArray()方法的实现代码，如程序清单 6-4 所示，下面按照顺序对部分语句进行解释。

（1）第 1 至 19 行代码：convertHexChar()方法的功能为将 0～F（或 0～f）的字符转换为十进制数。当输入参数 ch 为字符 0～9 时，减去 ASCII 码表中代表字符 0 的十六进制数值 0x30，得到对应的十进制数值（0～9），然后返回；当 ch 为字符 A～F 时，减去字符 A 的值再加 10，得到对应的十进制数值（10～15），然后返回；当 ch 为字符 a～f 时，减去字符 a 的值再加 10，得到对应的十进制数值（10～15），然后返回；若 ch 为其他字符，则返回-1。

（2）第 21 行代码：convertHexStrToByteArray()方法用于将十六进制字符串转换为 Byte 数组，输入参数为字符串 hexStr。

（3）第 32 行代码：at(i)方法用于索引第 i 个元素，toLatin1()方法用于判断元素的值，若元素的值在 0x00～0xff 的范围内，则返回对应值；否则返回'\0'，本行代码的功能是对字符串 hexStr 的第 i 个元素进行判定后赋值给 hStr。

（4）第 34 至 38 行代码：当 hStr 的值为空格时，i 的值加 1，执行下一个循环。

（5）第 42 至 45 行代码：当 i 的值大于字符串 hexStr 的长度时，跳出循环。

（6）第 48 行代码：将 hStr 的值转换成十进制数并赋值给 hexData。

（7）第 49 行代码：将 lStr 的值转换成十进制数并赋值给 lowHexData。

（8）第 51 行到 58 行代码：当 hexData 的值或 lowHexData 的值等于 16 时，跳出循环；

否则，将 hexData 的值乘以 16 并与 lowHexData 的值相加后赋值给 hexData。

（9）第 61 行代码：将 hexData 强制转换为字符后赋值给 sendData 数组。

（10）第 65 行代码：将 sendData 数组的长度设定为 hexDataLen 当前的值。

程序清单 6-4

```
1.  static char convertHexChar(char ch)
2.  {
3.      if((ch >= '0') && (ch <= '9'))
4.      {
5.          return ch - 0x30;
6.      }
7.      else if((ch >= 'A') && (ch <= 'F'))
8.      {
9.          return ch - 'A' + 10;
10.     }
11.     else if((ch >= 'a') && (ch <= 'f'))
12.     {
13.         return ch - 'a' + 10;
14.     }
15.     else
16.     {
17.         return (-1);
18.     }
19. }
20.
21. static QByteArray convertHexStrToByteArray(QString hexStr)
22. {
23.     QByteArray sendData;
24.     char lStr, hStr;
25.     int hexData, lowHexData;
26.     int hexDataLen = 0;
27.     int len = hexStr.length();
28.     sendData.resize(len / 2);
29.
30.     for(int i = 0; i < len;)
31.     {
32.         hStr = hexStr.at(i).toLatin1();
33.
34.         if(hStr == ' ')
35.         {
36.             i++;
37.             continue;
38.         }
39.
40.         i++;
41.
42.         if(i >= len)
43.         {
44.             break;
45.         }
46.
47.         lStr = hexStr.at(i).toLatin1();
```

```
48.         hexData = convertHexChar(hStr);
49.         lowHexData = convertHexChar(lStr);
50.
51.         if((hexData == 16) || (lowHexData == 16))
52.         {
53.             break;
54.         }
55.         else
56.         {
57.             hexData = hexData * 16 + lowHexData;
58.         }
59.
60.         i++;
61.         sendData[hexDataLen] = (char)hexData;
62.         hexDataLen++;
63.     }
64.
65.     sendData.resize(hexDataLen);
66.
67.     return sendData;
68. }
```

在 convertHexStrToByteArray()方法后面添加 on_packButton_clicked()槽函数的实现代码，如程序清单 6-5 所示。

（1）第 1 行代码：on_packButton_clicked()用于监听“打包”按钮的 clicked()信号，单击“打包”按钮时会发出 clicked()信号，从而自动调用该槽函数。

（2）第 3 至 4 行代码：分别声明一个 QString 类型的链表 dataList 和一个 uchar 类型的链表 dataTempList。

（3）第 6 行代码：将界面输入的模块 ID 通过 toHex()方法转换成十六进制，添加到链表 dataList 中。

（4）第 7 行代码：将界面输入的二级 ID 通过 toHex()方法转换成十六进制，添加到链表 dataList 中。

（5）第 10 行代码：声明一个 packDinList 链表，读取界面 packDinLineEdit 行编辑框中的字符串内容，然后通过 split()方法，以空格为标识，将字符串分割为字符串数组后赋值给 packDinList 链表。

（6）第 11 行代码：输出 packDinList 链表的长度。

（7）第 13 至 17 行代码：若 packDinList 链表的长度不为 6，则弹出错误提示框，提示框标题为“提示”，显示内容为“打包数据长度错误”，按钮为“确定”。

（8）第 19 至 22 行代码：将 packDinList 链表中的内容转换为十六进制，添加到 dataList 链表中。

（9）第 29 至 32 行代码：将 dataList 链表的内容转换成 Byte 类型，然后将 Byte 类型的数据通过 toInt()方法转换成十进制，添加到链表 dataTempList 中。

（10）第 34 行：调用 packData()方法打包数据。

（11）第 38 至 41 行代码：分别将链表 dataTempList 中的元素转换为 QString 类型，最后取每个转换结果的最右边 4 个字符和空格组成新字符串，添加到字符串 packDout 之后。

（12）第 43 至 44 行代码：在应用程序界面的 packDoutLineEdit 行编辑框中显示打包结果。

程序清单 6-5

```
1.  void Widget::on_packButton_clicked()
2.  {
3.      QList<QString> dataList;
4.      QList<uchar> dataTempList;
5.
6.      dataList.append(ui->modIDLineEdit->text().toLatin1().toHex());
7.      dataList.append(ui->secIDLineEdit->text().toLatin1().toHex());
8.      qDebug() << "packButton click";
9.
10.     QStringList packDinList = ui->packDinLineEdit->text().split(" ") ;
11.     qDebug() << packDinList.length();
12.
13.     if(packDinList.length() != 6)
14.     {
15.         QMessageBox::information(NULL, tr("提示"), tr("打包数据长度错误"), "确定");
16.         return;
17.     }
18.
19.     for(int i = 0; i < packDinList.length(); i++)
20.     {
21.         dataList.append(packDinList[i].toLatin1().toHex());
22.     }
23.
24.     dataList.append(QString("00").toLatin1().toHex());
25.     dataList.append(QString("00").toLatin1().toHex());
26.
27.     bool ok = false;
28.
29.     for(int i = 0; i < dataList.count(); i++)
30.     {
31.         dataTempList.append(convertHexStrToByteArray(dataList.at(i)).toInt(&ok, 16));
32.     }
33.
34.     mPackUnpack.packData(dataTempList);
35.
36.     QString packDout;
37.
38.     for(int i = 0; i < dataTempList.count(); i++)
39.     {
40.         packDout += QString::number(dataTempList.at(i), 16).right(4) + " ";
41.     }
42.
43.     ui->packDoutLineEdit->setFont(QFont("NSimSun", 16));
44.     ui->packDoutLineEdit->setText(packDout);
45. }
```

在 on_packButton_clicked()槽函数后面添加 on_unpackButton_clicked()槽函数的实现代码，如程序清单 6-6 所示。

（1）第 1 行代码：on_unpackButton_clicked()方法用于监听“解包”按钮的 clicked()信号。

（2）第 11 行代码：读取 unpackDinLineEdit 行编辑框中的内容，通过 trimmed()方法去掉前后空格，以防止因空格而获取错误的数据包，最后赋值给 unpackDin。

（3）第 12 行代码：将字符串 unpackDin 以空格为标识，分隔为字符串数组，并赋值给链表 unpackDinList。

（4）第 14 至 18 行代码：若链表长度不为 10，弹出错误提示框。

（5）第 24 行代码：将解包标志赋值给 findPack。

（6）第 30 至 33 行代码：分别将链表 unpackRsltList 中的每个元素先转换为十六进制，再转换为 QString 类型，其中 arg()方法中的参数“2”表示转换后的每个元素包含 2 个字符，若不够，通过 QLatin1Char()方法在转换结果前补 0；参数“16”表示转换为十六进制，若为“10”，则表示转换为十进制。最后取每个转换结果与空格组成新字符串，添加在字符串 unpackDout 的后面。

程序清单 6-6

```
1.   void Widget::on_unpackButton_clicked()
2.   {
3.       qDebug() << "unpackButton click";
4.
5.       QList<uchar> unpackRsltList;
6.       QString unpackDout;
7.       bool findPack = false;
8.       bool ok;
9.
10.      QString unpackDin;
11.      unpackDin = ui->unpackDinLineEdit->text().trimmed();  //去掉前后空格
12.      QStringList unpackDinList = unpackDin.split(" ");
13.
14.      if(unpackDinList.length() != 10)
15.      {
16.          QMessageBox::information(NULL, tr("提示"), tr("解包数据长度错误"), "确定");
17.          return;
18.      }
19.
20.      for(int i = 0; i < unpackDinList.count(); i++)
21.      {
22.          qDebug() << convertHexStrToByteArray(unpackDinList.at(i).toLatin1().toHex()).
                                                                        toInt(&ok, 16);
23.
24.          findPack = mPackUnpack.unpackData(convertHexStrToByteArray(unpackDinList.at(i).
                                                     toLatin1().toHex()).toInt(&ok, 16));
25.
26.          if(findPack)
27.          {
28.             unpackRsltList = mPackUnpack.getUnpackRslt();
29.
30.             for(int j = 0; j < unpackRsltList.count() - 2; j++)
31.             {
32.                unpackDout += QString("%1").arg(unpackRsltList.at(j),2,16,QLatin1Char('0'))
+ " ";
33.             }
```

```
34.
35.             ui->unpackDoutLineEdit->setFont(QFont("NSimSun", 16));
36.             ui->unpackDoutLineEdit->setText(unpackDout);
37.             break;
38.         }
39.     }
40. }
```

步骤 6：构建并运行

代码编辑完成后，右键单击项目名 PackUnpack，在快捷菜单中选择“运行”，即可构建并运行程序，如图 6-16 所示。

成功运行后的应用程序界面如图 6-17 所示。

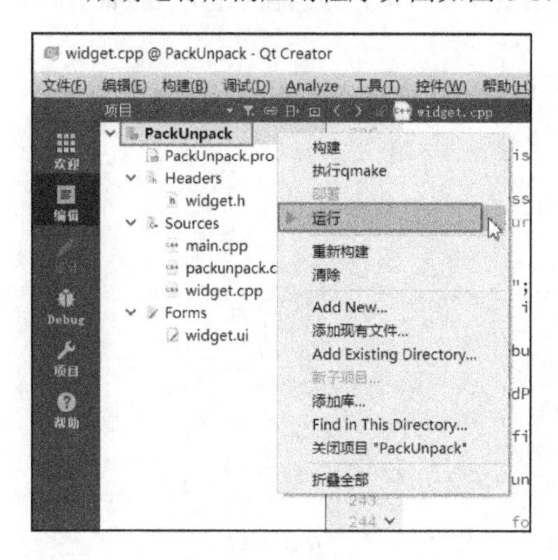

图 6-16　运行程序

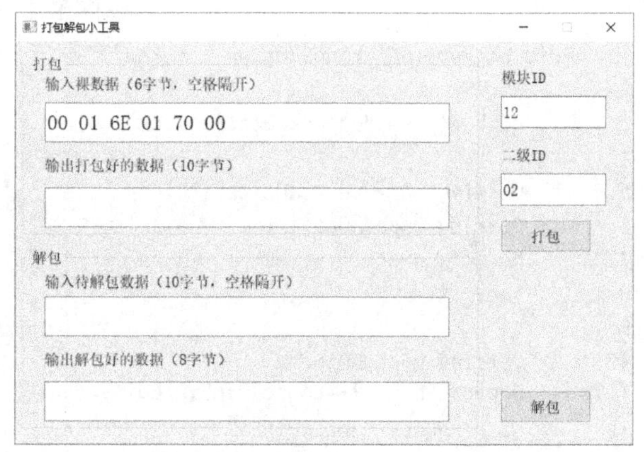

图 6-17　打包解包小工具界面图

步骤 7：程序验证

修改输入的裸数据，单击“打包”按钮，再将打包好的数据复制到待解包数据输入区，单击“解包”按钮，验证是否能还原为裸数据，如图 6-18 所示。如果解包后的数据与裸数据一致，说明当前的打包和解包操作成功。

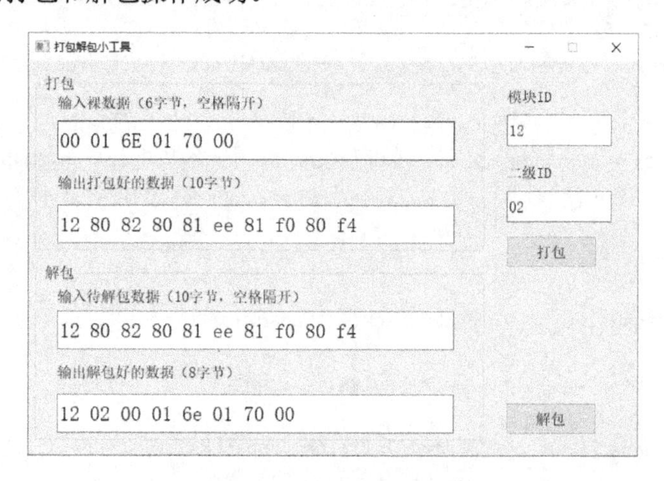

图 6-18　打包解包结果

本章任务

按照 PCT 通信协议规定，模块 ID 的最高位固定为 0，这意味着其取值范围只能在 0x00～0x7F 之间。那么在进行程序验证时，如果在模块 ID 编辑框中输入的值大于 7F，会出现什么情况？经过验证后发现，此时在打包结果显示区仍然会显示数据，显然这不符合 PCT 通信协议，尝试解决该问题，实现当模块 ID 不在规定范围内时，弹出错误提示信息，并要求重新输入。

本章习题

1．根据 PCT 通信协议，模块 ID 和二级 ID 分别有多少种？

2．PCT 通信协议规定二级 ID 的最高位固定为 1，那么当一组待打包数据的二级 ID 小于 0x80 时，这组数据能否通过打包解包小工具打包得到正确结果？为什么？

3．在遵循 PCT 通信协议的前提下，随机写一组数据，手动推演得出打包解包结果，熟练掌握基于 PCT 通信协议具体的打包解包流程。

第7章　串口通信小工具设计实验

基于 Qt 的人体生理参数监测系统软件平台作为人机交互平台，既要显示五大生理参数（体温、血氧、呼吸、心电、血压），又要作为控制平台，发送控制命令（如启动血压测量、停止血压测量等）到人体生理参数监测系统硬件平台。人体生理参数监测系统硬件平台与人体生理参数监测系统软件平台之间的通信载体通常选择串口方式。本章介绍串口通信，并通过一个简单的串口通信小工具的开发来详细介绍串口通信的实现方法，为后续的开发打好基础。

7.1　实验内容

学习串口通信相关知识点，了解串口通信的过程，然后通过 Qt 完成串口通信小工具的界面布局，并依据本章实验步骤完善底层驱动，设计出一个可实现串口通信的应用程序。

7.2　实验原理

7.2.1　设计框图

串口通信小工具设计框图如图 7-1 所示。

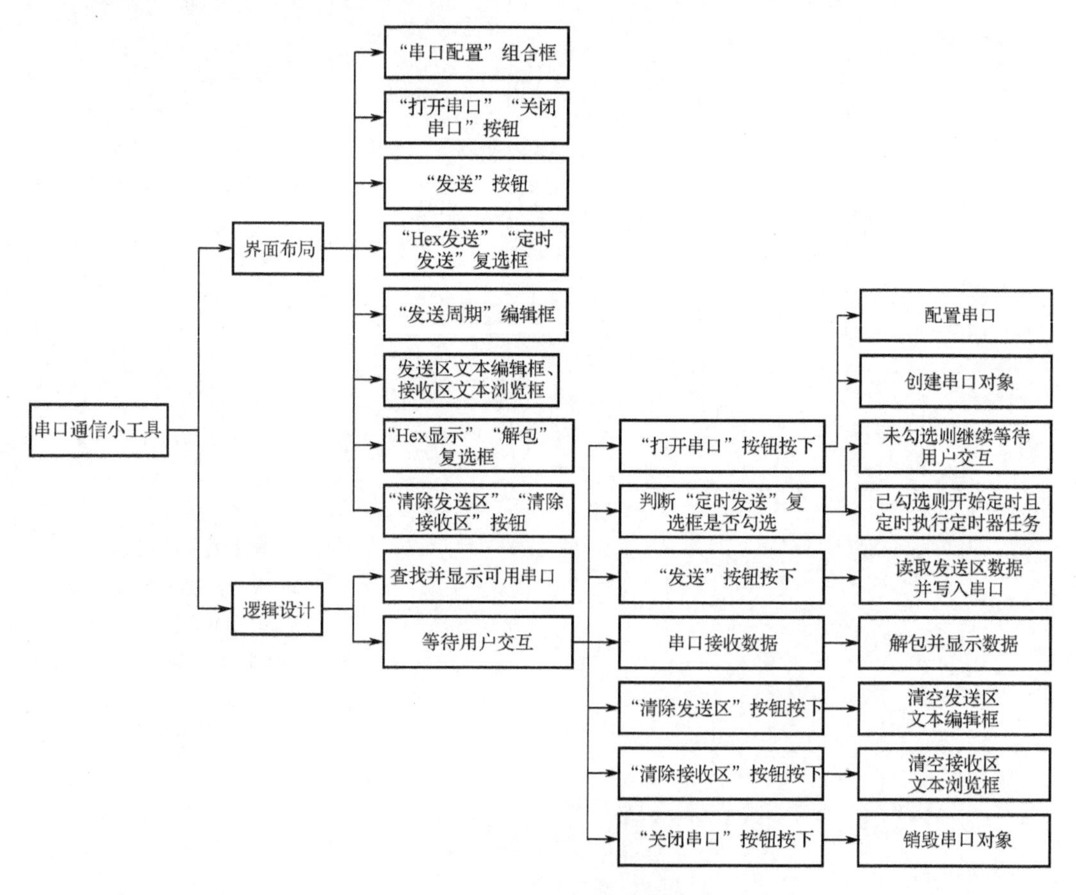

图 7-1　串口通信小工具设计框图

7.2.2　串口通信相关知识点

1．QSerialPortInfo 类

QSerialPortInfo 类是一个串口的辅助类，主要提供系统现有串口的相关信息。该类中的静态函数（QList<QSerialPortInfo> availablePorts()，将在后面详细介绍）生成了一个存储 QSerialPortInfo 对象的 QList，该 QList 中的每个 QSerialPortInfo 对象分别包含各个可用串口的信息，如串口号（COM）、系统位置、描述和制造商等。该静态函数的用法示例如下：

```
foreach (const QSerialPortInfo &info, QSerialPortInfo::availablePorts())
{
    ui->comboBox->addItem(info.portName());
}
```

通过 QSerialPortInfo 类的 availablePorts()方法返回一个 QList<QSerialPortInfo>，然后通过 foreach 遍历，将每一个可用串口都添加到 comboBox 组合框中。

可以调用该静态函数来获取系统的每一个可用串口信息，QSerialPortInfo 类的对象还可以用作 QSerialPort 类的 setPort()方法的输入参数。

2．QSerialPort

使用 QSerialPort 类之前需要在项目的.pro 文件中添加代码 QT += serialport，其作用是导入 serialport 模块，然后才可以在项目中正常使用 QSerialPort 类。

通常先利用 QSerialPortInfo 类获取可用的串口列表，再创建 QSerialPort 类对象，并通过 setPort()或 setPortName()方法设置串口。然后通过 open()方法打开串口，其方法原型为 bool QSerialPort::open(OpenMode mode)，参数 mode 只有 3 个可选值：QIODevice::ReadOnly（只读）、QIODevice::WriteOnly（只写）和 QIODevice::ReadWrite（可读可写）。串口成功打开后，QSerialPort 会尝试确认串口的当前配置并自行初始化，也可以使用 setBaudRate()、setDataBits()、setParity()、setStopBits()和 setFlowControl()方法配置串口的波特率、数据位、校验和、停止位和控制流模式。串口配置完成后，可以使用 write()方法向串口写入数据，或使用 read()和 readAll()方法从串口读取数据。最后，还可以使用 clear()方法清除串口缓存的数据，使用 close()方法关闭串口，使用 deleteLater()方法销毁串口对象。注意，使用 clear()和 close()方法时，串口必须为打开状态。

3．串口通信基本流程

串口通信的基本流程如图 7-2 所示。

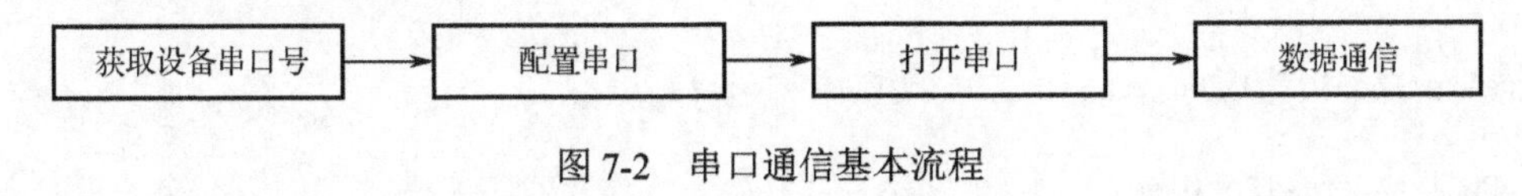

图 7-2　串口通信基本流程

7.2.3　定时器事件 timerEvent()

timerEvent()是 QObejct 所内置的事件，用于执行定时器定时完成的任务，所有继承自 QObject 的类都可以使用。

要产生 timerEvent()，就需要使用 startTimer()方法先开启定时器，该方法返回一个 int 类型的 ID 号，而 killTimer(timerId)方法用于停止 ID 号为 timerId 的定时器。当一个程序中存在

多个定时器时，timerEvent(QTimerEvent *event)可以通过 event->timerId()来判断哪个定时器发出了事件。

7.3 实验步骤

步骤 1：复制 SerialPortDemo 项目

首先，将本书配套资料包中的“04.例程资料\Material\02.SerialPortDemo\SerialPortDemo”文件夹复制到“D:\QtProject”目录下，然后打开 Qt Creator 软件，执行菜单命令“文件”→“打开文件或项目”，打开“D:\QtProject\SerialPortDemo”路径下的 SerialPortDemo.pro 文件。

步骤 2：更换界面文件

打开项目后，首先更换界面文件，具体可参考 6.3.2 节。右键单击 mainwindow.ui 文件，在快捷菜单中选择 Remove，在弹出的 Remove File 对话框中，先勾选 Delete file permanently 选项，再单击 OK 按钮。

将本书配套资料包“04.例程资料\Material\02.SerialPortDemo\StepByStep”文件夹中的 mainwindow.ui 文件复制到“D:\QtProject\SerialPortDemo”目录下，再将其添加到项目中。操作方法可参考 6.3.2 节，右键单击项目名 SerialPortDemo，在快捷菜单中选择“添加现有文件”，在弹出的“文件选择”对话框中，选择并打开 mainwindow.ui。

步骤 3：添加 packunpack.h 文件对

将本书配套资料包“04.例程资料\Material\02.SerialPortDemo\StepByStep”文件夹中的 packunpack.h 和 packunapck.cpp 文件复制到“D:\QtProject\SerialPortDemo”目录下，再将其添加到项目中。

步骤 4：完善 SerialPortDemo.pro 文件

双击打开 SerialPortDemo.pro 文件，添加如程序清单 7-1 所示的第 8 行代码，然后保存 SerialPortDemo.pro 文件。

程序清单 7-1

```
1   #-------------------------------------------------
2   #
3   # Project created by QtCreator 2020-11-12T14:32:52
4   #
5   #-------------------------------------------------
6
7   QT       += core gui
8   QT       += serialport
9
10  greaterThan(QT_MAJOR_VERSION, 4): QT += widgets
11
12  TARGET = SerialPortDemo
13  TEMPLATE = app
14  ……
```

步骤 5：完善 mainwindow.h 文件

双击打开 mainwindow.h 文件，在“包含头文件”区添加程序清单 7-2 中的第 2 至 6 行代码。

程序清单 7-2

```
1.  #include <QMainWindow>
2.  #include "packunpack.h"
```

```
3.  #include <QSerialPort>
4.  #include <QSerialPortInfo>
5.  #include <qcombobox.h>
6.  #include <qmutex.h>
```

在 mainwindow.h 文件的“类的定义”区，添加程序清单 7-3 中的第 13 至 24 行和第 29 至 41 行代码，这些代码主要是对用到的方法和变量进行声明。

程序清单 7-3

```
1.  namespace Ui {
2.  class MainWindow;
3.  }
4.
5.  class MainWindow : public QMainWindow
6.  {
7.      Q_OBJECT
8.
9.  public:
10.     explicit MainWindow(QWidget *parent = nullptr);
11.     ~MainWindow();
12.
13. protected:
14.     void timerEvent(QTimerEvent *event); //重载定时器方法
15.
16. private slots:
17.     void readSerial(); //串口数据读取
18.     void on_openUARTButton_clicked(bool checked); //打开串口
19.     void on_closeUARTButton_clicked(bool checked);
20.     void on_clearReceiveButton_clicked(bool checked);
21.     void on_clearSendButton_clicked(bool checked);
22.     void on_sendButton_clicked(bool checked);
23.     void on_sendCheckBox_stateChanged(int arg1);
24.     void on_timeCycleLineEdit_textChanged(const QString &arg1);
25.
26. private:
27.     Ui::MainWindow *ui;
28.
29.     PackUnpack *mPackUnpack; //打包解包类
30.
31.     QSerialPort *mSerialPort; //串口类
32.     bool mUARTOpenFlag; //串口状态
33.
34.     QByteArray mRxData; //接收数据暂存
35.     QList<uchar> mPackAfterUnpack;  //解包后的数据
36.
37.     int mTimer; //定时器 ID
38.     int mTimerInterval; //定时器间隔
39.
40.     void procUARTData(); //处理接收到的数据方法
41.     bool unpackRcvData(uchar recData);
42. };
43.
44. #endif // MAINWINDOW_H
```

步骤 6：完善 mainwindow.cpp 文件

双击打开 mainwindow.cpp 文件，在“包含头文件”区添加程序清单 7-4 中的第 3 至 4 行代码。

程序清单 7-4

```
1.  #include "mainwindow.h"
2.  #include "ui_mainwindow.h"
3.  #include <QDebug>
4.  #include <qmessagebox.h>
```

在 mainwindow.cpp 文件的“成员方法实现”区，添加程序清单 7-5 中的第 7 至 21 行代码。

（1）第 17 行代码：清理应用程序界面 comboBox 组件的字符串，即清理串口。

（2）第 18 至 20 行代码：通过 availablePorts()方法返回串口信息，然后通过 foreach()方法循环遍历这些信息获取串口号，最后通过 addItem()方法将串口号在界面的 comboBox 组件中以下拉列表的形式显示。

程序清单 7-5

```
1.  MainWindow::MainWindow(QWidget *parent) :
2.      QMainWindow(parent),
3.      ui(new Ui::MainWindow)
4.  {
5.      ui->setupUi(this);
6.
7.      setWindowTitle(QString::fromUtf8("串口通信小工具"));
8.      setWindowFlags(windowFlags()&~Qt::WindowMaximizeButtonHint);    // 禁止最大化按钮
9.      setFixedSize(this->width(), this->height());                    // 禁止拖动窗口大小
10.
11.     mUARTOpenFlag = false;          //串口打开标志
12.     mPackUnpack = new PackUnpack(); //创建 PackUnpack 对象
13.
14.     mTimerInterval = 1000;          //设置默认定时发送间隔
15.
16.     //通过 QSerialPortInfo 查找可用串口并显示
17.     ui->uartNumComboBox->clear();
18.     foreach(const QSerialPortInfo &info, QSerialPortInfo::availablePorts())
19.     {
20.        ui->uartNumComboBox->addItem(info.portName());
21.     }
22. }
```

在 mainwindow.cpp 文件的析构方法后面添加 on_openUARTButton_clicked()槽函数和 timerEvent()方法的实现代码，如程序清单 7-6 所示，下面按照顺序对部分语句进行解释。

（1）第 1 行代码：槽函数 on_openUARTButton_clicked()用于监听“打开串口”按钮的 clicked()信号。

（2）第 3 行代码：通过 currentText()方法获取当前应用程序界面上选中的串口号并打印。

（3）第 7 至 9 行代码：创建串口对象 mSerialPort，然后通过 currentText()方法获取应用程序界面上选中的串口号并设置串口。

（4）第 14 行代码：获取应用程序界面选中的波特率，并将其转换为十进制数。

（5）第 16 至 25 行代码：通过 setDataBits()方法实现数据位的设置。

（6）第 27 至 39 行代码：通过 setStopBits()方法实现停止位的设置。

（7）第 41 至 53 行代码：通过 setParity()方法实现校验位的设置。

（8）第 61 至 65 行代码：若串口未打开，则弹出错误提示框。

（9）第 70 至 76 行代码：定时器事件，每当 ID 为 mTimer 的定时器定时完成时，调用一次监听“发送”按钮的槽函数 on_sendButton_clicked()。

程序清单 7-6

```
1.   void MainWindow::on_openUARTButton_clicked(bool checked)
2.   {
3.       qDebug() << ui->uartNumComboBox->currentText();
4.
5.       if(!mUARTOpenFlag)
6.       {
7.           mSerialPort = new QSerialPort;    //创建串口对象
8.           //获取选中串口号
9.           mSerialPort->setPortName(ui->uartNumComboBox->currentText());
10.
11.          if(mSerialPort->open(QIODevice::ReadWrite))
12.          {
13.              //设置波特率
14.              mSerialPort->setBaudRate(ui->baudRateComboBox->currentText().toInt());
15.
16.              //设置数据位
17.              switch(ui->dataBitsComboBox->currentIndex())
18.              {
19.                  case 0:
20.                      mSerialPort->setDataBits(QSerialPort::Data8);
21.                      break;
22.                  case 1:
23.                      mSerialPort->setDataBits(QSerialPort::Data7);
24.                      break;
25.              }
26.
27.              //设置停止位
28.              switch(ui->stopBitsComboBox->currentIndex())
29.              {
30.                  case 0:
31.                      mSerialPort->setStopBits(QSerialPort::OneStop);
32.                      break;
33.                  case 1:
34.                      mSerialPort->setStopBits(QSerialPort::OneAndHalfStop);
35.                      break;
36.                  case 2:
37.                      mSerialPort->setStopBits(QSerialPort::TwoStop);
38.                      break;
39.              }
40.
41.              //设置校验位
42.              switch (ui->parityComboBox->currentIndex())
43.              {
44.                  case 0:
```

```
45.                     mSerialPort->setParity(QSerialPort::NoParity);
46.                     break;
47.                 case 1:
48.                     mSerialPort->setParity(QSerialPort::OddParity);
49.                     break;
50.                 case 2:
51.                     mSerialPort->setParity(QSerialPort::EvenParity);
52.                     break;
53.             }
54.
55.             //设置流控制
56.             mSerialPort->setFlowControl(QSerialPort::NoFlowControl);
57.
58.             //连接信号与槽
59.             QObject::connect(mSerialPort, &QSerialPort::readyRead, this, &MainWindow::
                                                                                readSerial);
60.         }
61.         else
62.         {
63.             QMessageBox::about(NULL, "提示", "串口无法打开\r\n 不存在或已被占用");
64.             return;
65.         }
66.         mUARTOpenFlag = true;    //串口打开标志设置为 true
67.     }
68. }
69.
70. void MainWindow::timerEvent(QTimerEvent *event)
71. {
72.     if(event->timerId() == mTimer)
73.     {
74.         on_sendButton_clicked(true);
75.     }
76. }
```

在 timerEvent()方法后面添加 readSerial()方法的实现代码，如程序清单 7-7 所示，下面按照顺序对部分语句进行解释。

（1）第 1 行代码：readSerial()方法用于接收串口的数据。

（2）第 7 至 10 行代码：若应用程序界面已勾选“解包”选项，则先进行 PCT 解包，再显示。

（3）第 13 至 14 行代码：将从串口中读取到的数据 mRxData 通过 toHex()方法转换为十六进制后，赋值给字符串 str，然后通过 toUpper()方法将 str 中的所有字符转换为大写形式。

（4）第 18 至 22 行代码：通过 mid()方法将字符串 str 中的每两个字符进行组合，形成多个子字符串，子字符串之间通过空格分隔后依次添加到 buffer 中。

程序清单 7-7

```
1.  void MainWindow::readSerial()
2.  {
3.      mRxData = mSerialPort->readAll();
4.
5.      if(!mRxData.isEmpty())      //如果非空说明有数据接收
```

```
6.      {
7.          if(ui->unpackCheckBox->checkState())
8.          {
9.              procUARTData();    //PCT 解包并显示
10.         }
11.         else if(ui->showHexCheckBox->checkState())  //是否解包显示
12.         {
13.             QString str = mRxData.toHex().data();     //转换成十六进制大写
14.             str = str.toUpper();
15.             QString buffer;
16.
17.             //一个十六进制占 4 位，8 位为一字节，所以每两位十六进制空一格
18.             for(int i = 0; i < str.length(); i += 2)
19.             {
20.                 buffer += str.mid (i, 2);
21.                 buffer += " ";
22.             }
23.             ui->receiveTextBrowser->append(buffer);//显示
24.         }
25.         else
26.         {
27.             ui->receiveTextBrowser->append(mRxData);//显示
28.         }
29.     }
30.     mRxData.clear();//清空已显示的数据
31. }
```

在 readSerial()方法后面添加 procUARTData()和 unpackRcvData()方法的实现代码，如程序清单 7-8 所示，下面按照顺序对部分语句进行解释。

（1）第 1 行代码：procUARTData()方法用于处理串口接收到的数据，将串口的数据进行解包。

（2）第 5 至 8 行代码：若串口接收到数据，则通过 data()方法将数据以 byte 数组的形式赋值给 buf。

（3）第 10 至 13 行代码：调用 unpackRcvData()方法对数据进行解包。

（4）第 15 行代码：清除串口接收的数据。

（5）第 18 行代码：unpackRcvData()方法用于解包并显示串口数据。

（6）第 27 至 30 行代码：若数据包长度大于 10，则弹出“长度异常”的错误提示框。

（7）第 39 行代码：在接收区显示解包结果。

程序清单 7-8

```
1.  void MainWindow::procUARTData()
2.  {
3.      char *buf;
4.
5.      if(mRxData.size() > 0)
6.      {
7.          buf = mRxData.data();
8.      }
9.
10.     for(int i = 0; i < mRxData.size(); i++)
```

```
11.     {
12.         unpackRcvData(*(buf + i));
13.     }
14.
15.     mRxData.clear();
16. }
17.
18. bool MainWindow::unpackRcvData(uchar recData)
19. {
20.     bool findPack = false;
21.     QString unpackRslt;
22.
23.     findPack = mPackUnpack->unpackData(recData);
24.
25.     if(findPack)
26.     {
27.         if(mPackAfterUnpack.size() > 10)
28.         {
29.             QMessageBox::information(NULL, tr("Info"), tr("长度异常"), "确定");
30.         }
31.
32.        mPackAfterUnpack = mPackUnpack->getUnpackRslt();  //获取解包结果
33.
34.        for(int j = 0; j < mPackAfterUnpack.count() - 2; j++)
35.        {
36.            unpackRslt += QString("%1").arg(mPackAfterUnpack.at(j), 2, 16, QLatin1Char('0'))
                                                                                   + " ";
37.        }
38.
39.       ui->receiveTextBrowser->append(unpackRslt);
40.     }
41.
42.     return findPack;
43.
44. }
```

在 unpackRcvData()方法后添加 on_closeUARTButton_clicked()、on_clearReceiveButton_clicked()和 on_clearSendButton_clicked()槽函数的实现代码，如程序清单 7-9 所示，下面按照顺序对部分语句进行解释。

（1）第 1 行代码：on_closeUARTButton_clicked()方法用于监听“关闭串口”按钮的 clicked()信号。

（2）第 5 至 8 行代码：通过 clear()方法清理串口缓存；通过 close()方法关闭串口；通过 deleteLater()方法销毁串口对象；最后将串口打开标志 mUARTOpenFlag 置为 false。

（3）第 12 至 15 行代码：on_clearReceiveButton_clicked()方法用于清除接收区缓存。

（4）第 17 至 20 行代码：on_clearSendButton_clicked()方法用于清除发送区缓存。

程序清单 7-9

```
1.  void MainWindow::on_closeUARTButton_clicked(bool checked)
2.  {
3.      if(mUARTOpenFlag)
```

```
4.      {
5.          mSerialPort->clear();
6.          mSerialPort->close();
7.          mSerialPort->deleteLater();//销毁对象
8.          mUARTOpenFlag = false;
9.      }
10. }
11.
12. void MainWindow::on_clearReceiveButton_clicked(bool checked)
13. {
14.     ui->receiveTextBrowser->clear();
15. }
16.
17. void MainWindow::on_clearSendButton_clicked(bool checked)
18. {
19.     ui->sendPlainTextEdit->clear();
20. }
```

在 on_clearSendButton_clicked()槽函数后面添加以下槽函数的实现代码 on_sendButton_clicked()、on_sendCheckBox_stateChanged()和 on_timeCycleLineEdit_textChanged()，如程序清单 7-10 所示，下面按照顺序对部分语句进行解释。

（1）第 1 行代码：on_sendButton_clicked()槽函数用于监听“发送”按钮的 clicked()信号。

（2）第 9 至 14 行代码：当应用程序界面的“Hex 显示”被勾选时，将发送区的数据 sendStr 通过 toLatin1()方法转换为单字节编码的 byte 数组，再通过 fromHex()方法将 byte 数组中的十六进制数值转换为十进制值后赋值给 bytes，最后通过 write()方法将 bytes 中的数据写入串口。

（3）第 24 行代码：on_sendCheckBox_stateChanged()槽函数用于监听“定时发送”复选框。

（4）第 26 至 33 行代码：当应用程序界面的“定时发送”被勾选时，通过 startTimer()方法启动定时器，定时器的计数值设置为 mTimerInterval；否则，清除定时器 ID。

（5）第 36 至 39 行代码：on_timeCycleLineEdit_textChanged()槽函数用于监听“发送周期”行编辑框，当其中的数值被修改时，自动调用该槽函数将修改后的值赋给 mTimerInterval，单位为 ms。

程序清单 7-10

```
1.  void MainWindow::on_sendButton_clicked(bool checked)
2.  {
3.      if(mUARTOpenFlag)
4.      {
5.          if(mSerialPort->isOpen())
6.          {
7.              QString sendStr = ui->sendPlainTextEdit->toPlainText();
8.
9.              if(ui->hexCheckBox->isChecked())
10.             {
11.                 QByteArray bytes;
12.                 bytes = QByteArray::fromHex(sendStr.toLatin1());
13.                 mSerialPort->write(bytes);
14.             }
15.             else
16.             {
```

```
17.                 QByteArray bytes = sendStr.toLocal8Bit();
18.                 mSerialPort->write(bytes);
19.             }
20.         }
21.     }
22. }
23.
24. void MainWindow::on_sendCheckBox_stateChanged(int arg1)
25. {
26.     if(ui->sendCheckBox->checkState())
27.     {
28.         mTimer = startTimer(mTimerInterval);
29.     }
30.     else
31.     {
32.         killTimer(mTimer);
33.     }
34. }
35.
36. void MainWindow::on_timeCycleLineEdit_textChanged(const QString &arg1)
37. {
38.     mTimerInterval = ui->timeCycleLineEdit->text().toInt();
39. }
```

步骤 7：构建并运行

代码编辑完成后，右键单击项目名 SerialPortDemo，在快捷菜单中选择“运行”，即可构建并运行程序，具体可参考 6.3.6 节。成功运行后的应用程序界面如图 7-3 所示。

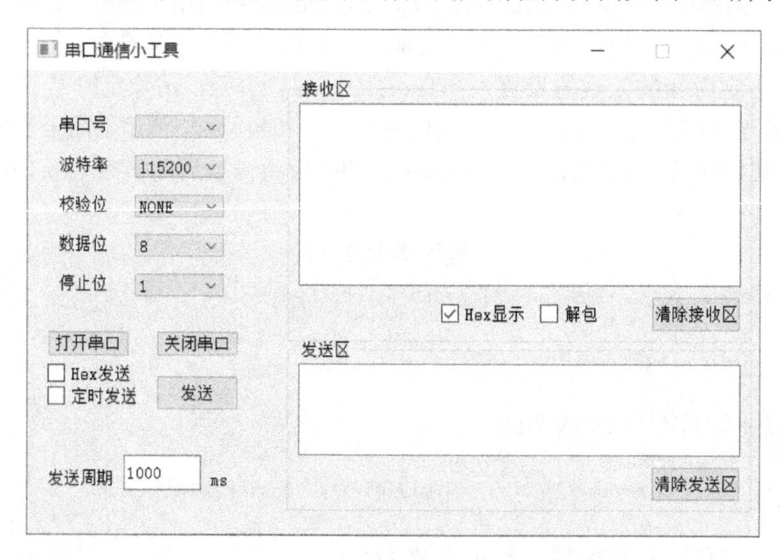

图 7-3　串口通信小工具界面图

步骤 8：程序验证

关闭串口通信小工具，参考附录 A，将人体生理参数监测系统硬件平台通过 USB 线连接到计算机，并在设备管理器中查看对应的串口号（本机是 COM1），再将人体生理参数监测系统的“数据模式”“通信模式”和“参数模式”分别设置为“演示模式”“USB”和“血压”，然后重新运行 SerialPortDemo 项目。如图 7-4 所示，选择硬件平台对应的串口号并单击“打开串口”按钮，在发送区输入血压启动测量命令包（14 81 80 80 80 80 80 80 80 95），然后勾选“Hex 发送”选项并单击“发送”按钮，接收区即会收到人体生理参数监测系统发出的血压数据包。

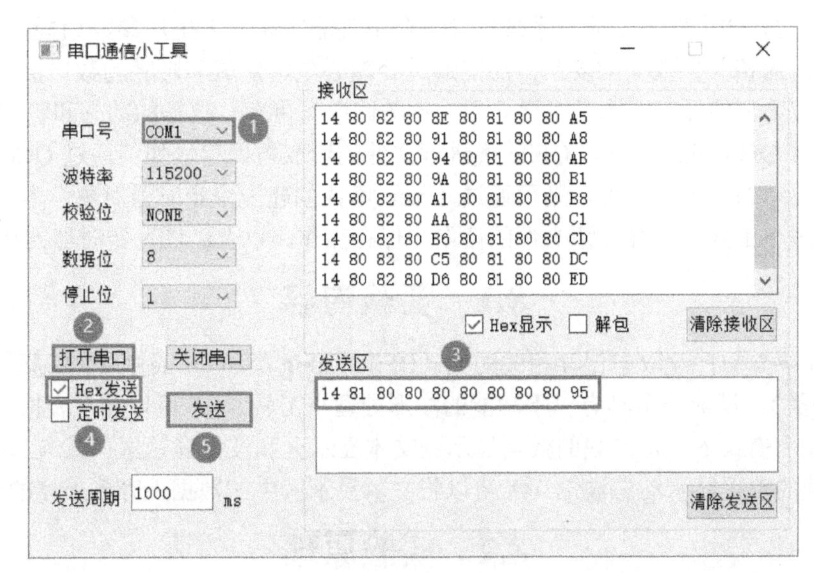

图 7-4　程序验证

本 章 任 务

基于本章提供的代码，实现血压的启动和停止测量功能。首先，在图 7-3 所示的界面基础上，添加“血压启动测量”和“血压停止测量”按钮，单击“血压启动测量”按钮，计算机会向人体生理参数监测系统发送启动测量命令包（14 81 80 80 80 80 80 80 80 95）；单击“血压停止测量”按钮，计算机会向人体生理参数监测系统发送停止测量命令包（14 81 81 80 80 80 80 80 80 96）。测试时，参考附录 A，将人体生理参数监测系统的“数据模式”“通信模式”和“参数模式”分别设置为“实时模式”“USB”和“血压”，单击“血压启动测量”按钮，气泵开始充气进行血压测量；单击“血压停止测量”按钮，气泵停止充气。

本 章 习 题

1．availablePorts()方法的功能是什么？返回值是什么？

2．在使用 open()方法打开串口时，常用的输入参数有哪些，各有什么含义？

3．简述串口通信的基本流程。

第 8 章　波形处理小工具设计实验

基于 Qt 的人体生理参数监测系统软件平台不仅能实现五大生理参数（体温、血压、呼吸、血氧、心电）的相关参数值的显示，还能通过处理心电、血氧和呼吸的数据实现心电、血氧和呼吸的动态波形的显示。本章主要介绍文件的读取与保存、数据的动态和静态显示。在 Qt 中，可以通过 QFileDialog 类和 QFile 类进行文件的读取与保存操作；通过 QChart 类绘制波形，如果需要动态地显示波形，则可通过 timer 函数创建一个定时器对象。本章将通过开发一个波形处理小工具，详细介绍文件的读取与保存操作，以及绘图和定时器的相关函数。

8.1　实验内容

学习 Qt 中与文件读取与保存相关的类（QFileDialog 类和 QFile 类），以及与绘图相关的类（QChart 类）。设计一个具有以下功能的波形处理小工具：① 可以加载表格文件的数据；② 在静态显示模式下，将加载的数据显示到文本显示区和波形显示区；③ 在动态显示模式下，根据加载的数据显示动态波形；④ 可以将文本显示区中的数据保存到新建的表格文件中。

8.2　实验原理

8.2.1　设计框图

波形处理小工具设计框图如图 8-1 所示。

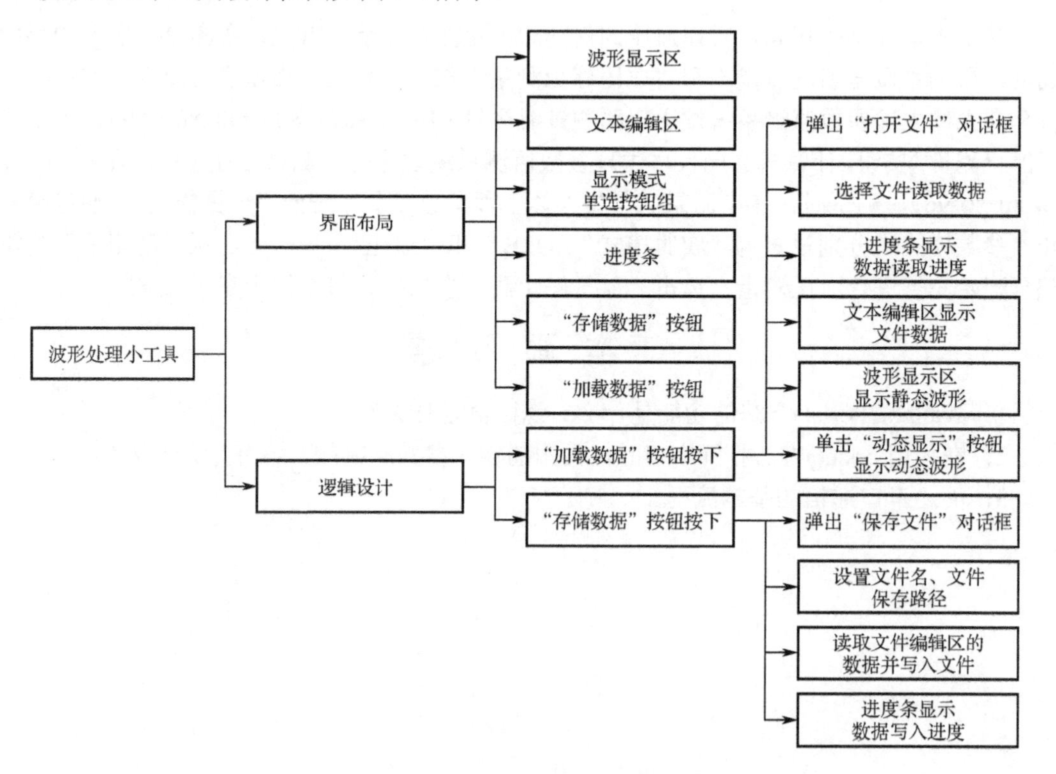

图 8-1　波形处理小工具设计框图

8.2.2　文件读取与保存

在进行文件的读取与保存操作时，常用到的类有 QFileDialog 类和 QFile 类。

1. QFileDialog 类

QFileDialog 类提供了一个对话框，使用户可以遍历文件系统以选择一个或多个文件或目录。创建 QFileDialog 类最简单的方式是使用 getOpenFileName()方法，方法原型如下：

QString QFileDialog::getOpenFileName(QWidget *parent = Q_NULLPTR, const QString &caption = QString(), const QString &dir = QString(), const QString &filter = QString(), QString *selectedFilter = Q_NULLPTR, Options options = Options())

其中，参数 parent 指定父组件；参数 caption 指定对话框的标题；参数 dir 指定显示对话框时默认打开的目录；参数 filter 指定文件过滤器，根据文件后缀过滤文件，只显示指定后缀的文件，如 CSV Files(*.csv)显示.csv 文件；参数 selectedFilter 为默认选择的过滤器，指向 filter；参数 options 指定对话框的运行模式，如只显示文件夹等。参数 dir、filter 和 selectedFilter 可以为空字符串。如果要使用多个过滤器，使用“;;”隔开。

getOpenFileName()的用法示例如下：

```
QString fileName = QFileDialog::getOpenFileName(this,
    tr("Open Image"), "/home/jana", tr("Image Files (*.png *.jpg *.bmp)"));
```

打开一个对话框，标题为 Open Image，在对话框中显示“/home/jana”目录的内容，且仅显示后缀为.png、.jpg 和.bmp 的文件。

2. QFile 类

QFile 类提供用于读取与写入文件的接口。常用方法如下：

- QFile::QFile(const QString &name)，用于构造一个以 name 为文件名的 QFile 对象；
- bool QFile::open(OpenMode mode)，打开文件，参数 open 指定打开模式，可选值为 QIODevice::ReadOnly、QIODevice::WriteOnly 或 QIODevice::ReadWrite，还可能具有其他标志，如 QIODevice::Text 和 QIODevice::Unbuffered。注意，当指定打开模式为 WriteOnly 或 ReadWrite 时，如果即将打开的文件尚不存在，则此方法将尝试在打开文件之前先创建它。

使用 close()方法关闭文件。通常使用 QDataStream 或 QTextStream 读写数据，也可以调用 QIODevice 类的函数 read()、readLine()、readAll()和 write()等方法。用法示例如下：

```
QFile file("in.txt");
if(!file.open(QIODevice::ReadOnly | QIODevice::Text))
{
    return;
}
 QTextStream in(&file);
 while (!in.atEnd())
{
     QString line = in.readLine();
}
```

数据存储及文件保存的实现方法与文件读取类似，详细的介绍将在第 15 章给出。

8.2.3　绘制曲线图

Qt 提供了 QtCharts 组件库，便于进行程序开发过程中的图表绘制。QtCharts 中包含折线、曲线、饼状图、柱状图、散点图、雷达图等常用的图表。

使用 QtCharts 绘制图表，主要分为以下 4 部分。

（1）坐标轴（QAbstractAxis 类）

图表通常带有坐标轴，在 Qt 的图表中，有 X、Y 轴对象。本实验使用的 QValueAxis 类继承自 QAbstractAxis 类，用于设置值轴以显示带有刻度线、网格线和阴影的轴线。轴上的值显示在刻度线的位置，可以用 setRange()方法设置坐标轴的值范围。

（2）系列（QAbstractSeries 类）

无论是曲线、饼状图、柱状图还是其他图表，其中展示的内容本质都是数据。一条曲线是一组数据，一个饼状图也对应一组数据。在 QtCharts 中，这样的一组数据称为系列。对应不同类型的图表，Qt 提供了不同的系列。系列除了负责存储、访问数据，还提供数据的绘制方法，例如折线图和曲线图分别对应 QLineSeries 和 QSPLineSeries。系列中的数据需要基于坐标轴才能完成在图表中的定位，系列关联坐标轴的方法是 attachAxis()。

（3）图表（QChart 类）

QT 提供了 QChart 类来封装上述坐标轴和系列等对象。QChart 类承担了一个组织和管理的角色，可以从 Qchart 类中获取到坐标轴对象、数据系列对象、图例等，并且可以设置图表的主题、背景色等样式信息。常用方法有以下 3 种：

- addSeries()，将系列添加到图表中；
- addAxis()，将坐标轴添加到图表中；
- setMargins()，设置边界。

（4）视图（QChartView 类）

QChart 类只负责图表内容的组织和管理，而图表的显示由视图负责，这个视图就是 QChartView 类。QChartView 类继承自 QGraphicsView 类，它提供了面向 QChart 的接口，例如使用 setChart(QChart*)方法绑定 QChart 和 QChartView。

8.3　实验步骤

步骤 1：复制 ProData 项目

首先，将本书配套资料包中的“04.例程资料\Material\03.ProData\ProData”文件夹复制到“D:\QtProject”目录下，然后打开 Qt Creator 软件，执行菜单命令“文件”→“打开文件或项目”，打开“D:\QtProject\ProData”路径下的 ProData.pro 文件。

步骤 2：更换界面文件

打开项目后，首先更换界面文件，具体可参考 6.3.2 节。右键单击 widget.ui 文件，在快捷菜单中选择 Remove，在弹出的 Remove File 对话框中，先勾选 Delete file permanently 选项，再单击 OK 按钮。

将本书配套资料包“04.例程资料\Material\03.ProData\StepByStep”文件夹中的 widget.ui 文件复制到“D:\QtProject\ProData”目录下，再将其添加到项目中。操作方法参考 6.3.2 节，右键单击项目名 ProData，在快捷菜单中选择“添加现有文件”，在弹出的“文件选择”对话框中，选择并打开 widget.ui。

步骤 3：完善 ProData.pro 文件

打开 ProData.pro 文件，添加程序清单 8-1 中的第 8 行代码，然后保存 ProData.pro 文件。

程序清单 8-1

```
1.  #-------------------------------------------------
2.  #
3.  # Project created by QtCreator 2020-11-06T20:45:24
4.  #
5.  #-------------------------------------------------
6.
7.  QT       += core gui
8.  QT       += charts
9.  greaterThan(QT_MAJOR_VERSION, 4): QT += widgets
10.
11. TARGET = ProData
12. TEMPLATE = app
13. ……
```

步骤 4：完善 widget.h 文件

打开 widget.h 文件，在“包含头文件”区添加程序清单 8-2 中的第 2 行代码。

程序清单 8-2

```
1.  #include <QWidget>
2.  #include <QtCharts>
```

在 widget.h 文件的“类的定义”区，添加程序清单 8-3 中的第 1 行、第 14 至 19 行和第 24 至 35 行代码。

程序清单 8-3

```
1.  using namespace QtCharts;
2.
3.  namespace Ui {
4.  class Widget;
5.  }
6.  class Widget : public QWidget
7.  {
8.      Q_OBJECT
9.
10. public:
11.     explicit Widget(QWidget *parent = nullptr);
12.     ~Widget();
13.
14. private slots:
15.     void on_readDataButton_clicked();
16.     void on_saveDataButton_clicked();
17.     void on_staticRadioButton_clicked();
18.     void on_dynamicRadioButton_clicked();
19.     void timeOutAction();
20.
21. private:
22.     Ui::Widget *ui;
23.
24.     QStringList mCSVList;
```

```
25.        QValueAxis *mAxisY;
26.        QValueAxis *mAxisX;
27.        QLineSeries *mSeries;
28.        QChart *mWaveLineChart;
29.        QTimer *mDrawWaveTimer;
30.        int mOriginListIndex;
31.        bool mFirstDraw;
32.        QVector<QPointF> mWavePointBuffer;
33.
34.        void initWaveLineChart();
35.        void drawWave(int axisX, qint16 data);
36.    };
37.
38.  #endif // WIDGET_H
```

步骤 5：完善 widget.cpp 文件

打开 widget.cpp 文件，在“包含头文件”区添加程序清单 8-4 中的第 3 至 4 行代码。

程序清单 8-4

```
1.   #include "widget.h"
2.   #include "ui_widget.h"
3.   #include <QtCharts/QChartView>
4.   #include <QtCharts/QLineSeries>
```

在 widget.cpp 文件的“成员方法实现”区，添加程序清单 8-5 中的第 7 至 19 行代码。

程序清单 8-5

```
1.   Widget::Widget(QWidget *parent) :
2.       QWidget(parent),
3.       ui(new Ui::Widget)
4.   {
5.       ui->setupUi(this);
6.
7.       setWindowTitle(QString::fromUtf8("波形处理小工具"));
8.       setWindowFlags(windowFlags()&~Qt::WindowMaximizeButtonHint);    // 禁止最大化按钮
9.       setFixedSize(this->width(), this->height());                    // 禁止拖动窗口大小
10.
11.      ui->procDataProgressBar->setVisible(false);
12.
13.      initWaveLineChart();
14.
15.      mOriginListIndex = 0;   //下标从 0 开始
16.      mFirstDraw = true;
17.
18.      mDrawWaveTimer = new QTimer(this);  //定时任务
19.      connect(mDrawWaveTimer, SIGNAL(timeout()), this, SLOT(timeOutAction()));
20.  }
```

在 widget.cpp 文件的析构方法后面添加 on_readDataButton_clicked()槽函数的实现代码，如程序清单 8-6 所示，下面按照顺序对部分语句进行解释。

（1）第 1 行代码：on_readDataButton_clicked()槽函数用于监听“加载数据”按钮的 clicked()信号。

（2）第 5 至 9 行代码：弹出 Open File 对话框，选择后缀为.csv 的文件。

（3）第 15 行代码：创建 QFile 类的对象 csvFile。

（4）第 17 行代码：将链表 mCSVList 清空。

（5）第 21 行代码：创建文本流对象 stream。

（6）第 22 至 25 行代码：当文本流未完全读取时，通过 readLine()方法按行读取 stream 中的数据，然后通过 push_back()方法将数据添加到链表 mCSVList 中。

（7）第 29 至 31 行代码：设置进度条，setRange()方法用于设置进度条的范围；setValue()方法用于设置当前进度值；setVisible()方法用于设置进度条是否可见（true 为可见，false 为不可见）。

（8）第 33 至 38 行代码：遍历链表 mCSVList，将遍历的数据赋值给字符串变量 str，同时通过进度条的形式在应用程序界面显示遍历进度。

（9）第 48 至 54 行代码：当链表 mCSVList 的长度大于 2048 时，只取前 2048 个数据并赋值给数组 mWavePointBuffer。

程序清单 8-6

```
1.   void Widget::on_readDataButton_clicked()
2.   {
3.       QString readDataString;
4.       int i = 0;
5.       QString fileName = QFileDialog::getOpenFileName(this,
6.                                                       tr("Open File"),
7.                                                       "",
8.                                                       "CSV Files(*.csv)",
9.                                                       0);
10.      if(!fileName.isNull())
11.      {
12.          //fileName 为文件名
13.          qDebug() << fileName;
14.
15.          QFile csvFile(fileName);
16.
17.          mCSVList.clear();
18.
19.          if(csvFile.open(QIODevice::ReadWrite))
20.          {
21.              QTextStream stream(&csvFile);
22.              while (!stream.atEnd())
23.              {
24.                  mCSVList.push_back(stream.readLine());
25.              }
26.              csvFile.close();
27.          }
28.
29.          ui->procDataProgressBar->setRange(0, mCSVList.length() - 1);
30.          ui->procDataProgressBar->setValue(0);
31.          ui->procDataProgressBar->setVisible(true);
32.
33.          Q_FOREACH(QString str, mCSVList)
34.          {
```

```
35.             ui->procDataProgressBar->setValue(i);
36.             i++;
37.             readDataString += str + " ";
38.         }
39.
40.         ui->procDataProgressBar->setVisible(false);
41.         ui->dataPlainTextEdit->clear();
42.         ui->dataPlainTextEdit->appendPlainText(readDataString);
43.
44.         mWavePointBuffer.clear(); //清空画图数据
45.
46.         ui->staticRadioButton->setChecked(true); //设置静态选中
47.
48.         if(mCSVList.length() >= 2048)
49.         {
50.             for(int j = 0; j < 2048; j++)
51.             {
52.                 mWavePointBuffer.append(QPointF(j, mCSVList.at(j).toInt()));
53.             }
54.         }
55.         else
56.         {
57.             for(int k = 0; k < mCSVList.length(); k++)
58.             {
59.                 mWavePointBuffer.append(QPointF(k, mCSVList.at(k).toInt()));
60.             }
61.
62.         }
63.         mSeries->replace(mWavePointBuffer);
64.     }
65.     else
66.     {
67.         //选择取消
68.         qDebug() << "cancel";
69.     }
70. }
```

在 on_readDataButton_clicked()槽函数后面添加 on_saveDataButton_clicked()槽函数的实现代码，如程序清单 8-7 所示，下面按照顺序对部分语句进行解释。

（1）第 1 行代码：on_saveDataButton_clicked()方法用于监听“保存数据”按钮的 clicked()信号。

（2）第 3 至 6 行代码：弹出 Save File 对话框，设置文件名，文件后缀为.csv。

（3）第 20 行代码：分行写入文件。

（4）第 21 至 29 行代码：通过进度条显示写入文件的进度。

程序清单 8-7

```
1.  void Widget::on_saveDataButton_clicked()
2.  {
3.      QString fileName = QFileDialog::getSaveFileName(this,
4.                                                      tr("save file"),
5.                                                      "",
```

```
6.                                                   tr("CSV Files (*.csv)"));
7.
8.     QStringList saveString;
9.     int i;
10.
11.    if(!fileName.isNull())
12.    {
13.        //fileName 为文件名
14.        qDebug() << fileName;
15.        QFile file(fileName);//文件命名
16.        saveString = ui->dataPlainTextEdit->toPlainText().split(" ");
17.
18.        if(file.open(QFile::WriteOnly | QFile::Text))        //检测文件是否打开
19.        {
20.            QTextStream out(&file);                          //分行写入文件
21.            ui->procDataProgressBar->setRange(0, saveString.length() - 1);
22.            ui->procDataProgressBar->setValue(0);
23.            ui->procDataProgressBar->setVisible(true);
24.            Q_FOREACH(QString str, saveString)
25.            {
26.                out << str + "\n";
27.                ui->procDataProgressBar->setValue(i);
28.                i++;
29.            }
30.            ui->procDataProgressBar->setVisible(false);
31.            file.close();
32.        }
33.    }
34.    else
35.    {
36.        //选择取消
37.        qDebug() << "cancel";
38.    }
39. }
```

在 on_saveDataButton_clicked()槽函数后面添加 on_staticRadioButton_clicked()槽函数和 on_dynamicRadioButton_clicked()槽函数的实现代码，如程序清单 8-8 所示，下面按照顺序对部分语句进行解释。

（1）第 1 行代码：on_staticRadioButton_clicked()槽函数用于监听“静态显示”单选按钮的 clicked()信号。

（2）第 29 行代码：on_dynamicRadioButton_clicked()槽函数用于监听“动态显示”单选按钮的 clicked()信号。

程序清单 8-8

```
1.  void Widget::on_staticRadioButton_clicked()
2.  {
3.      qDebug() << "staticRadioButton click";
4.
5.      if(mDrawWaveTimer->isActive())
6.      {
7.          mDrawWaveTimer->stop();
```

```
8.          mWavePointBuffer.clear(); //清空画图数据
9.
10.         if(mCSVList.length() >= 2048)
11.         {
12.             for(int i = 0; i < 2048; i++)
13.             {
14.                 mWavePointBuffer.append(QPointF(i, mCSVList.at(i).toInt()));
15.             }
16.         }
17.         else
18.         {
19.             for(int i = 0;i < mCSVList.length(); i++)
20.             {
21.                 mWavePointBuffer.append(QPointF(i, mCSVList.at(i).toInt()));
22.             }
23.         }
24.
25.         mSeries->replace(mWavePointBuffer);
26.     }
27. }
28.
29. void Widget::on_dynamicRadioButton_clicked()
30. {
31.     qDebug() << "dynamicRadioButton click";
32.
33.     if(mCSVList.length() == 0)
34.     {
35.         qDebug() << "null";
36.         return;
37.     }
38.     if(!mDrawWaveTimer->isActive())
39.     {
40.         mOriginListIndex = 0;    //下标从 0 开始
41.         mFirstDraw = true;
42.         mDrawWaveTimer->start(1); //1ms 执行一次
43.         mWavePointBuffer.clear(); //清空画图数据
44.     }
45. }
```

在 on_dynamicRadioButton_clicked()槽函数后面添加 timeOutAction()槽函数的实现代码，如程序清单 8-9 所示，下面按照顺序对部分语句进行解释。

（1）第 1 行代码：tmeOutAction()槽函数用于超时处理。

（2）第 3 至 7 行代码：当画到链表 mCSVList 的最后一个点时，mOriginListIndex 清零，之后重新从第一个点开始画波形。

（3）第 9 至 11 行代码：画波形，每次画一个数据点。

程序清单 8-9

```
1.  void Widget::timeOutAction()
2.  {
3.      if(mOriginListIndex > (mCSVList.length() - 1))
4.      {
```

```
5.          mOriginListIndex = 0;
6.          mFirstDraw = false;
7.      }
8.
9.      qint16 tempInt16 = mCSVList.at(mOriginListIndex).toInt();
10.     drawWave(mOriginListIndex, tempInt16);
11.     mOriginListIndex++;
12. }
```

在 timeOutAction()槽函数后面添加 initWaveLineChart()方法的实现代码，如程序清单 8-10 所示，下面按照顺序对部分语句进行解释。

（1）第 1 行代码：initWaveLineChart()方法用于初始化波形绘制区域。

（2）第 8 至 9 行代码：将曲线添加到图表中。

（3）第 11 至 12 行代码：设置 X 轴和 Y 轴坐标的取值范围。

（4）第 14 至 18 行代码：取消线框和 label 具体数值显示。

（5）第 25 至 28 行代码：将曲线关联到坐标轴，同时设置曲线的颜色为黑色。

程序清单 8-10

```
1.  void Widget::initWaveLineChart()
2.  {
3.      mAxisX = new QValueAxis();
4.      mAxisY = new QValueAxis();
5.      mSeries = new QLineSeries();
6.      mWaveLineChart = new QChart();
7.
8.      //添加曲线到 chart 中
9.      mWaveLineChart->addSeries(mSeries);
10.
11.     mAxisX->setRange(0, 2048);
12.     mAxisY->setRange(0, 4096);
13.
14.     mAxisX->setGridLineVisible(false);  //不显示线框
15.     mAxisY->setGridLineVisible(false);
16.
17.     mAxisX->setLabelsVisible(false);    //不显示 label 具体数值
18.     mAxisY->setLabelsVisible(false);
19.
20.     //把坐标轴添加到 chart 中，第二个参数是设置坐标轴的位置，
21.     //只有四个选项，下边：Qt::AlignBottom，左边：Qt::AlignLeft，右边：Qt::AlignRight，
                                                                    上边：Qt::AlignTop
22.     mWaveLineChart->addAxis(mAxisX, Qt::AlignBottom);
23.     mWaveLineChart->addAxis(mAxisY, Qt::AlignLeft);
24.
25.     //把曲线关联到坐标轴
26.     mSeries->attachAxis(mAxisX);
27.     mSeries->attachAxis(mAxisY);
28.     mSeries->setColor(QColor(Qt::black));//设置线的颜色
29.
30.     mWaveLineChart->layout()->setContentsMargins(0, 0, 0, 0);    //设置外边界全部为 0
31.     mWaveLineChart->setMargins(QMargins(0, 0, 0, 0));            //设置内边界全部为 0
32.     mWaveLineChart->setBackgroundRoundness(0);                   //设置背景区域无圆角
```

```
33.
34.     mWaveLineChart->legend()->hide();                          //不显示注释
35.     ui->waveGraphicsView->setChart(mWaveLineChart);            //把设置好的 QChart 与
                                                                    QChartView 进行绑定
36. }
```

在 initWaveLineChart()方法后面添加 drawWave()方法的实现代码，如程序清单 8-11 所示，下面按照顺序对部分语句进行解释。

（1）第 1 行代码：drawWave()方法用于画波形。

（2）第 8 行代码：通过 setY()方法将 data 设定为数组 mWavePointBuffer 的第 axisX 个点的 Y 轴坐标值。

程序清单 8-11

```
1.  void Widget::drawWave(int axisX, qint16 data)
2.  {
3.      int timesCounts = axisX / 2048;  //计算数据是否超过了 2048
4.
5.      if(timesCounts > 0 || mFirstDraw == false ) //如果第一次界面绘制结束，之后存在了 2048
                                                     个点
6.      {
7.          axisX = axisX - timesCounts * 2048;
8.          mWavePointBuffer[axisX].setY(data);
9.      }
10.     else //如果是第一次界面
11.     {
12.         mWavePointBuffer.append(QPointF(axisX, data));
13.     }
14.
15.     mSeries->replace(mWavePointBuffer);
16. }
```

步骤 6：构建并运行

代码编辑完成之后，右键单击项目名 ProData，在快捷菜单中选择“运行”，即可构建并运行程序，可参考 6.3.6 节。成功运行后的应用程序界面如图 8-2 所示。

图 8-2　波形处理小工具界面图

步骤 7：程序验证

单击应用程序界面上的“加载数据”按钮，在弹出的 Open File 对话框中，打开资料包“04.例程资料\Material\03.ProData\StepByStep”文件夹中的“心电演示数据.csv”文件，如图 8-3 所示。

图 8-3　加载数据演示

如图 8-4 所示，在应用程序界面即可看到绘制出的心电波形，若将“静态显示”切换为“动态显示”，则可看到动态的心电波形。

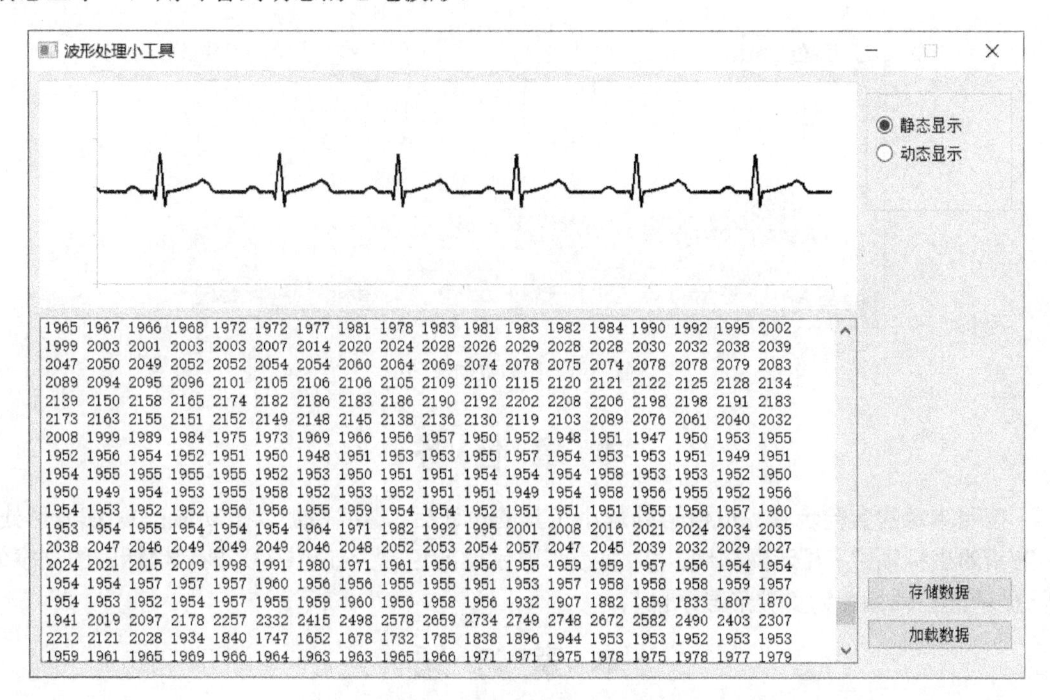

图 8-4　心电数据演示效果

然后单击“存储数据”按钮，在弹出的 Save File 对话框中设置文件名，路径默认为资料包的“04.例程资料\Material\03.ProData\StepByStep”文件夹，单击“保存”按钮，如图 8-5 所示。

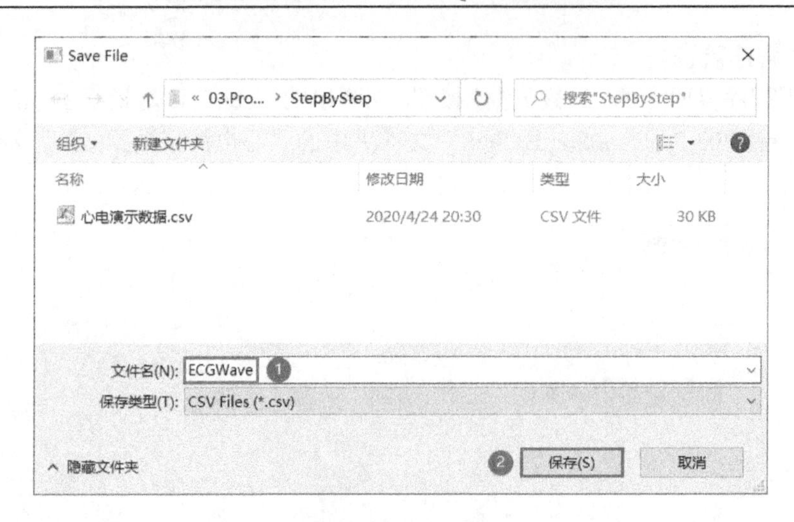

图 8-5　存储数据

再次单击“存储数据”按钮，在弹出的对话框中可以看到保存的 ECGWave.csv 文件，如图 8-6 所示。

图 8-6　存储数据成功

本 章 任 务

按照本章的实验步骤完成波形处理小工具的设计后，继续增加以下功能：① 在波形处理小工具的坐标轴中，显示网格线；② 将波形显示的颜色改为红色；③ 显示坐标轴的刻度值；④ 显示坐标轴标题为“波形显示区”。

本 章 习 题

1．简述 QFileDialog 类的功能。

2．使用 QFile 类的 open()方法打开文件时需要指定打开模式，常用的输入参数有哪些？分别是什么含义？

3．使用 QtCharts 绘制图表时，主要包括哪几部分？

第 9 章　人体生理参数监测系统软件平台布局实验

人体生理参数监测系统软件平台主要用于监测常规的人体生理参数，可以同时监测 5 种生理参数（心电、血氧、呼吸、体温和血压）。经过前面几章的学习，对界面布局方面有了初步了解，本章将继续对人体生理参数监测系统软件平台的界面布局展开介绍。

9.1　实验内容

布局方法有两种：① 双击打开项目中的.ui 文件进入设计模式，将控件栏中的控件移入设计界面中，手动摆放控件的位置进行布局，并设置各个控件的属性；② 通过编写代码，向界面添加控件、界面布局及设置控件属性等。由于人体生理参数监测系统涉及的控件种类和数量众多，无论采用哪种方式，都是一个庞大的工程。为了便于后续一系列生理参数监测实验项目的开展，本章只需将资料包中已经完成的.ui 文件添加至新建的项目，然后向项目中添加菜单栏，完成人体生理参数监测系统软件平台的界面布局。

9.2　实验原理

9.2.1　设计框图

人体生理参数监测系统软件平台布局设计框图如图 9-1 所示。

9.2.2　菜单栏、菜单和菜单项

本章将基于 QMainWindow 基类新建项目。QMainWindow：提供一个主应用程序窗口，通常由 5 部分组成：菜单栏、工具栏、停靠窗口、状态栏和中央窗口。本章实验主要用到中央窗口、菜单栏和状态栏 3 部分，其中，中央窗口用于放置显示五大生理参数数值和波形的控件；菜单栏提供了 4 个菜单项：串口设置、数据存储、关于和退出；状态栏提供了一个用于提示串口状态的标签。

下面主要介绍如何向菜单栏中添加菜单项，并且单击菜单项时应用程序主窗口能正常响应，弹出用于实现相应功能的子窗口。

菜单栏 QMenuBar、菜单 QMenu 和菜单项 QAction 的关系如图 2-1 所示。但这并不是菜单栏唯一的表现形式，菜单项 QAction 除了可以存在于菜单 QMenu 中，还可以直接添加在菜单栏中，如图 9-2 所示。

向菜单栏中添加菜单或向菜单中添加子菜单的方法为 addMenu()，向菜单栏或菜单中添加菜单项的方法为 addAction()。由于在本实验中，基于菜单栏实现的功能较为简单，因此，只需使用 addAction()方法向菜单栏中添加菜单项即可。常用的 addAction()方法的原型为 QAction *QMenuBar::addAction(const QString &text)，本实验使用该方法的重载版本：

QAction *QMenuBar::addAction(const QString &text, const QObject *receiver, const char *member)

其中，参数 text 为菜单项的文本；参数 receiver 指定一个对象 receiver。该方法可将新建菜单项的 triggered()信号关联到 receiver 对象的槽函数（由参数 member 指定），当单击菜单项时，

即会触发 triggered()信号。

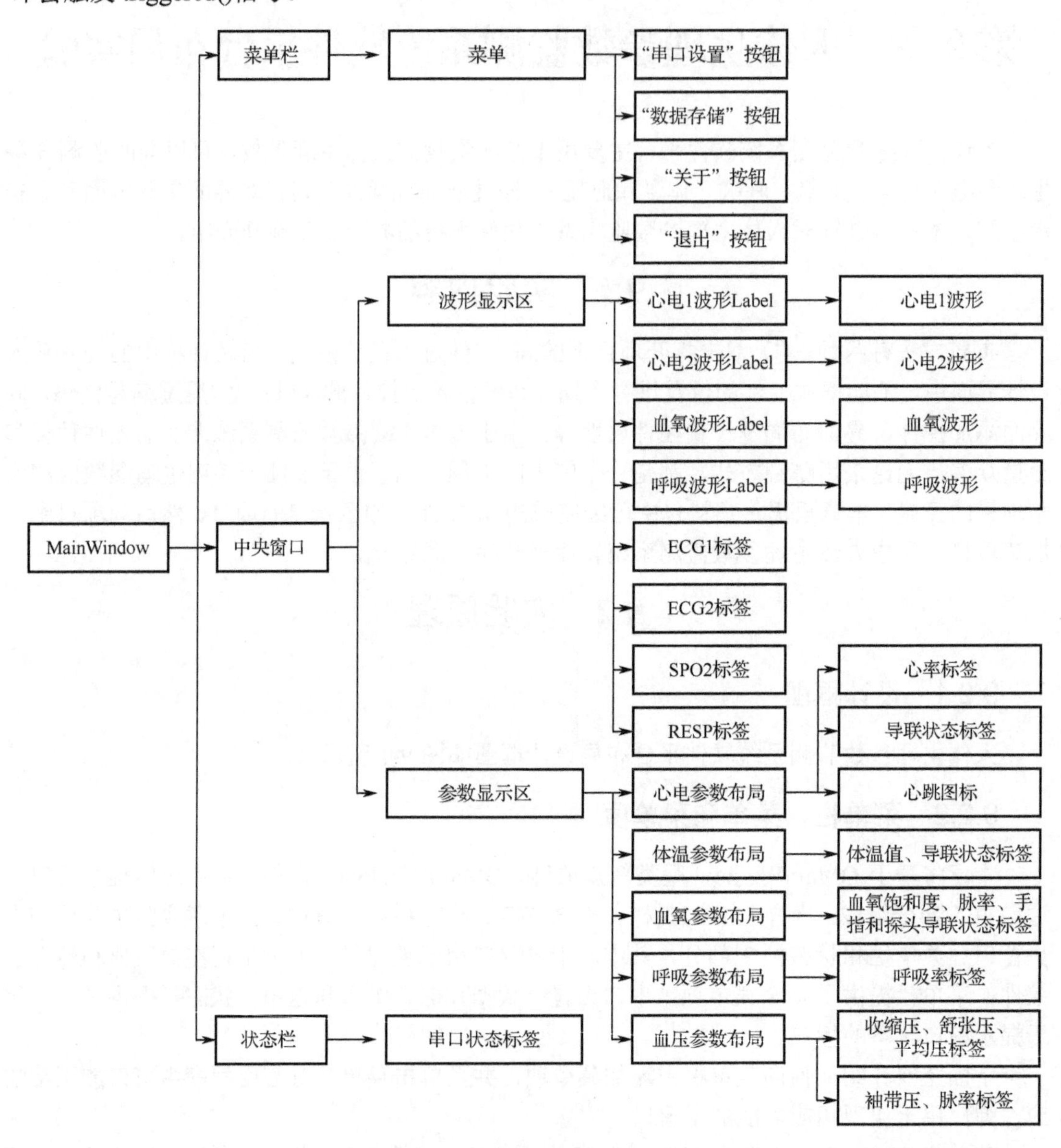

图 9-1　人体生理参数监测系统软件平台布局设计框图

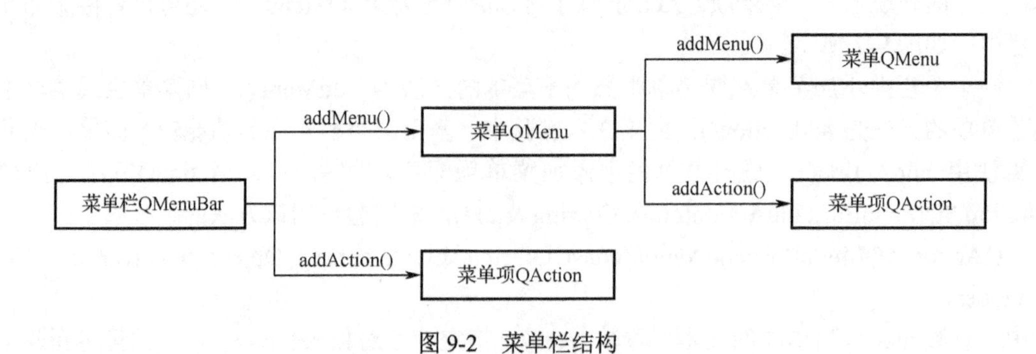

图 9-2　菜单栏结构

9.2.3　添加图片资源文件

在进行界面布局时，若要在标签 Label 和按钮 Push Button 等控件上显示图片，则需要先向项目中添加图片资源文件，具体步骤如下。

（1）在项目目录下新建文件夹，并将 .png 或 .ico 格式的图片置于该文件夹中，如图 9-3 所示。

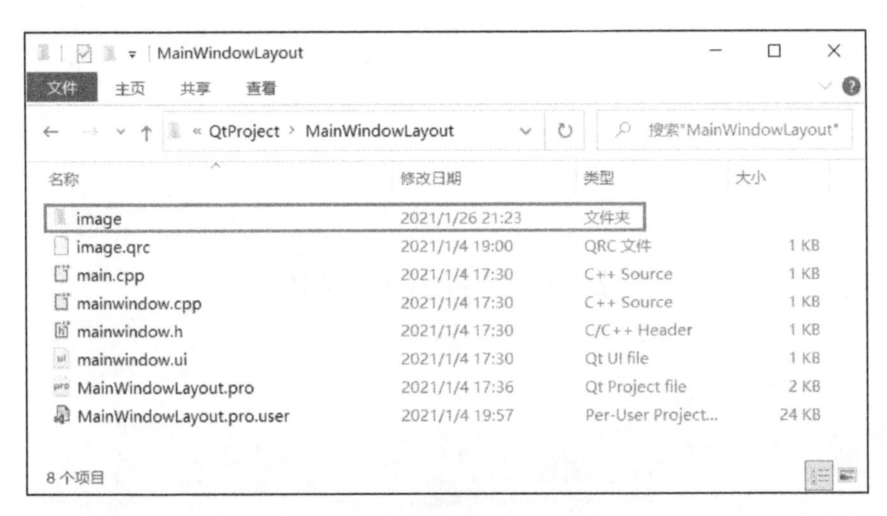

图 9-3　添加图片资源文件步骤 1

（2）添加资源文件，如图 9-4 所示，右键单击项目名 MainWindowLayout，在快捷菜单中选择 Add New。

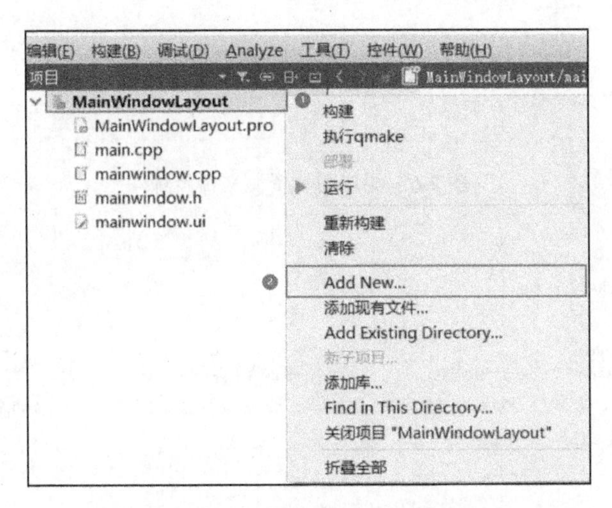

图 9-4　添加图片资源文件步骤 2

在弹出的“新建文件”对话框中，选择 Qt→Qt Resource File，然后单击 Choose 按钮，如图 9-5 所示。

在弹出的 Qt Resource File 对话框中，将名称设置为存放图片的文件夹名，然后单击“下一步”按钮，如图 9-6 所示。

在弹出的对话框中，单击“完成”按钮，如图 9-7 所示。

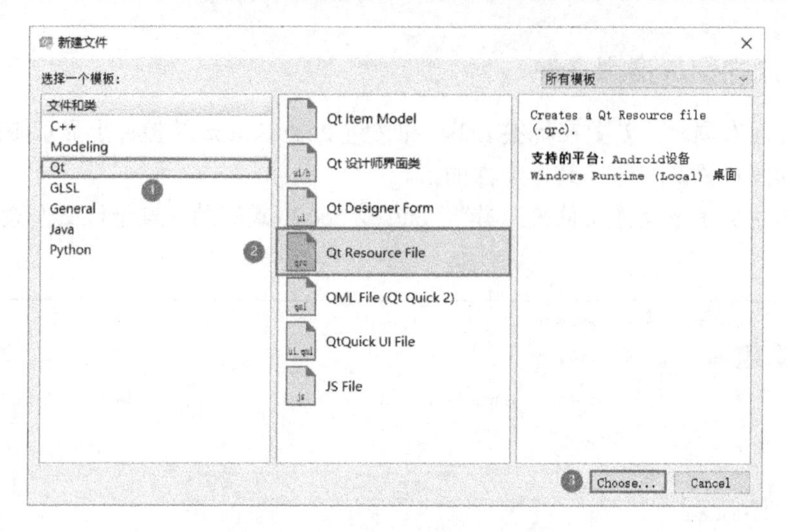

图 9-5　添加图片资源文件步骤 3

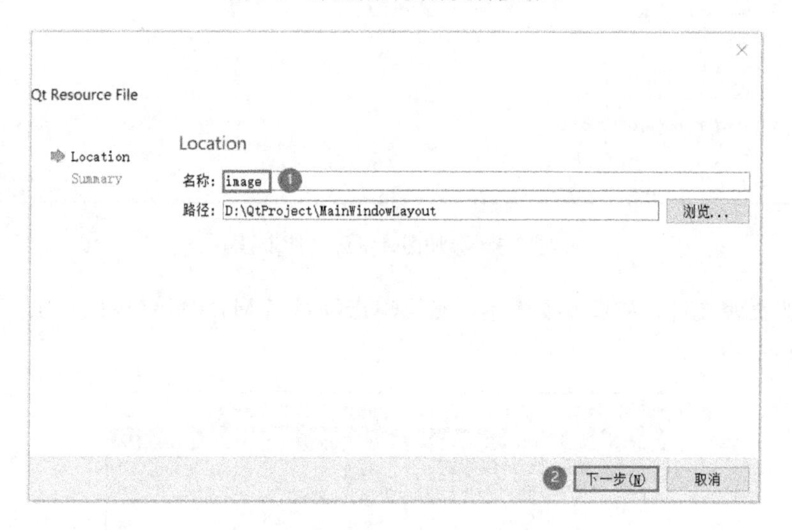

图 9-6　添加图片资源文件步骤 4

图 9-7　添加图片资源文件步骤 5

新建资源文件完成后，Qt 界面会自动跳转到资源文件的编辑模式，如图 9-8 所示。

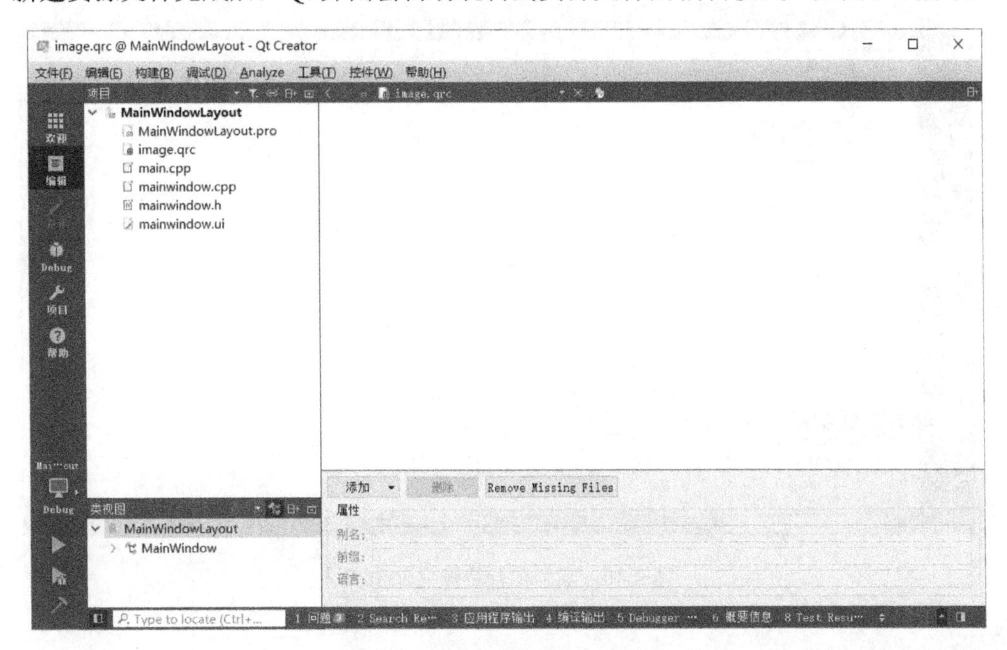

图 9-8　添加图片资源文件步骤 6

若此时误操作打开项目的其他文件，可右键单击 image.qrc 文件，在快捷菜单中选择 Open in Editor，再次进入资源文件的编辑模式。

（3）如图 9-9 所示，单击“添加”下拉菜单，选择“添加前缀”。

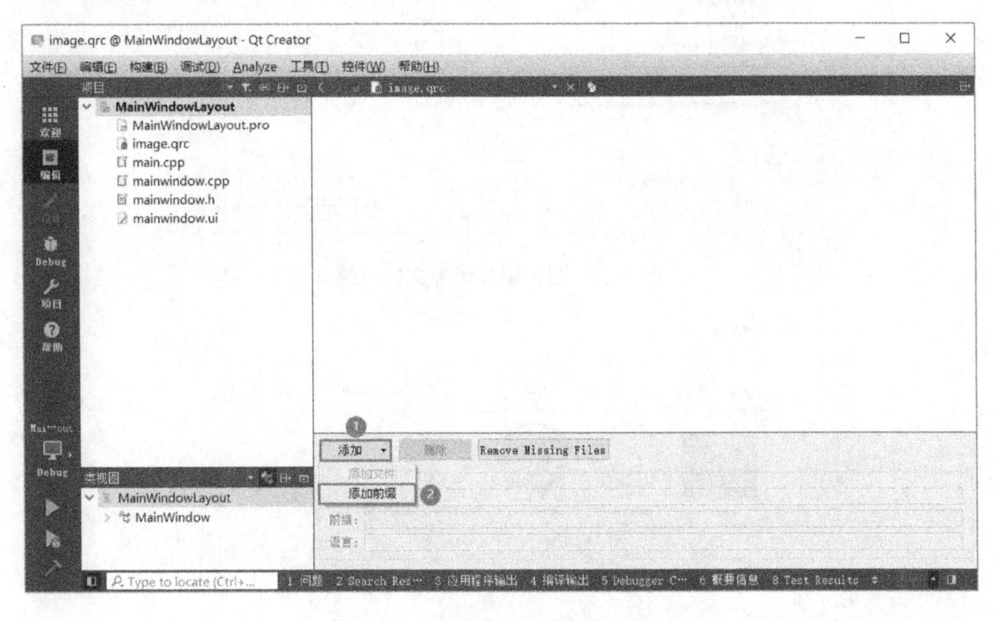

图 9-9　添加图片资源文件步骤 7

如图 9-10 所示，前缀名保持默认，再次单击“添加”下拉菜单，单击“添加文件”。

选择保存图片的文件夹 image，单击“打开”按钮，如图 9-11 所示。

如图 9-12 所示，选中一张或全部图片，单击“打开”按钮。

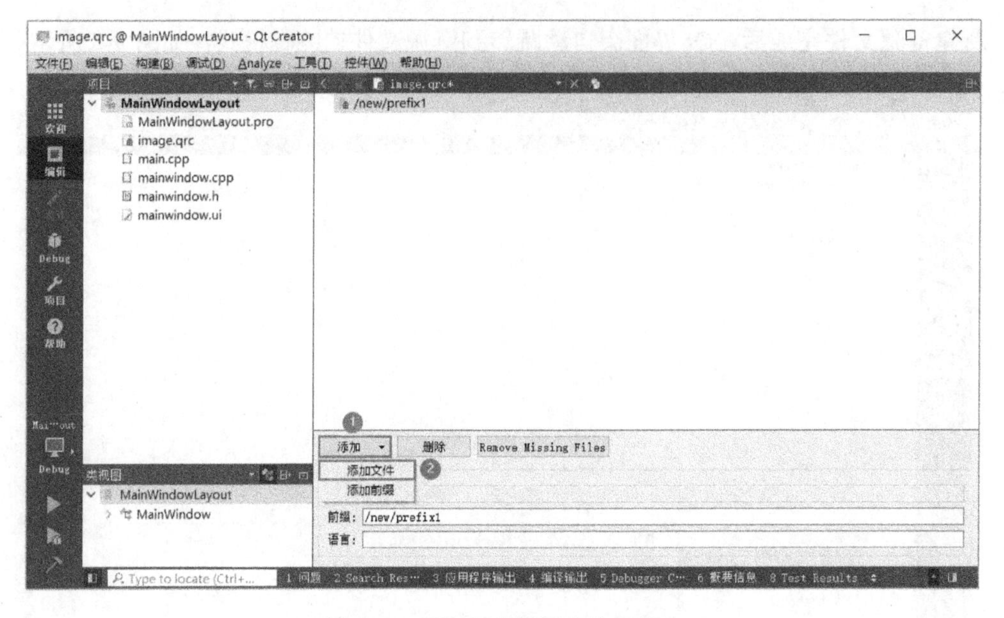

图 9-10　添加图片资源文件步骤 8

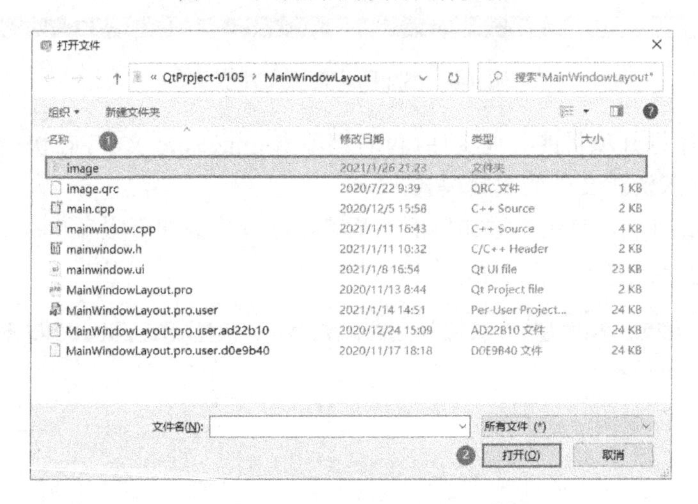

图 9-11　添加图片资源文件步骤 9

图 9-12　添加图片资源文件步骤 10

如图 9-13 所示，选中的图片都已成功添加到资源文件中。图片添加成功之后，要先构建项目才可以使用。

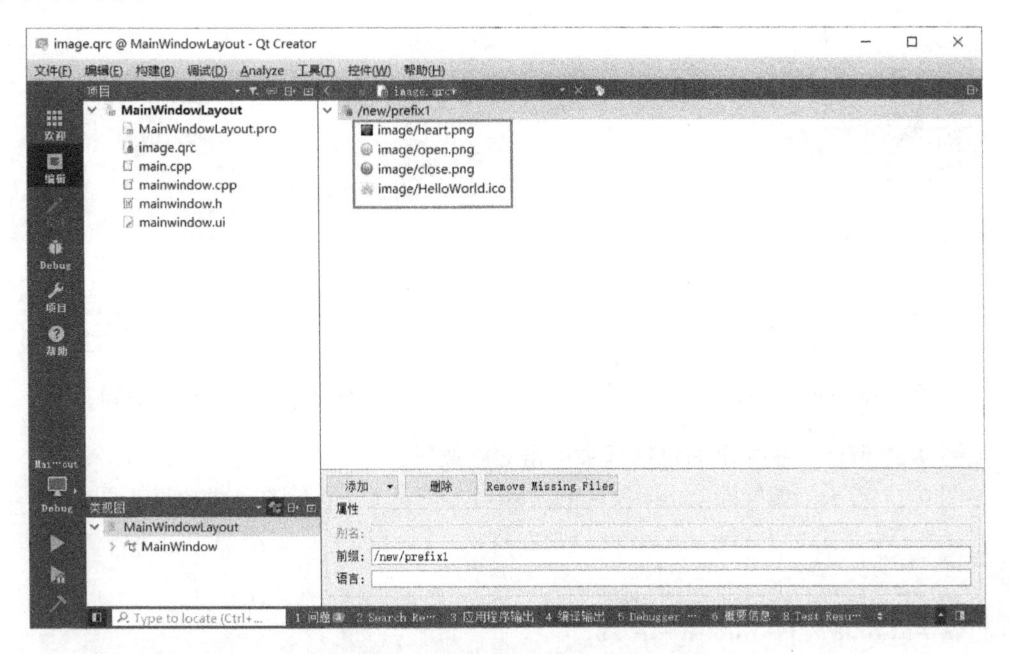

图 9-13　添加图片资源文件步骤 11

下面介绍如何在标签 Label 或按钮 Push Button 上显示图片。

右键单击标签或按钮，在快捷菜单中选择“改变样式表”，如图 9-14 所示。

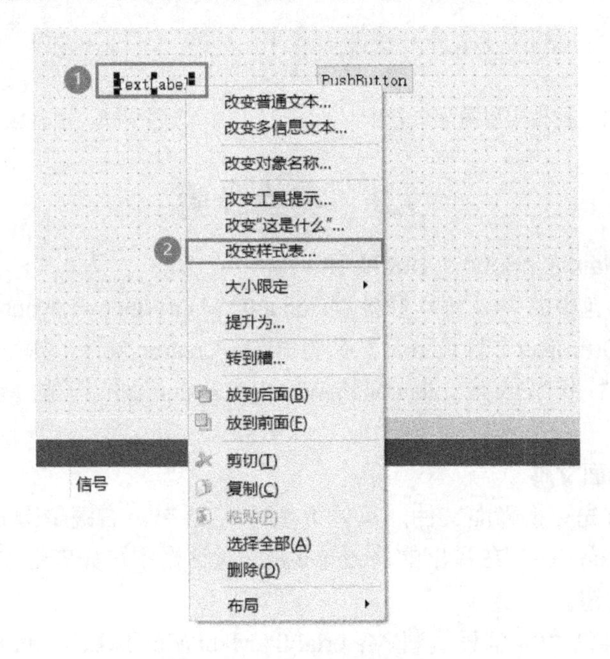

图 9-14　控件应用图片步骤 1

在弹出的“编辑样式表”对话框中，单击“添加资源”下拉菜单，选择 border-image，如图 9-15 所示。

如图 9-16 所示，在弹出的“选择资源”对话框中，单击 prefix1 下的 image，右侧显示添加的图片资源，单击选择任一图片，然后单击 OK 按钮。

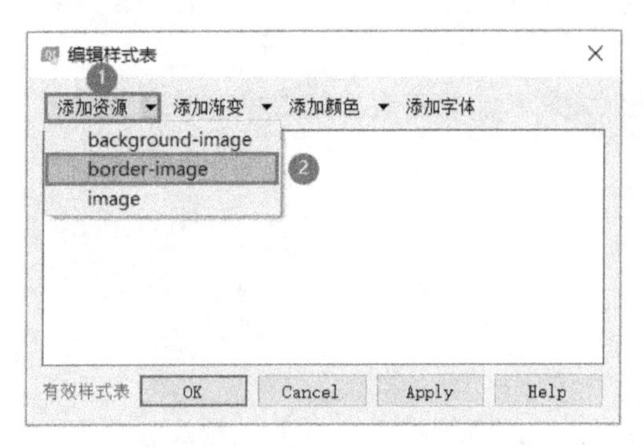

图 9-15　控件应用图片步骤 2

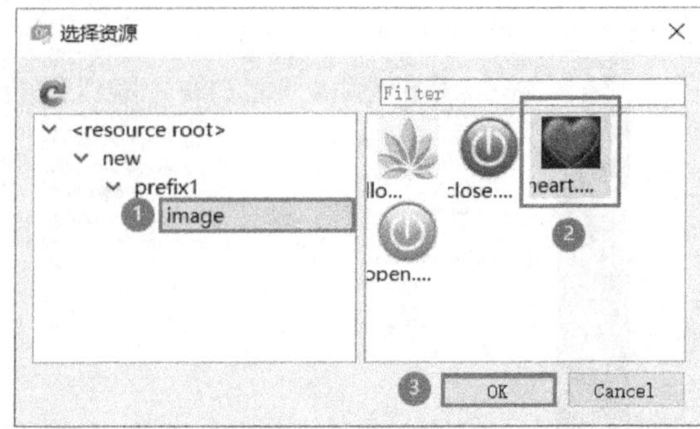

图 9-16　控件应用图片步骤 3

如图 9-17 所示，在弹出的对话框中单击 OK 按钮。

如图 9-18 所示，调整原 Label 控件的尺寸后，可见 Label 标签上成功显示图片。

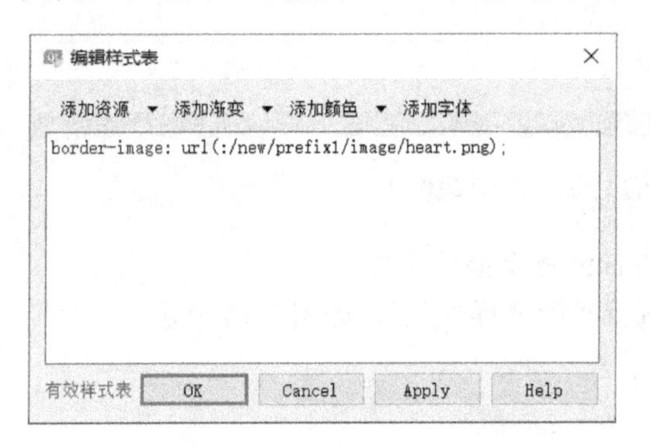

图 9-17　控件应用图片步骤 4

图 9-18　控件应用图片步骤 5

9.3　实验步骤

步骤 1：复制 MainWindowLayout 项目

将本书配套资料包中的“04.例程资料\Material\04.MainWindowLayout\MainWindowLayout”文件夹复制到“D:\QtProject”目录下，然后打开 Qt Creator 软件，执行菜单命令“文件”→“打开文件或项目”，打开“D:\QtProject\MainWindowLayout”路径下的 MainWindowLayout.pro 文件。

步骤 2：更换界面文件

打开项目后，首先更换界面文件，具体可参考 6.3.2 节。右键单击 mainwindow.ui 文件，在快捷菜单中选择 Remove，在弹出的 Remove File 对话框中，先勾选 Delete file permanently 选项，再单击 OK 按钮。

将本书配套资料包“04.例程资料\Material\04.MainWindowLayout\StepByStep”文件夹中的 mainwindow.ui、image.qrc 文件和 image 文件夹复制到“D:\QtProject\MainWindowLayout”目录下，再将其添加到项目中。操作方法参考 6.3.2 节，右键单击项目名 MainWindowLayout，在快捷菜单中选择“添加现有文件”，在弹出的“文件选择”对话框中选择并打开上述三个文件。

步骤 3：完善 mainwindow.cpp 文件

双击打开 mainwindow.cpp 文件，在“成员方法实现”区，添加程序清单 9-1 中的第 7 至 19 行代码。

程序清单 9-1

```
1.  MainWindow::MainWindow(QWidget *parent) :
2.      QMainWindow(parent),
3.      ui(new Ui::MainWindow)
4.  {
5.      ui->setupUi(this);
6.
7.      setWindowTitle(tr("ParamMonitor"));  //设置标题
8.
9.      //边框
10.     ui->ecg1WaveLabel->setStyleSheet("border:1px solid black;");
11.     ui->ecg2WaveLabel->setStyleSheet("border:1px solid black;");
12.     ui->spo2WaveLabel->setStyleSheet("border:1px solid black;");
13.     ui->respWaveLabel->setStyleSheet("border:1px solid black;");
14.
15.     //菜单栏设置
16.     ui->menuBar->addAction(tr("串口设置"), this, SLOT(menuSetUART()));
17.     ui->menuBar->addAction(tr("数据存储"), this, SLOT(menuSaveData()));
18.     ui->menuBar->addAction(tr("关于"), this, SLOT(menuAbout()));
19.     ui->menuBar->addAction(tr("退出"), this, SLOT(menuQuit()));
20. }
```

步骤 4：构建并运行

代码编辑完成之后，右键单击项目名 MainWindowLayout，在快捷菜单中选择“运行”，即可构建并运行程序，可参考 6.3.6 节。成功运行后的应用程序界面如图 9-19 所示。

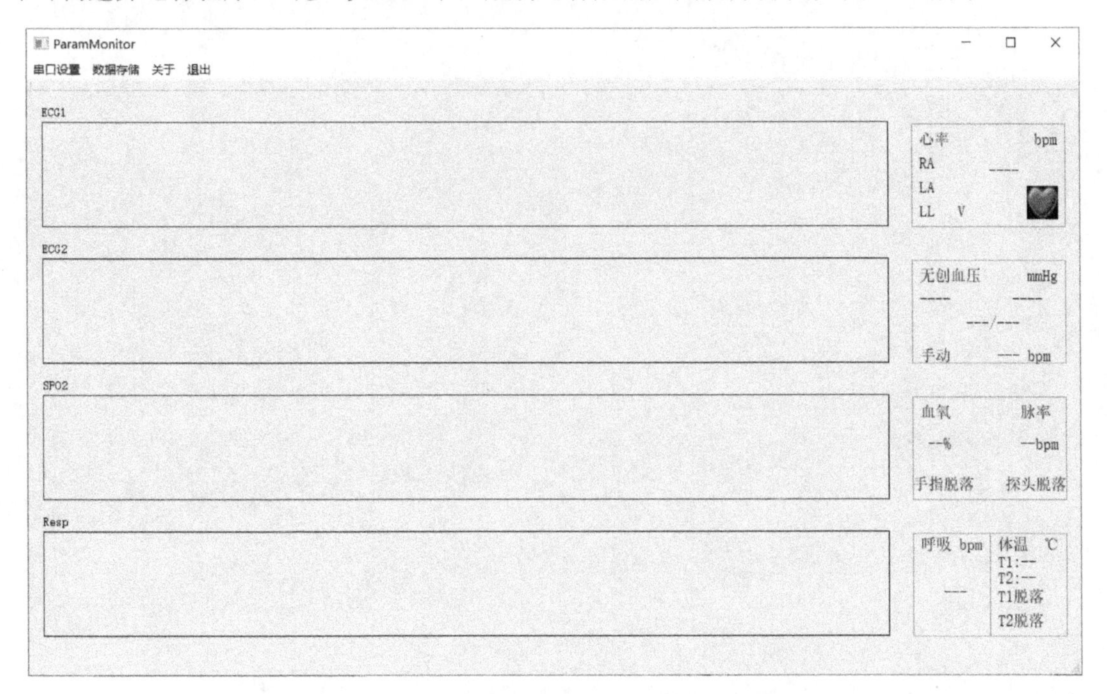

图 9-19　人体生理参数监测系统软件平台界面图

本 章 任 务

基于对本章实验的理解，分别设计体温、血压、呼吸、血氧和心电的独立参数测量界面，为后续实验做准备。

本 章 习 题

1．简述界面布局的方法主要有哪些。各有什么特点？

2．简述 addAction()方法的作用。

第10章　体温监测与显示实验

从本章开始，将逐一添加五大生理参数监测模块的底层驱动程序。本章涉及的底层驱动程序包括打包解包程序、串口通信程序及体温数据处理程序。其中，打包解包程序与串口通信程序可使用第6章和第7章的程序，本章重点介绍体温数据处理过程的实现。

10.1　实验内容

首先了解体温数据处理过程，学习体温数据包的PCT通信协议及Qt中的相关方法和命令，然后完善处理体温数据的底层代码，最后通过Windows平台和人体生理参数监测系统硬件平台对系统进行验证。

10.2　实验原理

10.2.1　体温测量原理

体温指人体内部的温度，是物质代谢转化为热能的产物。人体的一切生命活动都是以新陈代谢为基础的，而恒定的体温是保证新陈代谢和生命活动正常进行的必要条件。体温过高或过低，都会影响酶的活性，从而影响新陈代谢的正常运行，使人体的各种细胞、组织和器官的功能发生紊乱，严重时还会导致死亡。可见，体温的相对稳定，是维持机体内环境稳定，保证新陈代谢等生命活动正常进行的必要条件。

正常人体体温不是一个具体的温度值，而是一个温度范围。临床上所说的体温是指平均深部温度。一般以口腔、直肠和腋窝的体温为代表，其中直肠体温最接近深部体温。正常值分别如下：口腔舌下温度为36.3～37.2℃；直肠温度为36.5～37.7℃（比口腔温度高0.2～0.5℃）；腋下温度为 36.0～37.0℃。体温会因年龄、性别等的不同而在较小的范围内变动。新生儿和儿童的体温稍高于成年人；成年人的体温稍高于老年人；女性的体温平均比男性高0.3℃。同一个人的体温，一般凌晨2～4时最低，下午2～8时最高，但体温的昼夜差别不超过1℃。

常见的体温计有3种：水银体温计、热敏电阻电子体温计和非接触式红外体温计。

水银体温计虽然价格便宜，但有诸多弊端。例如，水银体温计遇热或安置不当容易破裂，人体接触水银后会中毒，而且采用水银体温计测温需要相当长的时间（5～10min），使用不便。

热敏电阻通常用半导体材料制成，体积小，而且热敏电阻的阻值随温度变化十分灵敏，因此被广泛应用于温度测量、温度控制等。热敏电阻电子体温计具有读数方便、测量精度高、能记忆、有蜂鸣器提示和使用安全方便等优点，特别适合家庭、医院等场合使用。但采用热敏电阻电子体温计测温也需要较长的时间。

非接触式红外体温计是根据辐射原理通过测量人体辐射的红外线来测量温度的，它实现了体温的快速测量，具有稳定性好、测量安全、使用方便等特点。但非接触式红外体温计价格较高，功能较少，精度不高。

本实验以热敏电阻为测温元件，实现对温度的精确测量，以及对体温探头脱落情况的实时监测。其中，模块ID为0x12、二级ID为0x02的体温数据包包含由从机向主机发送的双通道体温值和探头信息，具体可参见附录B的图B-14。计算机（主机）接收到人体生理参数监测系统（从机）发送的体温数据包后，通过应用程序窗口实时显示温度值和探头脱落状态。

10.2.2　设计框图

体温监测与显示应用的设计框图如图 10-1 所示。

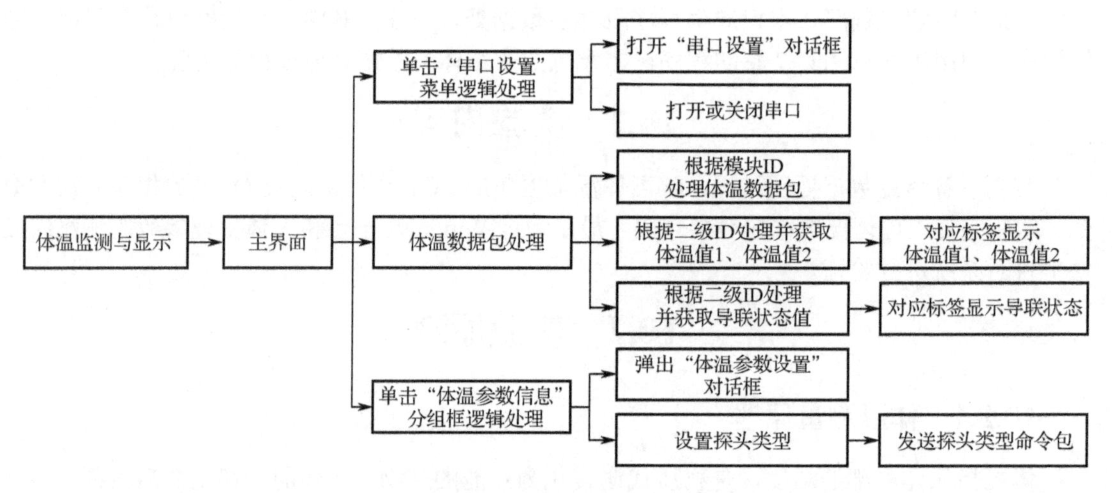

图 10-1　体温监测与显示应用设计框图

10.2.3　事件过滤器

Qt 提供了一种特殊的机制：允许一个对象监控其他多个对象的事件，这种机制通过事件过滤器来实现。事件过滤器的核心为 QObject 类的 installEventFilter()和 eventFilter()方法，因此，监控对象的类必须继承自 QObject 类，通过重写 eventFilter()方法来接收被监控对象的事件并做选择性处理。

eventFilter()方法的原型为 bool QObject::eventFilter(QObject *watched, QEvent *event)。参数 watched 为被监控的对象，在安装了事件过滤器后，原本要发给被监控对象的事件就会先发给监控对象。被监控对象安装事件过滤器的方法是 installEventFilter()，其原型为 void QObject::installEventFilter(QObject *filterObj)，参数 filterObj 即为监控对象，即实现了 eventFilter()方法的对象。一个 filterObj 可以监控多个对象，当有对象的 installEventFilter()被调用时，watched 即指向该对象。

在 eventFilter()方法中，可以通过 event->type()来判断事件类型，常见的事件类型有鼠标单击事件 QEvent::MouseButtonPress、鼠标双击事件 QEvent::MouseButtonDblClick、鼠标移动事件 QEvent::MouseMove 和键盘按下事件 QEvent::KeyPress 等。更多的事件介绍请查阅 QEvent 的帮助文档。

10.2.4　体温监测与显示应用程序运行效果

在开始程序设计前，先通过一个应用程序来了解体温监测的效果。将人体生理参数监测系统硬件平台通过 USB 线连接到计算机，并在设备管理器中查看对应的串口号（本机是 COM1），然后打开本书配套资料包中的“03.Qt 应用程序\05.TempMonitor”目录，双击运行

TempMonitor.exe。单击如图 10-2 所示的“串口设置”菜单，在弹出的对话框中选择硬件平台对应的串口号，并单击“打开串口”按钮。

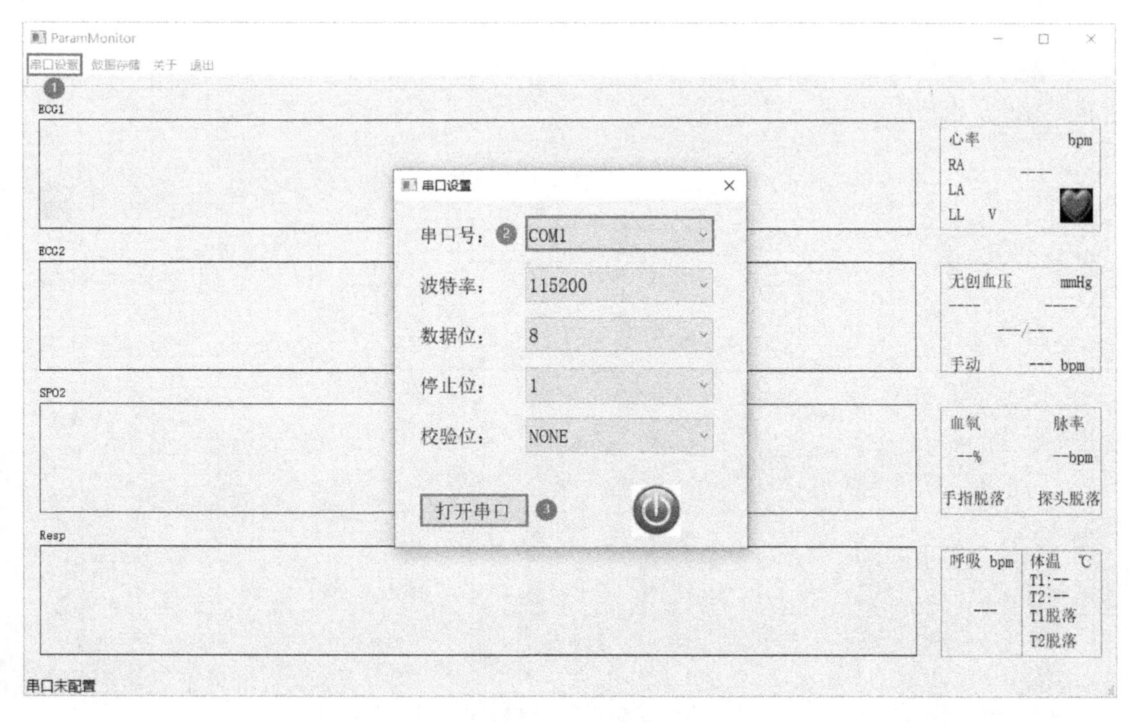

图 10-2　打开串口

串口打开后，应用程序窗口左下角的状态栏显示“COM1 已打开”，如图 10-3 所示。

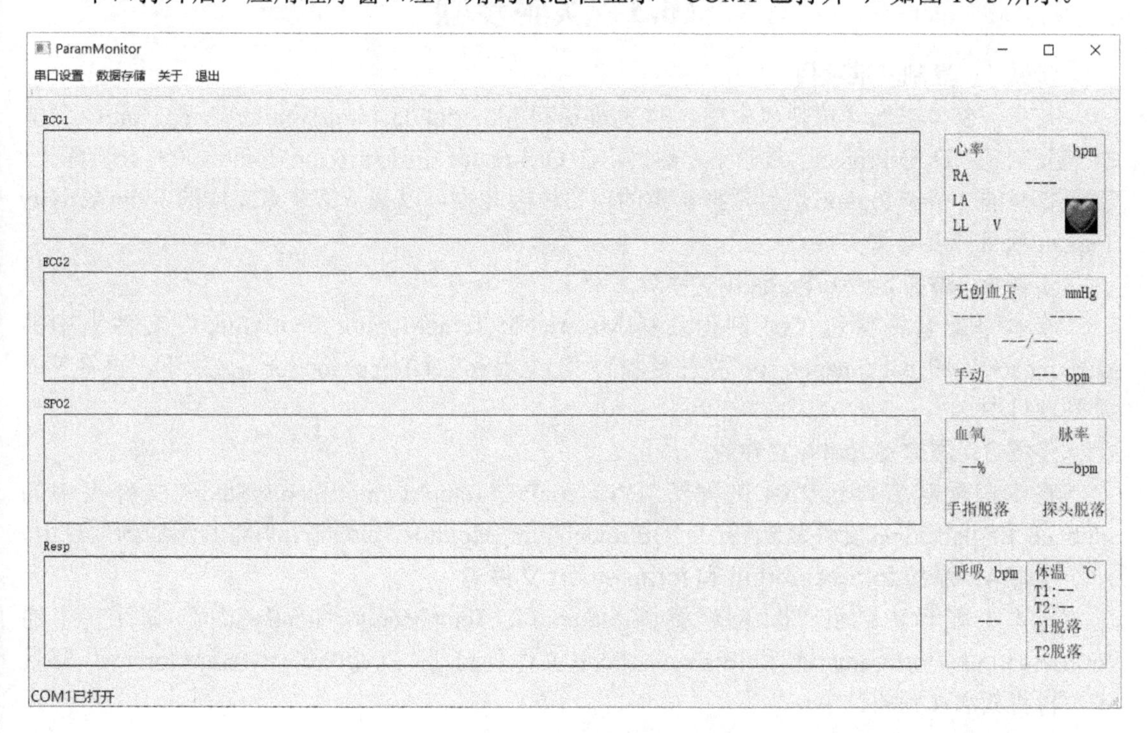

图 10-3　串口打开成功

将人体生理参数监测系统硬件平台设置为输出体温数据，在体温参数显示模块中可以看到体温值和导联状态，如图 10-4 所示。

图 10-4　体温监测与显示效果图

10.3　实验步骤

步骤 1：复制基准项目

首先，将本书配套资料包中的“04.例程资料\Material\05.TempMonitor\TempMonitor”文件夹复制到“D:\QtProject”目录下，然后，在 Qt Creator 中打开 TempMonitor 项目。实际上，已经打开的 TempMonitor 项目是第 9 章的项目，因此也可以基于第 9 章完成的 MainActivity Layout 项目开展本章实验。

步骤 2：添加 packunpack.h 文件对

将本书配套资料包“04.例程资料\Material\05.TempMonitor\StepByStep”文件夹中的 packunpack.h 和 packunapck.cpp 文件复制到“D:\QtProject\TempMonitor”目录下，再将其添加到项目中。

步骤 3：添加 global.h 文件对

将本书配套资料包“04.例程资料\Material\05.TempMonitor\StepByStep”文件夹中的 global.h 和 global.cpp 文件复制到“D:\QtProject\TempMonitor”目录下，再将其添加到项目中。

步骤 4：添加 formsetuart.ui 和 formsetuart 文件对

将本书配套资料包“04.例程资料\Material\05.TempMonitor\StepByStep”文件夹中的 formsetuart.ui、formsetuart.h 和 formsetuart.cpp 文件复制到“D:\QtProject\TempMonitor”目录下，再将其添加到项目中。

步骤 5：完善 TempMonitor.pro 文件

双击打开 TempMonitor.pro 文件，添加如程序清单 10-1 所示的第 8 行代码，然后保存 TempMonitor.pro 文件。

程序清单 10-1

```
1.  #-------------------------------------------------
2.  #
3.  # Project created by QtCreator 2020-11-13T08:34:17
4.  #
5.  #-------------------------------------------------
6.
7.  QT       += core gui
8.  QT       += serialport
9.
10. greaterThan(QT_MAJOR_VERSION, 4): QT += widgets
11.
12. TARGET = TempMonitor
13. TEMPLATE = app
14. ……
```

步骤 6：添加 formtemp.ui 和 formtemp 文件对

将本书配套资料包“04.例程资料\Material\05.TempMonitor\StepByStep”文件夹中的 formtemp.ui、formtemp.h 和 formtemp.cpp 文件复制到“D:\QtProject\TempMonitor”目录下，再将其添加到项目中。

步骤 7：完善 mainwindow.h 文件

双击打开 mainwindow.h 文件，在“包含头文件”区添加如程序清单 10-2 所示的第 2 至 7 行代码。

程序清单 10-2

```
1.  #include <QMainWindow>
2.  #include <QLabel>
3.  #include "formsetuart.h"
4.  #include "QSerialPort"
5.  #include "QSerialPortInfo"
6.  #include "packunpack.h"
7.  #include <QMutex>
```

在 mainwindow.h 文件的“类的定义”区，添加如程序清单 10-3 所示的第 9 至 23 和第 28 至 49 行代码，这些代码用于声明用到的方法和变量。

程序清单 10-3

```
1.  class MainWindow : public QMainWindow
2.  {
3.      Q_OBJECT
4.
5.  public:
6.      explicit MainWindow(QWidget *parent = nullptr);
7.      ~MainWindow();
8.
9.      void uiInit();
10.
```

```
11.     PackUnpack *mPackUnpack; //打包解包类
12.
13. protected:
14.     bool eventFilter(QObject *obj, QEvent *ev);
15.
16. private slots:
17.     void menuSetUART();
18.     void initSerial(QString portNum, int baudRate, int dataBits, int stopBits, int parity,
                                                                                bool isOpened);
19.     void readSerial();                  //串口数据读取
20.     void writeSerial(QByteArray data); //串口数据写入
21.
22.     //体温设置
23.     void recPrbType(QString type, QByteArray data);
24.
25. private:
26.     Ui::MainWindow *ui;
27.
28.     QLabel *mFirstStatusLabel;
29.     QSerialPort *mSerialPort;
30.
31.     QByteArray mRxData; //接收数据暂存
32.     QByteArray mTxData; //发送数据暂存
33.     QList<uchar> mPackAfterUnpackList;  //解包后的数据
34.     uchar **mPackAfterUnpackArr;         //定义一个二维数组作为接收解包后的数据缓冲
35.     int mPackHead;   //当前需要处理的缓冲包的序号
36.     int mPackTail;   //最后处理的缓冲包的序号，mPackHead 不能追上 mPackTail,若追上则表示收
                                                                      到的数据超出 2000 的缓冲
37.
38.     //接收定时器及线程锁
39.     QMutex mMutex;
40.
41.     //体温探头
42.     QString mPrbType;
43.
44.     //数据处理方法
45.     void procUARTData();
46.     void dealRcvPackData();
47.     bool unpackRcvData(uchar recData);
48.
49.     void analyzeTempData(uchar packAfterUnpack[]); //分析体温
50. };
51.
52. #endif // MAINWINDOW_H
```

步骤 8：完善 mainwindow.cpp 文件

双击打开 mainwindow.cpp 文件，在“包含头文件”区添加如程序清单 10-4 所示的第 3 至 6 行代码。

程序清单 10-4

```
1.  #include "mainwindow.h"
2.  #include "ui_mainwindow.h"
```

```
3.  #include "global.h"
4.  #include <QMessageBox>
5.  #include <QDebug>
6.  #include "formtemp.h"
```

在 mainwindow.cpp 文件的“常量定义”区，添加如程序清单 10-5 所示的代码。

程序清单 10-5

```
1.  //模块 ID
2.  const uchar DAT_SYS     = 0x01;           //系统信息
3.  const uchar DAT_ECG     = 0x10;           //心电信息
4.  const uchar DAT_RESP    = 0x11;           //呼吸信息
5.  const uchar DAT_TEMP    = 0x12;           //体温信息
6.  const uchar DAT_SPO2    = 0x13;           //血氧信息
7.  const uchar DAT_NIBP     = 0x14;          //无创血压信息
8.
9.  //二级 ID
10. const uchar DAT_TEMP_DATA    = 0x02;  //体温实时数据
11.
12. const uchar DAT_NIBP_CUFPRE = 0x02;  //无创血压实时数据
13. const uchar DAT_NIBP_END     = 0x03;  //无创血压测量结束
14. const uchar DAT_NIBP_RSLT1  = 0x04;  //无创血压测量结果 1
15. const uchar DAT_NIBP_RSLT2  = 0x05;  //无创血压测量结果 2
16.
17. const uchar DAT_RESP_WAVE    = 0x02;  //呼吸波形数据
18. const uchar DAT_RESP_RR      = 0x03;  //呼吸率
19.
20. const uchar DAT_SPO2_WAVE    = 0x02;  //血氧波形数据
21. const uchar DAT_SPO2_DATA    = 0x03;  //血氧数据
22.
23. const uchar DAT_ECG_WAVE     = 0x02;  //心电波形数据
24. const uchar DAT_ECG_LEAD     = 0x03;  //心电导联信息
25. const uchar DAT_ECG_HR       = 0x04;  //心率
26.
27. const int PACK_QUEUE_CNT = 4000;      //包数量
```

在 mainwindow.cpp 文件的“成员方法实现”区，添加如程序清单 10-6 所示的第 13 至 26 行代码。下面按照顺序对部分语句进行解释。

（1）第 13 至 19 行代码：在应用程序界面底部设置状态栏，用于显示当前串口状态。

（2）第 21 至 26 行代码：初始化数据包。

程序清单 10-6

```
1.  MainWindow::MainWindow(QWidget *parent) :
2.      QMainWindow(parent),
3.      ui(new Ui::MainWindow)
4.  {
5.      ……
6.
7.      //菜单栏设置
8.      ui->menuBar->addAction(tr("串口设置"), this, SLOT(menuSetUART()));
9.      ui->menuBar->addAction(tr("数据存储"), this, SLOT(menuSaveData()));
10.     ui->menuBar->addAction(tr("关于"), this, SLOT(menuAbout()));
11.     ui->menuBar->addAction(tr("退出"), this, SLOT(menuQuit()));
```

```
12.
13.     //状态栏设置
14.     mFirstStatusLabel = new QLabel();
15.     mFirstStatusLabel->setMinimumSize(200, 18); //设置标签最小尺寸
16.     QFont font("Microsoft YaHei", 10, 50);
17.     mFirstStatusLabel->setFont(font);
18.     mFirstStatusLabel->setText(tr("串口未配置"));
19.     ui->statusBar->addWidget(mFirstStatusLabel);
20.
21.     mPackUnpack = new PackUnpack();
22.     mPackAfterUnpackArr = new uchar*[PACK_QUEUE_CNT];
23.     for(int i = 0; i < PACK_QUEUE_CNT; i++)
24.     {
25.         mPackAfterUnpackArr[i] = new uchar[10]{0, 0, 0, 0, 0, 0, 0, 0, 0, 0};
26.     }
27. }
```

在 mainwindow.cpp 文件的析构方法后面添加 eventFilter()方法的实现代码，如程序清单 10-7 所示，下面按照顺序对部分语句进行解释。

（1）第 1 行代码：eventFilter()方法用于对应用程序界面中各参数信息分组框产生的事件进行应答。

（2）第 19 行代码：对应用程序界面的体温参数信息分组框的事件进行应答。

（3）第 21 行代码：判断事件类型是否为单击体温信息分组框。

（4）第 25 至 30 行代码：当串口号不为空，且在串口已打开的情况下，弹出设置体温参数的窗口。

程序清单 10-7

```
1.  bool MainWindow::eventFilter(QObject *obj, QEvent *event)
2.  {
3.      if(obj == ui->ecgInfoGroupBox)
4.      {
5.
6.      }
7.      else if(obj == ui->nibpInfoGroupBox)
8.      {
9.
10.     }
11.     else if(obj == ui->spo2InfoGroupBox)
12.     {
13.
14.     }
15.     else if(obj == ui->respInfoGroupBox)
16.     {
17.
18.     }
19.     else if(obj == ui->tempInfoGroupBox)
20.     {
21.         if(event->type() == QEvent::MouseButtonPress)
22.         {
23.             qDebug() << "tempInfoGroupBox click";
24.
```

```
25.             if((mSerialPort != NULL) && (mSerialPort->isOpen()))
26.             {
27.                 FormTemp *formTemp = new FormTemp(mPrbType);
28.                 formTemp->show();
29.                 connect(formTemp, SIGNAL(sendTempData(QString, QByteArray)), this,
                                                  SLOT(recPrbType(QString, QByteArray)));
30.             }
31.             else
32.             {
33. 
34.             }
35.             return true;
36.         }
37.         else
38.         {
39.             return false;
40.         }
41.     }
42.     else
43.     {
44.         // pass the event on to the parent class
45.         return QMainWindow::eventFilter(obj, event);
46.     }
47. }
```

在 eventFilter()方法后面添加 uiInit()方法和 menuSetUART()槽函数的实现代码，如程序清单 10-8 所示，下面按照顺序对部分语句进行解释。

（1）第 1 至 10 行代码：uiInit()方法用于初始化各参数，首先将串口置空，体温探头默认设定为 YSI 探头。

（2）第 12 至 18 行代码：menuSetUART()槽函数用于监听菜单栏的“串口设置”，当单击菜单栏中的“串口设置”时，弹出设置串口参数的窗口。

程序清单 10-8

```
1.  void MainWindow::uiInit()
2.  {
3.      mSerialPort = NULL;
4.  
5.      mPackHead = -1;    //当前需要处理的缓冲包的序号
6.      mPackTail = -1;    //最后处理的缓冲包的序号，mPackHead 不能追上 mPackTail,若追上则表示
                                                            收到的数据超出 2000 的缓冲
7.  
8.      //初始化体温探头
9.      mPrbType  = "YSI";
10. }
11. 
12. void MainWindow::menuSetUART()
13. {
14.     qDebug() << "click setUART";
15.     FormSetUART *formSetUART = new FormSetUART();
16.     connect(formSetUART, SIGNAL(uartSetData(QString, int, int, int, int, bool)), this,
                                      SLOT(initSerial(QString, int, int, int, int, bool)));
```

```
17.     formSetUART->show();
18. }
```

在 menuSetUART()槽函数后面添加 initSerial()槽函数的实现代码，如程序清单 10-9 所示，下面按照顺序对部分语句进行解释。

（1）第 1 行代码：initSerial()槽函数用于初始化串口。

（2）第 11 至 33 行代码：设置串口的波特率、数据位、停止位、校验位和流控制。

（3）第 34 至 40 行代码：当串口无法打开时，弹出“串口无法打开，不存在或已被占用”的错误提示框，然后在应用程序界面的底部状态栏显示串口“无法打开”。

（4）第 44 至 53 行代码：串口关闭后，将串口状态置为 false，在应用程序界面的底部状态栏显示串口号已关闭。

程序清单 10-9

```
1.  void MainWindow::initSerial(QString portNum, int baudRate, int dataBits, int stopBits, int
                                                                  parity, bool isOpened)
2.  {
3.      qDebug() << "init serial ";
4.      qDebug() << portNum;
5.
6.      if(!isOpened)
7.      {
8.          mSerialPort = new QSerialPort;
9.          mSerialPort->setPortName(portNum);
10.
11.         if(mSerialPort->open(QIODevice::ReadWrite))
12.         {
13.             //设置波特率
14.             qDebug() << "baudRate:" << baudRate;
15.             mSerialPort->setBaudRate(baudRate);
16.
17.             //设置数据位
18.             mSerialPort->setDataBits(QSerialPort::Data8);
19.
20.             //设置停止位
21.             mSerialPort->setStopBits(QSerialPort::OneStop);
22.
23.             //设置校验位
24.             mSerialPort->setParity(QSerialPort::NoParity);
25.
26.             //设置流控制
27.             mSerialPort->setFlowControl(QSerialPort::NoFlowControl);
28.             mFirstStatusLabel->setStyleSheet("color:black;");
29.             mFirstStatusLabel->setText(portNum + "已打开");
30.
31.             //连接信号槽
32.             connect(mSerialPort, &QSerialPort::readyRead, this, &MainWindow::readSerial);
33.         }
34.         else
35.         {
36.             QMessageBox::about(NULL, "提示", "串口无法打开\r\n 不存在或已被占用");
37.             mFirstStatusLabel->setStyleSheet("color:red;");
```

```
38.             mFirstStatusLabel->setText(portNum + "无法打开");
39.             return;
40.         }
41.
42.         gUARTOpenFlag = true;
43.     }
44.     else
45.     {
46.         mSerialPort->clear();
47.         mSerialPort->close();
48.         mSerialPort->deleteLater();
49.
50.         gUARTOpenFlag = false;
51.         mFirstStatusLabel->setStyleSheet("color:black;");
52.         mFirstStatusLabel->setText(portNum + "已关闭");
53.     }
54. }
```

在 initSerial()槽函数后面添加 readSerial()和 writeSerial()槽函数的实现代码，如程序清单 10-10 所示，下面按照顺序对部分语句进行解释。

（1）第 1 行代码：readSerial()槽函数用于读取串口数据。

（2）第 5 至 9 行代码：当读取的串口数据不为空时，对数据进行 PCT 解包，然后调用 dealRcvPackData()方法将数据分类保存。

（3）第 12 行代码：writeSerial()槽函数用于向串口写入数据。

（4）第 16 至 23 行代码：当串口号不为空，且在串口打开的情况下，向串口写入数据。

程序清单 10-10

```
1.  void MainWindow::readSerial()
2.  {
3.      mRxData = mSerialPort->readAll();
4.
5.      if(!mRxData.isEmpty())
6.      {
7.          procUARTData();    //PCT 解包
8.          dealRcvPackData(); //数据分类保存
9.      }
10. }
11.
12. void MainWindow::writeSerial(QByteArray data)
13. {
14.     qDebug() << "write serial";
15.
16.     if(mSerialPort != NULL)
17.     {
18.         if(mSerialPort->isOpen())
19.         {
20.             mTxData = data;
21.             mSerialPort->write(mTxData);
22.         }
23.     }
24. }
```

在 writeSerial()槽函数后面添加 procUARTData()和 unpackRcvData()方法的实现代码，如程序清单 10-11 所示，下面按照顺序对部分语句进行解释。

（1）第 1 行代码：procUARTData()方法用于处理串口接收到的数据。

（2）第 5 至 8 行代码：当读取的串口数据 mRxData 不为空时，通过 data()方法将 mRxData 中的数据以字节数组的形式赋值给 buf。

（3）第 10 至 13 行代码：通过 for 循环调用 unpackRcvData()方法对串口数据进行解包。

（4）第 18 行代码：unpackRcvData()方法用于解包串口数据。

（5）第 27 至 30 行代码：当解包的数据长度大于 10 时，弹出“长度异常”的错误提示框。

程序清单 10-11

```
1.  void MainWindow::procUARTData()
2.  {
3.      char *buf;
4.  
5.      if(mRxData.size() > 0)
6.      {
7.          buf = mRxData.data();
8.      }
9.  
10.     for(int i = 0; i < mRxData.size(); i++)
11.     {
12.         unpackRcvData(*(buf + i));
13.     }
14. 
15.     mRxData.clear();
16. }
17. 
18. bool MainWindow::unpackRcvData(uchar recData)
19. {
20.     bool findPack = false;
21.     findPack = mPackUnpack->unpackData(recData);
22. 
23.     if(findPack)
24.     {
25.         mPackAfterUnpackList = mPackUnpack->getUnpackRslt();  //获取解包结果
26. 
27.         if(mPackAfterUnpackList.size() > 10)
28.         {
29.             QMessageBox::information(NULL, tr("Info"), tr("长度异常"), "确定");
30.         }
31. 
32.         int head = (mPackHead + 1) % PACK_QUEUE_CNT;
33. 
34.         for(int i = 0; i < 8; i++)
35.         {
36.             mPackAfterUnpackArr[head][i] = mPackAfterUnpackList[i];
37.         }
38. 
39.         mMutex.lock();
40.         mPackHead = (mPackHead + 1) % PACK_QUEUE_CNT;
```

```
41.
42.         if(mPackTail == -1)
43.         {
44.             mPackTail = 0;
45.         }
46.
47.         mMutex.unlock();
48.     }
49.
50.     return findPack;
51. }
```

在 unpackRcvData()方法后面添加 dealRcvPackData()方法的实现代码，如程序清单 10-12 所示，下面按照顺序对部分语句进行解释。

（1）第 1 行代码：dealRcvPackData()方法用于处理收到的数据包，将数据分类保存。

（2）第 19 至 30 行代码：根据模块 ID 调用对应的方法处理数据包，如当模块 ID 为 DAT_TEMP（0x12）时，调用 analyzeTempData()方法处理体温数据。

程序清单 10-12

```
1.  void MainWindow::dealRcvPackData()
2.  {
3.      int headIndex = -1;
4.      int tailIndex = -1;
5.
6.      mMutex.lock();
7.      headIndex = mPackHead;  //串口进来的数据的序号
8.      tailIndex = mPackTail;  //处理串口数据的序号
9.      mMutex.unlock();
10.
11.     if(headIndex < tailIndex)
12.     {
13.         headIndex = headIndex + PACK_QUEUE_CNT;
14.     }
15.
16.     int index;
17.     int cnt = headIndex - tailIndex;
18.
19.     for(int i = tailIndex; i < headIndex; i++)
20.     {
21.         index = i % PACK_QUEUE_CNT;
22.         //根据模块 ID 处理数据包
23.         switch(mPackAfterUnpackArr[index][0])
24.         {
25.         case DAT_TEMP:
26.             analyzeTempData(mPackAfterUnpackArr[index]);
27.             break;
28.         default:
29.             break;
30.         }
31.     }
32.
33.     mMutex.lock();
```

```
34.     mPackTail = (mPackTail + cnt) % PACK_QUEUE_CNT;
35.     mMutex.unlock();
36. }
```

在 dealRcvPackData()方法后面添加 analyzeTempData()方法的实现代码，如程序清单 10-13 所示，下面按照顺序对部分语句进行解释。

（1）第 1 行代码：analyzeTempData()方法用于分析体温数据包。

（2）第 12 至 14 行代码：获取通道 1 和通道 2 的导联状态。

（3）第 15 至 17 行代码：计算通道 1 的体温值。

（4）第 18 至 20 行代码：计算通道 2 的体温值。

（5）第 22 至 33 行代码：当 temp1Lead 为 true 时，在体温参数信息分组框中显示“T1 导联”，并显示具体体温值；否则，显示“T1 脱落”。

（6）第 35 至 46 行代码：当 temp2Lead 为 true 时，在体温参数信息分组框中显示“T2 导联”，并显示具体体温值；否则，显示“T2 脱落”。

程序清单 10-13

```
1.  void MainWindow::analyzeTempData(uchar packAfterUnpack[])
2.  {
3.      float temp1Data;            //通道 1 体温数据
4.      float temp2Data;            //通道 2 体温数据
5.      bool temp1Lead;             //通道 1 导联状态
6.      bool temp2Lead;             //通道 2 导联状态
7.  
8.      int data;
9.      switch(packAfterUnpack[1])
10.     {
11.     case DAT_TEMP_DATA:
12.         data = packAfterUnpack[2];
13.         temp1Lead = (data & 0x01) != 1;
14.         temp2Lead = ((data >> 1) & 0x01) != 1;
15.         data = packAfterUnpack[3];
16.         data = (data << 8) | packAfterUnpack[4];
17.         temp1Data = (float)(data / 10.0);
18.         data = packAfterUnpack[5];
19.         data = (data << 8) | packAfterUnpack[6];
20.         temp2Data = (float)(data / 10.0);
21. 
22.         if(temp1Lead)
23.         {
24.             ui->temp1LeadLabel->setText("T1 导联");
25.             ui->temp1LeadLabel->setStyleSheet("color:green;");
26.             ui->temp1ValLabel->setText(QString::number(temp1Data));
27.         }
28.         else
29.         {
30.             ui->temp1LeadLabel->setText("T1 脱落");
31.             ui->temp1LeadLabel->setStyleSheet("color:red;");
32.             ui->temp1ValLabel->setText("--");
33.         }
34. 
```

```
35.         if(temp2Lead)
36.         {
37.             ui->temp2LeadLabel->setText("T2 导联");
38.             ui->temp2LeadLabel->setStyleSheet("color:green;");
39.             ui->temp2ValLabel->setText(QString::number(temp2Data));
40.         }
41.         else
42.         {
43.             ui->temp2LeadLabel->setText("T2 脱落");
44.             ui->temp2LeadLabel->setStyleSheet("color:red;");
45.             ui->temp2ValLabel->setText("--");
46.         }
47.
48.         break;
49.
50.     default:
51.         break;
52.     }
53. }
```

在 analyzeTempData()方法后面添加体温参数设置槽函数 recPrbType()的实现代码，如程序清单 10-14 所示，下面按照顺序对部分语句进行解释。

（1）第 1 行代码：recPrbType()槽函数用于设置体温探头类型。

（2）第 3 行代码：获取在体温参数设置窗口设置的探头类型。

（3）第 4 行代码：调用 writeSerial()方法向串口写入修改探头类型的命令包数据。

程序清单 10-14

```
1.  void MainWindow::recPrbType(QString prbType, QByteArray data)
2.  {
3.      mPrbType = prbType;
4.      writeSerial(data);
5.  }
```

最后，在 MainWindow()构造方法中，添加如程序清单 10-15 所示的第 14 至 17 行代码。

程序清单 10-15

```
1.  MainWindow::MainWindow(QWidget *parent) :
2.      QMainWindow(parent),
3.      ui(new Ui::MainWindow)
4.  {
5.      ……
6.
7.      mPackUnpack = new PackUnpack();
8.      mPackAfterUnpackArr = new uchar*[PACK_QUEUE_CNT];
9.      for(int i = 0; i < PACK_QUEUE_CNT; i++)
10.     {
11.         mPackAfterUnpackArr[i] = new uchar[10]{0, 0, 0, 0, 0, 0, 0, 0, 0, 0};
12.     }
13.
14.     //初始化参数
15.     uiInit();
16.
```

```
17.     ui->tempInfoGroupBox->installEventFilter(this);
18. }
19.
20. ……
```

完成代码添加后，构建并运行项目，验证运行效果是否与 10.2.4 节一致。

本 章 任 务

基于前面学习的知识和对本章代码的理解，以及第 9 章所完成的独立测量体温界面，设计一个只监测和显示体温参数的应用。

本 章 习 题

1．本章实验采用热敏电阻法测量人体体温，除此之外，是否还有其他方法可以测量人体体温？

2．如果体温通道 1 和体温通道 2 的探头均为连接状态，体温通道 1 和体温通道 2 的体温值分别为 36.0℃和 36.2℃，按照附录 B 的图 B-14 定义的体温数据包应该是怎样的？

第 11 章　血压监测与显示实验

在实现体温监测的基础上，本章继续添加血压监测的底层驱动程序，并对血压数据处理过程进行详细介绍。

11.1　实验内容

了解血压数据处理过程，学习血压数据包的 PCT 通信协议以及 Qt 中的相关方法和命令；完善处理血压数据的底层代码；通过 Windows 平台和人体生理参数监测系统硬件平台对系统进行验证。

11.2　实验原理

11.2.1　血压测量原理

血压是指血液在血管内流动时作用于血管壁单位面积的侧压力，它是推动血液在血管内流动的动力，通常所说的血压是指体循环的动脉血压。心脏泵出血液时形成的血压为收缩压，也称为高压；血液在流回心脏的过程中产生的血压为舒张压，也称为低压。收缩压与舒张压是判断人体血压正常与否的两个重要生理参数。

血压的高低不仅与心脏功能、血管阻力和血容量密切相关，而且受年龄、季节、气候等多种因素影响。不同年龄段的血压正常范围有所不同，如正常成人安静状态下的血压范围是收缩压为 90～139mmHg，舒张压为 60～89mmHg；新生儿的正常范围是收缩压为 70～100mmHg，舒张压为 34～45mmHg。在一天中的不同时间段，人体血压也会有波动，一般正常人每日血压波动在 20～30mmHg 内，血压最高点一般出现在上午 9～10 时及下午 4～8 时，血压最低点出现在凌晨 1～3 时。

临床上采用的血压测量方法有两类，即直接测量法和间接测量法。直接测量法采用插管技术，通过外科手术把带压力传感器的探头插入动脉血管或静脉血管。这种方法具有创伤性，一般只用于重危病人。间接测量法又称为无创测量法，它从体外间接测量动脉血管中的压力，更多地用于临床。目前常见的无创自动血压测量方法有多种，如柯氏音法、示波法和光电法等。与其他方法相比，示波法有较强的抗干扰能力，能较可靠地测定血压。

示波法又称为测振法，充气时，利用充气袖带阻断动脉血流；在放气过程中，袖带内气压跟随动脉内压力波动而出现脉搏波，这种脉搏波随袖带气压的减小而呈现由弱变强后再逐渐减弱的趋势，如图 9-1 所示。具体表现为：① 当袖带压大于收缩压时，动脉被关闭，此时因近端脉搏的冲击，振荡波较小；② 当袖带压小于收缩压时，波幅增大；③ 当袖带压等于平均压时，动脉壁处于去负荷状态，波幅达到最大值；④ 当袖带压小于平均动脉压时，波幅逐渐减小；⑤ 袖带压小于舒张压以后，动脉管腔在舒张期已充分扩张，管壁刚性增加，因而波幅维持较小的水平。

本章实验通过袖带对人体的肱动脉加压和减压，再利用压力传感器得到袖带压力和脉搏波幅度信息，将对压力的测量转换为对电学量的测量，然后在从机上对测量的电学量进行计算，获得最终的收缩压、平均压、舒张压和脉率。实验涉及 2 个命令包（血压启动测量命令包、血压中止测量命令包）和 4 个数据包（无创血压实时数据包、无创血压测量结束数据包、无创血压测量结果 1 数据包、无创血压测量结果 2 数据包），具体定义详见附录 B 的图 B-39、图 B-40 和图 B-17～图 B-20。通过计算机（主机）向人体生理参数监测系统（从机）发送启动和中止测量命令包，计算机在接收到人体生理参数监测系统发送的无创血压实时数据包、无创血压测量结束数据包、无创血压测量结果 1 数据包、无创血压测量结果 2 数据包后，通过应用程序窗口实时显示实时袖带压、收缩压、平均压、舒张压和脉率。

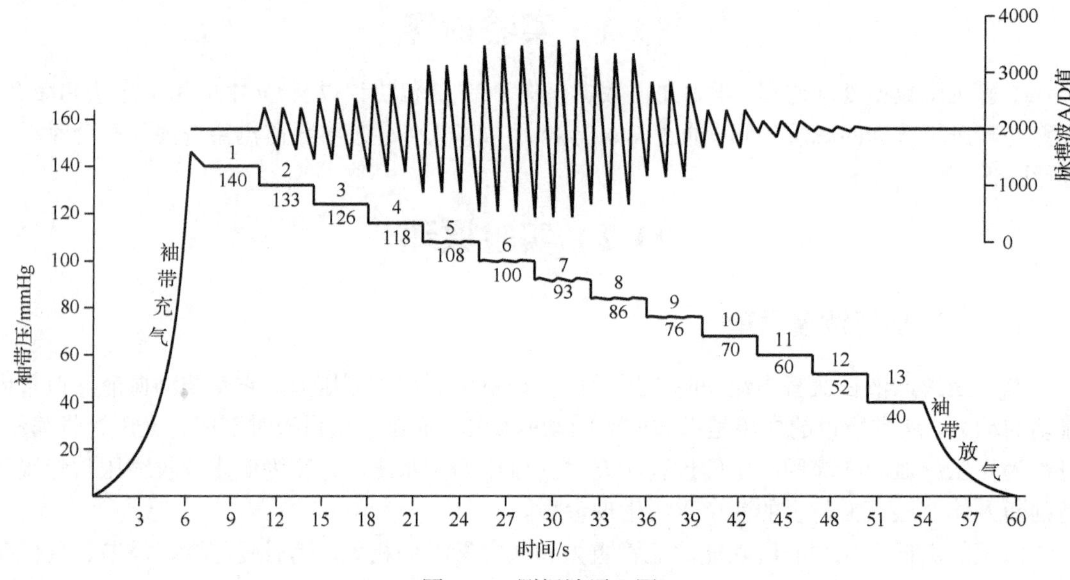

图 11-1　测振法原理图

11.2.2　设计框图

血压监测与显示的设计框图如图 11-2 所示。

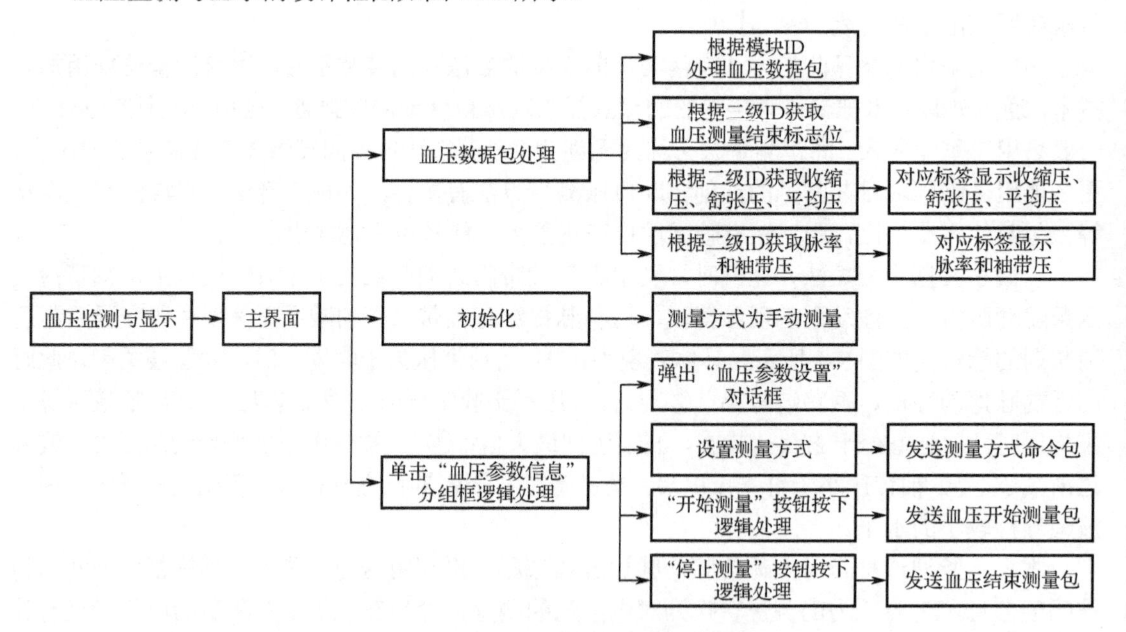

图 11-2　血压监测与显示的设计框图

11.2.3　血压测量应用程序运行效果

将人体生理参数监测系统硬件平台通过 USB 连接至计算机，双击运行本书配套资料包“03.Qt 应用程序\06.NIBPMonitor”目录下的 NIBPMonitor.exe，单击“串口设置”菜单，然后单击“打开串口”按钮。将人体生理参数监测系统硬件平台设置为输出血压数据，单击血压参数显示模块，在弹出的对话框中选择“手动”测量，并单击“开始测量按钮”，如图 11-3 所示。

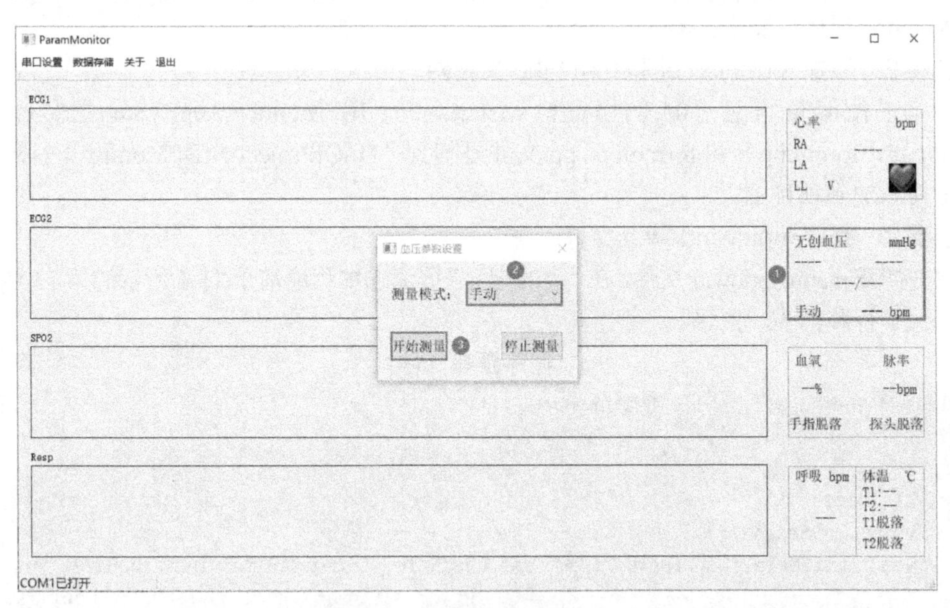

图 11-3　发送血压开始测量命令

在血压参数显示模块中可以看到动态变化的袖带压，以及最终的收缩压、舒张压、平均压和脉率，如图 11-4 所示。由于血压测量应用程序已经包含了体温监测与显示功能，因此，如果人体生理参数监测系统硬件平台处于“五参演示”模式，则可以同时监测体温和血压参数。

图 11-4　血压监测与显示效果图

11.3　实验步骤

步骤 1：复制基准项目

首先，将本书配套资料包中的“04.例程资料\Material\06.NIBPMonitor\NIBPMonitor”文件夹复制到“D:\QtProject”目录下，然后，在 Qt Creator 中打开 NIBPMonitor 项目。实际上，已经打开的 NIBPMonitor 项目是第 10 章已完成的，所以也可以基于第 10 章完成的 TempMonitor 项目开展本实验。

步骤 2：添加 formnibp.ui 和 formnibp 文件对

将本书配套资料包“04.例程资料\Material\06.NIBPMonitor\StepByStep”文件夹中的 formnibp.ui、formnibp.h 和 formnibp.cpp 文件复制到“D:\QtProject\NIBPMonitor”目录下，然后再将其添加到项目中。

步骤 3：完善 mainwindow.h 文件

双击打开 mainwindow.h 文件，在“类的定义”区添加如程序清单 11-1 所示的第 13 至 14 行、第 21 至 28 行和第 36 行代码。

程序清单 11-1

```
1.  class MainWindow : public QMainWindow
2.  {
3.  ……
4.  private slots:
5.      void menuSetUART();
6.      void initSerial(QString portNum, int baudRate, int dataBits, int stopBits, int parity,
                                                                           bool isOpened);
7.      void readSerial();                  //串口数据读取
8.      void writeSerial(QByteArray data); //串口数据写入
9.  
10.     //体温设置
11.     void recPrbType(QString type, QByteArray data);
12. 
13.     //血压设置
14.     void recNIBPSetData(QString mode);
15. 
16. private:
17.     ……
18.     //体温探头
19.     QString mPrbType;
20. 
21.     //血压
22.     QString mNIBPMode;        //血压测量模式
23.     bool mNIBPEnd;            //血压测量结束标志位
24.     int mCufPressure = 0;     //袖带压
25.     int mSysPressure = 0;     //收缩压
26.     int mDiaPressure = 0;     //舒张压
27.     int mMapPressure = 0;     //平均压
28.     int mPulseRate   = 0;     //脉率
29. 
30.     //数据处理方法
31.     void procUARTData();
```

```
32.     void dealRcvPackData();
33.     bool unpackRcvData(uchar recData);
34.
35.     void analyzeTempData(uchar packAfterUnpack[]); //分析体温
36.     void analyzeNIBPData(uchar packAfterUnpack[]); //分析血压
37. };
38.
39. #endif // MAINWINDOW_H
```

步骤 4：完善 mainwindow.cpp 文件

双击打开 mainwindow.cpp 文件，在“包含头文件”区添加如程序清单 11-2 所示的第 7 行代码。

程序清单 11-2

```
1.  #include "mainwindow.h"
2.  #include "ui_mainwindow.h"
3.  #include "global.h"
4.  #include <QMessageBox>
5.  #include <QDebug>
6.  #include "formtemp.h"
7.  #include "formnibp.h"
```

在“成员方法实现”区的 MainWindow()方法中，添加如程序清单 11-3 所示的第 9 行代码。

程序清单 11-3

```
1.  MainWindow::MainWindow(QWidget *parent) :
2.      QMainWindow(parent),
3.      ui(new Ui::MainWindow)
4.  {
5.      ……
6.      //初始化参数
7.      uiInit();
8.
9.      ui->nibpInfoGroupBox->installEventFilter(this);
10.     ui->tempInfoGroupBox->installEventFilter(this);
11. }
```

在“成员方法实现”区的 eventFilter()方法中，添加如程序清单 11-4 所示的第 9 至 31 行代码。

（1）第 7 行代码：对应用程序界面的血压参数信息分组框的事件进行应答。

（2）第 9 行代码：判断事件类型是否为单击血压参数信息分组框。

（3）第 13 至 21 行代码：当串口号不为空，且在串口打开的情况下，弹出设置血压参数的窗口。

程序清单 11-4

```
1.  bool MainWindow::eventFilter(QObject *obj, QEvent *event)
2.  {
3.      if(obj == ui-> ecgInfoGroupBox)
4.      {
5.
6.      }
7.      else if(obj == ui->nibpInfoGroupBox)
8.      {
9.          if(event->type() == QEvent::MouseButtonPress)
```

```
10.         {
11.             qDebug() << "nibpInfoGroupBox click";
12. 
13.             if((mSerialPort != NULL) && (mSerialPort->isOpen()))
14.             {
15.                 FormNIBP *formNIBP = new FormNIBP(mNIBPMode);
16.                 //更新显示测量模式
17.                 connect(formNIBP, SIGNAL(sendNIBPSetData(QString)), this,
                                                SLOT(recNIBPSetData(QString)));
18.                 formNIBP->show();
19.                 //下发命令
20.                 connect(formNIBP, SIGNAL(sendNIBPData(QByteArray)), this,
                                                SLOT(writeSerial(QByteArray)));
21.             }
22.             else
23.             {
24. 
25.             }
26.             return true;
27.         }
28.         else
29.         {
30.             return false;
31.         }
32.     }
33.     else if(obj == ui-> spo2InfoGroupBox)
34.     {
35. 
36.     }
37.     ……
38. }
```

在“成员方法实现”区的 uiInit()方法中，添加如程序清单 11-5 所示的第 11 至 18 行代码，初始化血压参数。

程序清单 11-5

```
1.  void MainWindow::uiInit()
2.  {
3.      mSerialPort = NULL;
4. 
5.      mPackHead = -1;    //当前需要处理的缓冲包的序号
6.      mPackTail = -1;    //最后处理的缓冲包的序号，mPackHead 不能追上 mPackTail，若追上则表
                                                  示收到的数据超出 2000 的缓冲
7. 
8.      //初始化体温探头
9.      mPrbType  = "YSI";
10. 
11.     //初始化血压参数
12.     mNIBPMode = "手动";
13.     mNIBPEnd  = 0;
14.     mCufPressure = 0;   //袖带压
15.     mSysPressure = 0;   //收缩压
16.     mDiaPressure = 0;   //舒张压
```

```
17.     mMapPressure = 0;    //平均压
18.     mPulseRate   = 0;    //脉率
19. }
```

在“成员方法实现”区的 dealRcvPackData()方法中，添加如程序清单 11-6 所示的第 13 至 15 行代码。其中，第 13 至 15 行代码：当模块 ID 为 DAT_NIBP（0x14）时，调用 analyzeNIBPData()方法处理血压数据。

程序清单 11-6

```
1.  void MainWindow::dealRcvPackData()
2.  {
3.      ……
4.      for(int i = tailIndex; i < headIndex; i++)
5.      {
6.          index = i % PACK_QUEUE_CNT;
7.          //根据模块 ID 处理数据包
8.          switch(mPackAfterUnpackArr[index][0])
9.          {
10.         case DAT_TEMP:
11.             analyzeTempData(mPackAfterUnpackArr[index]);
12.             break;
13.         case DAT_NIBP:
14.             analyzeNIBPData(mPackAfterUnpackArr[index]);
15.             break;
16.         default:
17.             break;
18.         }
19.     }
20.     ……
21. }
```

在 analyzeTempData()方法后面添加 analyzeNIBPData()方法的实现代码，如程序清单 11-7 所示，下面按照顺序对部分语句进行解释。

（1）第 1 行代码：analyzeNIBPData()方法用于分析血压数据包。

（2）第 7 至 10 行代码：若数据包的二级 ID 为 DAT_NIBP_CUFPRE（袖带压数据），则计算并获取袖带压。

（3）第 12 至 18 行代码：检测到血压测量结束数据包，血压测量结束。

（4）第 20 行代码：数据包二级 ID 为 DAT_NIBP_RSLT1（血压测量结果 1）。

（5）第 21 至 22 行代码：计算收缩压。

（6）第 23 至 24 行代码：计算舒张压。

（7）第 25 至 26 行代码：计算平均压。

（8）第 29 行代码：数据包二级 ID 为 DAT_NIBP_RSLT2（血压测量结果 2）。

（9）第 30 至 31 行代码：计算脉率。

（10）第 39 至 43 行代码：将计算得到的袖带压、收缩压、舒张压、平均压和脉率在血压参数信息分组框中对应的标签上显示。

程序清单 11-7

```
1.  void MainWindow::analyzeNIBPData(uchar packAfterUnpack[])
2.  {
```

```
3.     int data;
4.
5.     switch (packAfterUnpack[1])
6.     {
7.     case DAT_NIBP_CUFPRE:
8.         data = packAfterUnpack[2];
9.         mCufPressure = (data << 8) | packAfterUnpack[3];
10.        break;
11.
12.    case DAT_NIBP_END:
13.        data = packAfterUnpack[3];
14.        if(data != 0)
15.        {
16.            mNIBPEnd = true;
17.        }
18.        break;
19.
20.    case DAT_NIBP_RSLT1:
21.        data = packAfterUnpack[2];
22.        mSysPressure = (data << 8) | packAfterUnpack[3];
23.        data = packAfterUnpack[4];
24.        mDiaPressure = (data << 8) | packAfterUnpack[5];
25.        data = packAfterUnpack[6];
26.        mMapPressure = (data << 8) | packAfterUnpack[7];
27.        break;
28.
29.    case DAT_NIBP_RSLT2:
30.        data = packAfterUnpack[2];
31.        mPulseRate = (data << 8) | packAfterUnpack[3];
32.        mNIBPEnd = true;
33.        break;
34.
35.    default:
36.        break;
37.    }
38.
39.    ui->cufPressureLabel->setText(QString::number(mCufPressure));
40.    ui->sysPressureLabel->setText(QString::number(mSysPressure));
41.    ui->diaPressureLabel->setText(QString::number(mDiaPressure));
42.    ui->mapPressureLabel->setText(QString::number(mMapPressure));
43.    ui->nibpPRLabel->setText(QString::number(mPulseRate));
44. }
```

在 recPrbType()槽函数后面添加血压参数设置槽函数 recNIBPSetData()的实现代码，如程序清单 11-8 所示。该槽函数用于设置血压参数信息分组框中 nibpModeLabel 标签的文本。

程序清单 11-8

```
1.  void MainWindow::recNIBPSetData(QString mode)
2.  {
3.      mNIBPMode = mode;
4.      ui->nibpModeLabel->setText(mode);
5.  }
```

最后，构建并运行项目，验证运行效果是否与 11.2.3 节一致。

本 章 任 务

基于前面学习的知识及对本章代码的理解，以及第 9 章已完成的独立测量血压界面，设计一个只监测和显示血压参数的应用。

本 章 习 题

1．正常成人收缩压和舒张压的范围是多少？正常新生儿收缩压和舒张压的范围是多少？

2．测量血压主要有哪几种方法？

3．完整的无创血压启动测量命令包和无创血压中止测量命令包分别是什么？

第 12 章　呼吸监测与显示实验

在实现体温与血压监测的基础上，本章继续添加呼吸监测的底层驱动程序，并对呼吸数据处理过程进行详细介绍。

12.1　实验内容

了解呼吸数据处理过程，学习呼吸数据包的 PCT 通信协议及 Qt 中的相关方法和命令，以及如何通过 Qt 画呼吸波形图；完善处理呼吸数据的底层代码；通过 Windows 平台和人体生理参数监测系统硬件平台对系统进行验证。

12.2　实验原理

12.2.1　呼吸测量原理

呼吸是人体得到氧气、输出二氧化碳、调节酸碱平衡的一个新陈代谢过程，这个过程通过呼吸系统完成。呼吸系统由肺、呼吸肌（尤其是膈肌和肋间肌），以及将气体带入和带出肺的器官组成。呼吸监测主要是指监测肺部的气体交换状态或呼吸肌的效率。典型的呼吸监测参数包括呼吸率、呼气末二氧化碳分压、呼气容量及气道压力。呼吸监测仪多以风叶作为监控呼吸容量的传感器，呼吸气流推动风叶转动，用红外线发射和接收元件探测风叶转速，经电子系统处理后，显示潮气量和分钟通气量。对气道压力的监测是利用放置在气道中的压电传感器进行的。监测需要在病人通过呼吸管道进行呼吸时才能测得。呼气末二氧化碳分压的监测也需要在呼吸管道中进行，而呼吸率的监测不受此限制。

对呼吸的测量一般并不需要测量其全部参数，只要求测量呼吸率。呼吸率指单位时间内呼吸的次数，单位为次/min。平静呼吸时新生儿的呼吸率为 60～70 次/min，成人的为 12～18 次/min。呼吸率的测量主要有热敏式和阻抗式两种测量方法。呼吸率的测量主要有热敏式和阻抗式，但热敏式呼吸测量法和阻抗式呼吸测量法并不仅可用于测呼吸率，还可以测其他参数。

热敏式呼吸率测量是将热敏电阻放在鼻孔处，呼吸气流与热敏电阻发生热交换，改变热敏电阻的阻值。当鼻孔气流周期性地流过热敏电阻时，热敏电阻的阻值也周期性地改变。根据这一原理，将热敏电阻接在惠斯通电桥的一个桥臂上，就可以得到周期性变化的电压信号，电压周期就是呼吸周期。经过放大处理后，就可以得到呼吸率。

阻抗式呼吸率测量是目前呼吸监测设备中应用得最为广泛的一种方法，主要利用人体某部分阻抗的变化来测量某些参数，以此帮助监测及诊断。由于该方法具有无创、安全、简单、廉价且无副作用等优点，故得到了广泛的应用与发展。

本章实验采用阻抗式呼吸测量法，实现了在一定范围内对呼吸的精确测量以及对呼吸波的实时监测。实验涉及呼吸波形数据包和呼吸率数据包，具体可参见附录 B 的图 B-10 和图 B-11。计算机（主机）在接收到人体生理参数监测系统（从机）发送的呼吸波形数据包和呼吸率数据包后，通过应用程序窗口实时显示呼吸波和呼吸率。

12.2.2　设计框图

呼吸监测与显示应用的设计框图如图 12-1 所示。

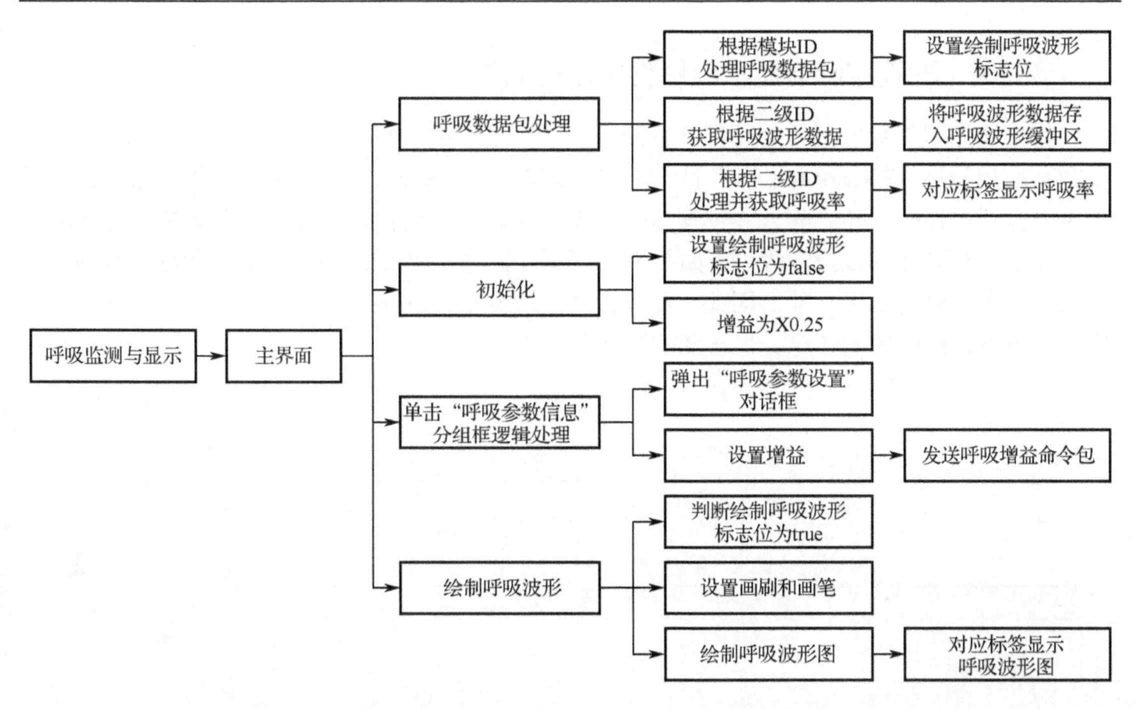

图 12-1　呼吸监测与显示应用的设计框图

12.2.3　波形绘制与显示

1．QPixmap 类

Qt 提供了 4 个用于处理图像数据的类：QImage 类、QPixmap 类、QBitmap 类和 QPicture 类。本实验使用 QPixmap 类来显示绘制出的呼吸波形图，下面简要介绍 QPixmap 类。

QPixmap 类是一种幕下图像的表现形式，也可用作一种绘制设备（画布）。使用 QLabel 或 QAbstractButton 的子类（如 QPushButton 和 QToolButton），即可以在屏幕上显示 QPixmap 类。

2．QPainter 类

QPainter 类可以在一些窗口部件和绘制设备上进行低级别的绘图。QPainter 类提供高度优化的方法，可以完成大多数图形用户界面程序所需的工作。使用 QPainter 类可以画出从简单线条到复杂形状等一切图形，还可以绘制对齐的文本和像素图。QPainter 类可以对继承自 QPaintDevice 类的任何对象进行操作，由于 QPixmap 类是 QPaintDevice 类的子类，因此可以使用 QPainter 类直接在 QPixmap 类上绘图：使用 QPainter::QPainter(QPaintDevice *device)方法构造一个 QPainter 对象，参数输入 QPixmap 对象即可。

使用 QPainter 类进行绘图时，常用的方法如下：

- setBrush()，设置画刷，用于填充形状的颜色或图案；
- setPen()，设置用于绘制线条或边界的画笔的属性，如颜色和粗细等；
- drawPoint()，绘制点，点的坐标由输入参数指定；
- drawLine()，绘制直线，由输入参数指定直线的两个端点的坐标；
- drawRect()，绘制矩形，输入参数指定顶点坐标。

更多的方法请参阅 QPainter 的帮助文档。

12.2.4　呼吸监测与显示应用程序运行效果

将人体生理参数监测系统硬件平台通过 USB 连接至计算机，双击运行本书配套资料包“03.Qt 应用程序\07.RespMonitor”目录下的 RespMonitor.exe，单击“串口设置”菜单，然后单击“打开串口”按钮。将人体生理参数监测系统硬件平台设置为输出呼吸数据，即可看到动态显示的呼吸波形以及呼吸率，如图 12-2 所示。由于呼吸监测与显示应用程序已经包含了体温和血压监测与显示功能，因此，如果人体生理参数监测系统硬件平台处于“五参演示”模式，则可以同时监测体温、血压和呼吸参数。

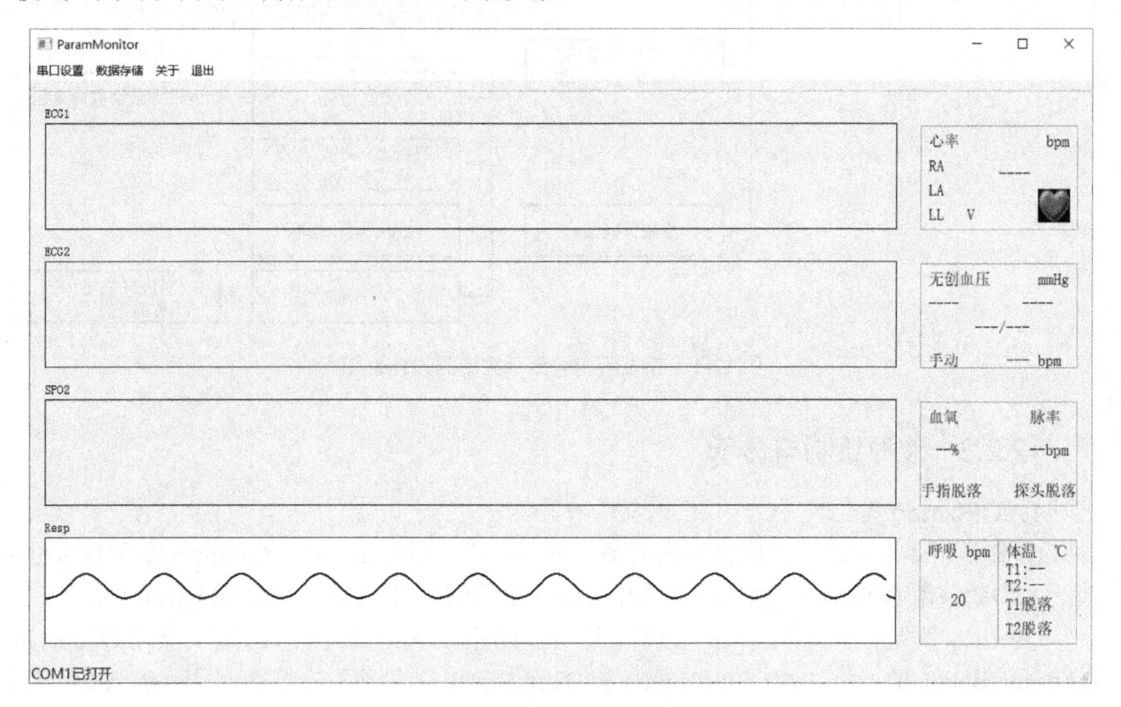

图 12-2　呼吸监测与显示效果图

12.3　实验步骤

步骤 1：复制基准项目

首先，将本书配套资料包中的“04.例程资料\Material\07.RespMonitor\RespMonitor”文件夹复制到“D:\QtProject”目录下，然后，在 Qt Creator 中打开 RespMonitor 项目。实际上，已经打开的 RespMonitor 项目是第 11 章已完成的项目，所以也可以基于第 11 章完成的 NIBPMonitor 项目开展本实验。

步骤 2：添加 formresp.ui 和 formresp 文件对

将本书配套资料包“04.例程资料\Material\07.RespMonitor\StepByStep”文件夹中的 formresp.ui、formresp.h 和 formresp.cpp 文件复制到“D:\QtProject\RespMonitor”目录下，再将其添加到项目中。

步骤 3：完善 mainwindow.h 文件

双击打开 mainwindow.h 文件，在“包含头文件”区添加如程序清单 12-1 所示的第 8 行代码。

程序清单 12-1

```
1.  #include <QMainWindow>
2.  #include <QLabel>
3.  #include "formsetuart.h"
4.  #include "QSerialPort"
5.  #include "QSerialPortInfo"
6.  #include "packunpack.h"
7.  #include <QMutex>
8.  #include <QTimer>
```

在“类的定义”区添加如程序清单 12-2 所示的第 5 和第 14 至 15 行代码。

程序清单 12-2

```
1.  class MainWindow : public QMainWindow
2.  {
3.  ……
4.  protected:
5.      void timerEvent(QTimerEvent *event); //重载定时器方法
6.      bool eventFilter(QObject *obj, QEvent *ev);
7.
8.  private slots:
9.      ……
10.
11.     //血压设置
12.     void recNIBPSetData(QString mode);
13.
14.     //呼吸设置
15.     void recRespGain(QString gain, QByteArray data);
16.
17. private:
18.     ……
19. };
20.
21. #endif // MAINWINDOW_H
```

在“类的定义”区继续添加如程序清单 12-3 所示的第 10 至 14 行、第 28 至 35 行和第 44 至 45 行代码。

程序清单 12-3

```
1.  class MainWindow : public QMainWindow
2.  {
3.  ……
4.
5.  private:
6.      ……
7.      //接收定时器及线程锁
8.      QMutex mMutex;
9.
10.     //定时器
11.     int mTimer;
12.
13.     //演示相关
14.     bool mDisplayModeFlag;              //演示标志位
```

```
15.
16.     //体温探头
17.     QString mPrbType;
18.
19.     //血压
20.     QString mNIBPMode;       //血压测量模式
21.     bool mNIBPEnd;           //血压测量结束标志位
22.     int mCufPressure = 0;    //袖带压
23.     int mSysPressure = 0;    //收缩压
24.     int mDiaPressure = 0;    //舒张压
25.     int mMapPressure = 0;    //平均压
26.     int mPulseRate   = 0;    //脉率
27.
28.     //呼吸
29.     QString mRespGain;            //呼吸增益
30.     QList<ushort> mRespWave;      //线性链表，内容为 Resp 的波形数据
31.     QPixmap mPixmapResp;          //呼吸画布
32.     int mRespXStep;               //Resp 横坐标
33.     int mRespWaveNum;             //Resp 波形数
34.     bool mDrawResp;               //画图标志位
35.     ushort mRespWaveData;         //演示模式画图纵坐标
36.
37.     //数据处理方法
38.     void procUARTData();
39.     void dealRcvPackData();
40.     bool unpackRcvData(uchar recData);
41.
42.     void analyzeTempData(uchar packAfterUnpack[]); //分析体温
43.     void analyzeNIBPData(uchar packAfterUnpack[]); //分析血压
44.     void analyzeRespData(uchar packAfterUnpack[]); //分析呼吸
45.     void drawRespWave();                           //画呼吸波形
46. };
47.
48. #endif // MAINWINDOW_H
```

步骤 4：完善 mainwindow.cpp 文件

双击打开 mainwindow.cpp 文件，在“包含头文件”区添加如程序清单 12-4 所示的第 6 行和第 9 行代码。

程序清单 12-4

```
1.  #include "mainwindow.h"
2.  #include "ui_mainwindow.h"
3.  #include "global.h"
4.  #include <QMessageBox>
5.  #include <QDebug>
6.  #include <QPainter>
7.  #include "formtemp.h"
8.  #include "formnibp.h"
9.  #include "formresp.h"
```

在“宏定义”区添加如程序清单 12-5 所示的代码。

程序清单 12-5

```
1.  /*********************************************************************************
2.  *                                          宏定义
3.  *********************************************************************************/
4.  #define byte unsigned char
```

在“常量定义”区，添加如程序清单 12-6 所示的第 9 至 10 行代码。

程序清单 12-6

```
1.  ……
2.
3.  const uchar DAT_ECG_WAVE    = 0x02;  //心电波形数据
4.  const uchar DAT_ECG_LEAD    = 0x03;  //心电导联信息
5.  const uchar DAT_ECG_HR      = 0x04;  //心率
6.
7.  const int PACK_QUEUE_CNT = 4000;      //包数量
8.
9.  const int WAVE_X_SIZE = 1081; //图形区域长度
10. const int WAVE_Y_SIZE = 131;  //图形区域高度
```

在“成员方法实现”区的 MainWindow()方法中，添加如程序清单 12-7 所示的第 14 至 20 行和第 26 行代码。

程序清单 12-7

```
1.  MainWindow::MainWindow(QWidget *parent) :
2.      QMainWindow(parent),
3.      ui(new Ui::MainWindow)
4.  {
5.      ……
6.
7.      mPackUnpack = new PackUnpack();
8.      mPackAfterUnpackArr = new uchar*[PACK_QUEUE_CNT];
9.      for(int i = 0; i < PACK_QUEUE_CNT; i++)
10.     {
11.         mPackAfterUnpackArr[i] = new uchar[10]{0, 0, 0, 0, 0, 0, 0, 0, 0, 0};
12.     }
13.
14.     //呼吸画布初始化
15.     QPixmap pixResp(WAVE_X_SIZE, WAVE_Y_SIZE);
16.     mPixmapResp = pixResp;
17.     mPixmapResp.fill(Qt::white);
18.
19.     //打开定时器
20.     mTimer = startTimer(20);
21.
22.     //初始化参数
23.     uiInit();
24.
25.     ui->nibpInfoGroupBox->installEventFilter(this);
26.     ui->respInfoGroupBox->installEventFilter(this);
27.     ui->tempInfoGroupBox->installEventFilter(this);
28. }
```

在“成员方法实现”区的 eventFilter()方法中，添加如程序清单 12-8 所示的第 10 至 29 行代码。

（1）第 8 行代码：对应用程序界面的呼吸参数信息分组框的事件进行应答。

（2）第 10 行代码：判断事件类型是否为单击呼吸参数信息分组框。

（3）第 14 至 19 行代码：当串口号不为空，且在串口打开的情况下，弹出设置呼吸参数的窗口。

程序清单 12-8

```
1.  bool MainWindow::eventFilter(QObject *obj, QEvent *event)
2.  {
3.      ……
4.      else if(obj == ui->spo2InfoGroupBox)
5.      {
6.  
7.      }
8.      else if(obj == ui->respInfoGroupBox)
9.      {
10.         if(event->type() == QEvent::MouseButtonPress)
11.         {
12.             qDebug() << "respInfoGroupBox click";
13. 
14.             if((mSerialPort != NULL) && (mSerialPort->isOpen()))
15.             {
16.                 FormResp *formResp = new FormResp(mRespGain);
17.                 formResp->show();
18.                 connect(formResp, SIGNAL(sendRespData(QString, QByteArray)), this,
                                             SLOT(recRespGain(QString, QByteArray)));
19.             }
20.             else
21.             {
22. 
23.             }
24.             return true;
25.         }
26.         else
27.         {
28.             return false;
29.         }
30.     }
31.     ……
32. }
```

在“成员方法实现”区的 uiInit()方法中，添加如程序清单 12-9 所示的第 14 至 23 行代码，初始化呼吸参数。

程序清单 12-9

```
1.  void MainWindow::uiInit()
2.  {
3.      ……
4.  
5.      //初始化血压参数
```

```
6.      mNIBPMode = "手动";
7.      mNIBPEnd  = 0;
8.      mCufPressure = 0;   //袖带压
9.      mSysPressure = 0;   //收缩压
10.     mDiaPressure = 0;   //舒张压
11.     mMapPressure = 0;   //平均压
12.     mPulseRate   = 0;   //脉率
13.
14.     //初始化呼吸参数
15.     mRespWave.clear();
16.     mRespXStep   = 0;     //Resp 横坐标
17.     mRespWaveNum = 0;     //Resp 波形数
18.     mDrawResp = false;
19.     mRespGain = "X0.25";  //呼吸增益设置
20.     mRespWaveData = 50;
21.
22.     //初始化演示参数
23.     mDisplayModeFlag = false;
24. }
```

在“成员方法实现”区的 dealRcvPackData()方法中，添加如程序清单 12-10 所示的第 16 至 18 行和第 28 至 32 行代码。

（1）第 16 至 18 行代码：当模块 ID 为 DAT_RESP（0x11）时，调用 analyzeRespData()方法处理呼吸数据。

（2）第 28 至 32 行代码：刷新呼吸波形。

程序清单 12-10

```
1.  void MainWindow::dealRcvPackData()
2.  {
3.      ……
4.      for(int i = tailIndex; i < headIndex; i++)
5.      {
6.          index = i % PACK_QUEUE_CNT;
7.          //根据模块 ID 处理数据包
8.          switch(mPackAfterUnpackArr[index][0])
9.          {
10.         case DAT_TEMP:
11.             analyzeTempData(mPackAfterUnpackArr[index]);
12.             break;
13.         case DAT_NIBP:
14.             analyzeNIBPData(mPackAfterUnpackArr[index]);
15.             break;
16.         case DAT_RESP:
17.             analyzeRespData(mPackAfterUnpackArr[index]);
18.             break;
19.         default:
20.             break;
21.         }
22.     }
23.
24.     mMutex.lock();
25.     mPackTail = (mPackTail + cnt) % PACK_QUEUE_CNT;
```

```
26.     mMutex.unlock();
27.
28.     //刷新波形
29.     if(mRespWave.count() > 2)
30.     {
31.         mDrawResp = true;
32.     }
33. }
```

在 analyzeNIBPData()方法后面添加 analyzeRespData()方法的实现代码，如程序清单 12-11 所示，下面按照顺序对部分语句进行解释。

（1）第 1 行代码：analyzeRespData()方法用于分析呼吸数据包。

（2）第 11 至 17 行代码：若数据包的二级 ID 为 DAT_RESP_WAVE（呼吸波形数据），则将呼吸波形数据存入链表 mRespWave 中。

（3）第 20 行代码：数据包的二级 ID 为 DAT_RESP_RR（呼吸数据）。

（4）第 21 至 25 行代码：计算呼吸率。

（5）第 27 至 34 行代码：若计算得到的呼吸率 respRate 大于等于 255，将其视为无效值，且不显示呼吸率；若小于 255，则在呼吸参数信息分组框显示呼吸率。

程序清单 12-11

```
1.  void MainWindow::analyzeRespData(uchar packAfterUnpack[])
2.  {
3.      uchar respWave = 0;         //呼吸波形数据
4.      ushort respRate = 0;        //呼吸率值
5.      byte respRateHByte = 0;     //呼吸率高字节
6.      byte respRateLByte = 0;     //呼吸率低字节
7.
8.      switch(packAfterUnpack[1])
9.      {
10.     //波形数据
11.     case DAT_RESP_WAVE:
12.         for(int i = 2; i < 7; i++)
13.         {
14.             respWave = packAfterUnpack[i];
15.             mRespWave.append(respWave);
16.         }
17.         break;
18.
19.     //呼吸数据
20.     case DAT_RESP_RR:
21.         respRateHByte = packAfterUnpack[2];
22.         respRateLByte = packAfterUnpack[3];
23.         respRate = (ushort)(respRate | respRateHByte);
24.         respRate = (ushort)(respRate << 8);
25.         respRate = (ushort)(respRate | respRateLByte);
26.
27.         if(respRate >= 255)
28.         {
29.             ui->respRateLabel->setText("---"); //呼吸率值最大不超过 255，若超过 255 则视为
                                                      无效值，不显示呼吸率
```

```
30.         }
31.         else
32.         {
33.             ui->respRateLabel->setText(QString::number(respRate, 10));
34.         }
35.
36.         break;
37.
38.     default:
39.         break;
40.     }
41. }
```

在 analyzeRespData()方法后面添加 drawRespWave()方法的实现代码，如程序清单 12-12 所示，下面按照顺序对部分代码进行解释。

（1）第 1 行代码：drawRespWave()方法用于绘制呼吸波形。

（2）第 13 行代码：通过 count()方法获取链表 mRespWave 中数据的个数，减 1 后赋值给 respCnt。

（3）第 29 至 41 行代码：根据不同情况定义用于显示呼吸波形的矩形框。

（4）第 50 至 52 行代码：每次在呼吸波形画布上确定两个点，然后通过 drawLine()方法将两个点连接起来。

（5）第 60 至 62 行代码：当画完一次完整的呼吸波形后，记录呼吸波形的最后一个点，作为下一个呼吸波形的起点。

程序清单 12-12

```
1.  void MainWindow::drawRespWave()
2.  {
3.      if(mDrawResp)
4.      {
5.          mDrawResp = false;
6.
7.          int respCnt;
8.          ushort unRespData;
9.          ushort unRespWaveData;
10.
11.         if(!mDisplayModeFlag)
12.         {
13.             respCnt = mRespWave.count() - 1;
14.         }
15.         else
16.         {
17.             respCnt = 2;
18.         }
19.
20.         if(respCnt < 2)
21.         {
22.             return;
23.         }
24.
25.         QPainter painterResp(&mPixmapResp);
```

```
26.         painterResp.setBrush(Qt::white);
27.         painterResp.setPen(QPen(Qt::white, 1, Qt::SolidLine));
28.
29.         if(respCnt >= 1080 - mRespXStep)
30.         {
31.             QRect rct(mRespXStep, 0, 1080 - mRespXStep, 130);
32.             painterResp.drawRect(rct);
33.
34.             QRect rect(0, 0, respCnt + mRespXStep - 1080, 130);
35.             painterResp.drawRect(rect);
36.         }
37.         else
38.         {
39.             QRect rct(mRespXStep, 0, respCnt, 130);
40.             painterResp.drawRect(rct);
41.         }
42.
43.         painterResp.setPen(QPen(Qt::black, 2, Qt::SolidLine));
44.
45.         //监护模式绘图
46.         if(!mDisplayModeFlag)
47.         {
48.             for(int i = 0; i < respCnt; i++)
49.             {
50.                 QPoint point1(mRespXStep, 110 - mRespWave.at(i) / 2.55);
51.                 QPoint point2(mRespXStep + 1, 110 - mRespWave.at(i + 1)/ 2.55);
52.                 painterResp.drawLine(point1, point2);
53.                 mRespXStep++;
54.                 if(mRespXStep >= 1080)
55.                 {
56.                     mRespXStep = 1;
57.                 }
58.             }
59.
60.             double tail = mRespWave.last();
61.             mRespWave.clear();
62.             mRespWave.append(tail);
63.         }
64.         //演示模式绘图
65.         else if(mDisplayModeFlag)
66.         {
67.             for(int i = 0; i < respCnt; i++)
68.             {
69.                 unRespData = mRespWave.takeFirst();
70.                 unRespWaveData = 110 - unRespData / 2.55;
71.                 painterResp.drawLine(mRespXStep, mRespWaveData, mRespXStep + 1,
                                                                    unRespWaveData);
72.                 mRespWaveData = unRespWaveData;
73.                 mRespXStep++;
74.
75.                 if(mRespXStep >= 1080)
76.                 {
```

```
77.                     mRespXStep = 1;
78.                 }
79.             }
80.         }
81.
82.         ui->respWaveLabel->setPixmap(mPixmapResp);
83.     }
84. }
```

在 drawRespWave()方法后面添加 timerEvent()方法的实现代码，如程序清单 12-13 所示。当定时器定时完成时，调用 drawRespWave()方法绘制呼吸波形。

程序清单 12-13

```
1.  void MainWindow::timerEvent(QTimerEvent *event)
2.  {
3.      if(event->timerId() == mTimer)
4.      {
5.          drawRespWave();
6.      }
7.  }
```

在 recNIBPSetData()槽函数后面添加呼吸参数设置槽函数 recRespGain()的实现代码，如程序清单 12-14 所示。

程序清单 12-14

```
1.  void MainWindow::recRespGain(QString gain, QByteArray data)
2.  {
3.      mRespGain = gain;
4.      writeSerial(data);
5.  }
```

最后，构建并运行项目，验证运行效果是否与 12.2.4 节一致。

本 章 任 务

基于前面学习的知识及对本章代码的理解，以及第 9 章已完成的独立测量呼吸界面，设计一个只监测和显示呼吸参数的应用。

本 章 习 题

1．在 Qt 中，用于处理图像数据的类有哪些？
2．呼吸率的单位是 bpm，解释该单位的意义。
3．正常成人呼吸率的取值范围是多少？正常新生儿呼吸率的取值范围是多少？
4．如果呼吸率为 25bpm，按照附录 B 中的图 B-11 定义的呼吸率数据包应该是怎样的？

第 13 章　血氧监测与显示实验

在实现体温、血压与呼吸监测的基础上，本章继续添加血氧监测的底层驱动程序，并对血氧数据处理过程进行详细介绍。

13.1　实验内容

了解血氧数据处理过程，学习血氧数据包的 PCT 通信协议和 Qt 中的相关方法和命令，以及如何通过 Qt 画血氧波形图；完善处理血氧数据的底层驱动程序；通过 Windows 平台和人体生理参数监测系统硬件平台对系统进行验证。

13.2　实验原理

13.2.1　血氧测量原理

血氧饱和度（SpO2）即血液中氧的浓度，它是呼吸循环的重要生理参数。临床上，一般认为 SpO2 的正常值不能低于 94%，低于 94%则被认为供氧不足。有学者将 SpO2<90%定为低氧血症的标准。

人体内的血氧含量需要维持在一定的范围内才能够保持人体的健康，血氧不足时容易产生注意力不集中、记忆力减退、头晕目眩、焦虑等症状。如果人体长期缺氧，会导致心肌衰竭、血压下降，以致无法维持正常的血液循环；更有甚者，长期缺氧会直接损害大脑皮层，造成脑组织的变性和坏死。监测血氧能够帮助预防生理疾病的发生，如果出现缺氧状况，能够及时做出补氧决策，减小因血氧导致的生理疾病发生的概率。

传统的血氧饱和度测量方法是利用血氧分析仪对人体新采集的血样进行电化学分析，然后通过相应的测量参数计算出血氧饱和度。本实验采用的是目前流行的指套式光电传感器测量血氧的方法。测量时，只需将传感器套在人手指上，然后将采集到的信号经处理后传到主机，即可观察人体血氧饱和度的情况。

血液中氧的浓度可以用血氧饱和度（SpO2）来表示。血氧饱和度（SpO2）是血液中氧合血红蛋白（HbO2）的容量占所有可结合的血红蛋白（HbO2+Hb，即氧合血红蛋白+还原血红蛋白）容量的百分比，即

$$\mathrm{SpO2} = \frac{C_{\mathrm{HbO2}}}{C_{\mathrm{HbO2}} + C_{\mathrm{Hb}}} \times 100\%$$

对同一种波长的光或不同波长的光，氧合血红蛋白（HbO2）和还原血红蛋白（Hb）对光的吸收存在很大的差别，而且在近红外区域内，它们对光的吸收存在独特的吸收峰；在血液循环中，动脉中的血液含量会随着脉搏的跳动而产生变化，这说明光透射过血液的光程也产生了变化，而动脉血对光的吸收量会随着光程的改变而改变，由此能够推导出血氧探头输出的信号强度随脉搏波的变化而变化，根据朗伯-比尔定律可推导出脉搏血氧饱和度。

脉搏是指人体浅表可触摸到的动脉搏动。脉率是指每分钟的动脉搏动次数，正常情况下脉率和心率是一致的。动脉的搏动是有节律的，脉搏波结构如图 13-1 所示。其中，① 升支：脉搏波形中由基线升至主波波峰的一条上升曲线，是心室的快速射血时期；② 降支：脉搏波

形中由主波波峰至基线的一条下降曲线，是心室射血后期至下一次心动周期的开始；③ 主波：主体波幅，一般顶点为脉搏波形图的最高峰，反映动脉内压力与容积的最大值；④ 潮波：又称为重搏前波，位于降支主波之后，一般低于主波而高于重搏波，反映左心室停止射血，动脉扩张降压，逆向反射波；⑤ 降中峡：或称降中波，是主波降支与重搏波升支构成的向下的波谷，表示主动脉静压排空时间，为心脏收缩与舒张的分界点；⑥ 重搏波：是降支中突出的一个上升波，为主动脉瓣关闭、主动脉弹性回缩波。脉搏波含有人体重要的生理信息，对脉搏波和脉率的分析对于测量血氧饱和度具有重要的意义。

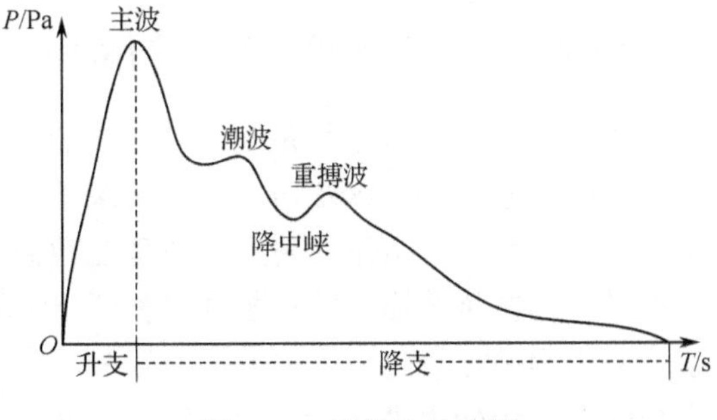

图 13-1　脉搏波结构图

本章实验通过透射式测量方法实现在一定范围内对血氧饱和度、脉率的精确测量，以及对脉搏波和手指脱落情况的实时监测。实验用到血氧波形数据包和血氧数据包可参见附录 B 的图 B-15 和图 B-16。计算机（主机）在接收到人体生理参数监测系统（从机）发送的血氧波形数据包和血氧数据包后，通过应用程序窗口实时显示脉搏波、手指脱落状态、血氧饱和度和脉率值。

13.2.2　设计框图

血氧监测与显示应用的设计框图如图 13-2 所示。

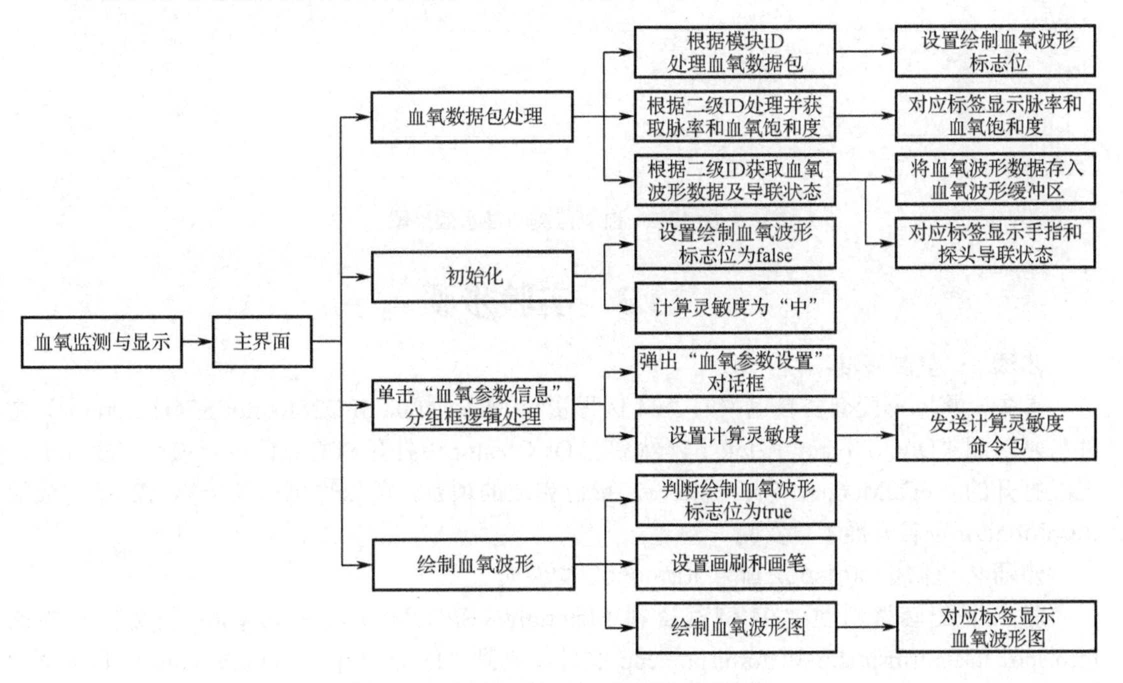

图 13-2　血氧监测与显示应用的设计框图

13.2.3　血氧监测与显示应用程序运行效果

将人体生理参数监测系统硬件平台通过 USB 连接至计算机，双击运行本书配套资料包“03.Qt 应用程序\08.SPO2Monitor”目录下的 SPO2Monitor.exe，单击“串口设置”菜单，然后单击“打开串口”按钮。将人体生理参数监测系统硬件平台设置为输出血氧数据，即可看到动态显示的血氧波形，以及血氧饱和度、脉率、导联状态，如图 13-3 所示。由于血氧监测与显示应用程序已经包含了体温、血压和呼吸监测与显示功能，因此，如果人体生理参数监测系统硬件平台处于“五参演示”模式，就可以同时监测体温、血压、呼吸和血氧参数。

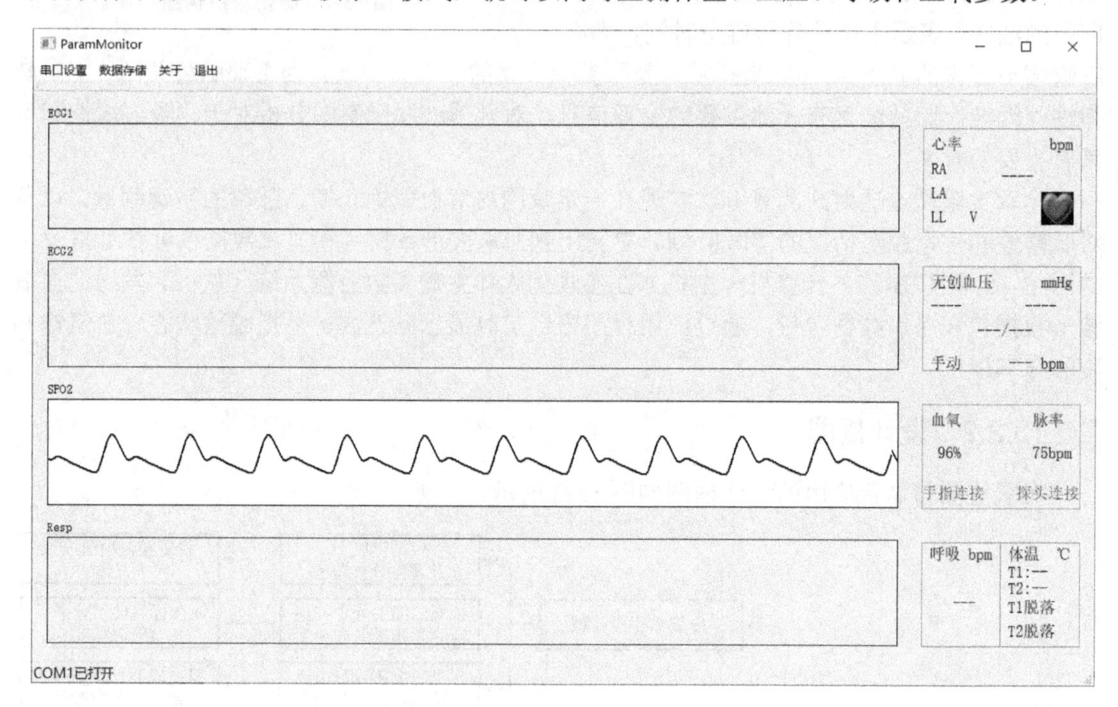

图 13-3　血氧监测与显示效果图

13.3　实验步骤

步骤 1：复制基准项目

首先，将本书配套资料包中的“04.例程资料\Material\08.SPO2Monitor\SPO2Monitor”文件夹复制到“D:\QtProject”目录下，然后在 Qt Creator 中打开 SPO2Monitor 项目。实际上，已经打开的 SPO2Monitor 项目是第 12 章已完成的项目，所以也可以基于第 12 章完成的 RespMonitor 项目开展本章实验。

步骤 2：添加 formspo2.ui 和 formspo2 文件对

将本书配套资料包“04.例程资料\Material\08.SPO2Monitor\StepByStep”文件夹中的 formspo2.ui、formspo2.h 和 formspo2.cpp 文件复制到“D:\QtProject\SPO2Monitor”目录下，再将其添加到项目中。

步骤 3：完善 mainwindow.h 文件

双击打开 mainwindow.h 文件，在“类的定义”区添加如程序清单 13-1 所示的第 10 至 11 行、第 25 至 32 行和第 43 至 44 行代码。

程序清单 13-1

```
1.  class MainWindow : public QMainWindow
2.  {
3.  ……
4.  private slots:
5.      ……
6.
7.      //呼吸设置
8.      void recRespGain(QString gain, QByteArray data);
9.
10.     //血氧设置
11.     void recSPO2Data(QString sens, QByteArray data);
12.
13. private:
14.     ……
15.
16.     //呼吸
17.     QString mRespGain;             //呼吸增益
18.     QList<ushort> mRespWave;       //线性链表，内容为 Resp 的波形数据
19.     QPixmap mPixmapResp;           //呼吸画布
20.     int mRespXStep;                //Resp 横坐标
21.     int mRespWaveNum;              //Resp 波形数
22.     bool mDrawResp;                //画图标志位
23.     ushort mRespWaveData;          //演示模式画图纵坐标
24.
25.     //血氧
26.     QString mSPO2Sens;             //血氧灵敏度
27.     QList<ushort> mSPO2Wave;       //线性链表，内容为 SPO2 的波形数据
28.     QPixmap mPixmapSPO2;           //血氧画布
29.     int mSPO2XStep;                //SPO2 横坐标
30.     int mSPO2WaveNum;              //SPO2 波形数
31.     bool mDrawSPO2;                //画图标志位
32.     ushort mSPO2WaveData;          //演示模式画图纵坐标
33.
34.     //数据处理方法
35.     void procUARTData();
36.     void dealRcvPackData();
37.     bool unpackRcvData(uchar recData);
38.
39.     void analyzeTempData(uchar packAfterUnpack[]); //分析体温
40.     void analyzeNIBPData(uchar packAfterUnpack[]); //分析血压
41.     void analyzeRespData(uchar packAfterUnpack[]); //分析呼吸
42.     void drawRespWave();                           //画呼吸波形
43.     void analyzeSPO2Data(uchar packAfterUnpack[]); //分析血氧
44.     void drawSPO2Wave();                           //画血氧波形
45. };
46.
47. #endif // MAINWINDOW_H
```

步骤 4：完善 mainwindow.cpp 文件

双击打开 mainwindow.cpp 文件，在“包含头文件”区添加如程序清单 13-2 所示的第 10 行代码。

程序清单 13-2

```
1.  #include "mainwindow.h"
2.  #include "ui_mainwindow.h"
3.  #include "global.h"
4.  #include <QMessageBox>
5.  #include <QDebug>
6.  #include <QPainter>
7.  #include "formtemp.h"
8.  #include "formnibp.h"
9.  #include "formresp.h"
10. #include "formspo2.h"
```

在“成员方法实现”区的 MainWindow()方法中，添加如程序清单 13-3 所示的第 12 至 15 行和第 24 行代码。

程序清单 13-3

```
1.  MainWindow::MainWindow(QWidget *parent):
2.      QMainWindow(parent),
3.      ui(new Ui::MainWindow)
4.  {
5.      ……
6.  
7.      //呼吸画布初始化
8.      QPixmap pixResp(WAVE_X_SIZE, WAVE_Y_SIZE);
9.      mPixmapResp = pixResp;
10.     mPixmapResp.fill(Qt::white);
11. 
12.     //血氧画布初始化
13.     QPixmap pixSPO2(WAVE_X_SIZE, WAVE_Y_SIZE);
14.     mPixmapSPO2 = pixSPO2;
15.     mPixmapSPO2.fill(Qt::white);
16. 
17.     //打开定时器
18.     mTimer = startTimer(20);
19. 
20.     //初始化参数
21.     uiInit();
22. 
23.     ui->nibpInfoGroupBox->installEventFilter(this);
24.     ui->spo2InfoGroupBox->installEventFilter(this);
25.     ui->respInfoGroupBox->installEventFilter(this);
26.     ui->tempInfoGroupBox->installEventFilter(this);
27. }
```

在“成员方法实现”区的 eventFilter()方法中，添加如程序清单 13-4 所示的第 10 至 29 行代码。

（1）第 8 行代码：对应用程序界面中的血氧参数信息分组框的事件进行应答。

（2）第 10 行代码：判断事件类型是否为单击血氧参数信息分组框。

（3）第 14 至 19 行代码：当串口号不为空，且在串口打开的情况下，弹出设置血氧参数的窗口。

程序清单 13-4

```
1.  bool MainWindow::eventFilter(QObject *obj, QEvent *event)
2.  {
3.      ……
4.      else if(obj == ui->nibpInfoGroupBox)
5.      {
6.          ……
7.      }
8.      else if(obj == ui->spo2InfoGroupBox)
9.      {
10.         if(event->type() == QEvent::MouseButtonPress)
11.         {
12.             qDebug() << "spo2InfoGroupBox click";
13.
14.             if((mSerialPort != NULL) && (mSerialPort->isOpen()))
15.             {
16.                 FormSPO2 *formSPO2 = new FormSPO2(mSPO2Sens);
17.                 formSPO2->show();
18.                 connect(formSPO2, SIGNAL(sendSPO2Data(QString, QByteArray)), this,
                                                  SLOT(recSPO2Data(QString, QByteArray)));
19.             }
20.             else
21.             {
22.
23.             }
24.             return true;
25.         }
26.         else
27.         {
28.             return false;
29.         }
30.     }
31.     ……
32. }
```

在“成员方法实现”区的 uiInit()方法中，添加如程序清单 13-5 所示的第 13 至 19 行代码，初始化血氧参数。

程序清单 13-5

```
1.  void MainWindow::uiInit()
2.  {
3.      ……
4.
5.      //初始化呼吸参数
6.      mRespWave.clear();
7.      mRespXStep   = 0;      //Resp 横坐标
8.      mRespWaveNum = 0;      //Resp 波形数
9.      mDrawResp = false;
10.     mRespGain = "X0.25";  //呼吸增益设置
11.     mRespWaveData = 50;
12.
13.     //初始化血氧参数
```

```
14.     mSPO2Wave.clear();
15.     mSPO2XStep   = 0;      //SPO2 横坐标
16.     mSPO2WaveNum = 0;      //SPO2 波形数
17.     mDrawSPO2 = false;
18.     mSPO2Sens = "中";      //血氧灵敏度设置
19.     mSPO2WaveData = 77;
20.
21.     //初始化演示参数
22.     mDisplayModeFlag = false;
23. }
```

在“成员方法实现”区的 DealRcvPackData()方法中，添加如程序清单 13-6 所示的第 19 至 21 行和第 37 至 41 行代码。

（1）第 19 至 21 行代码：当模块 ID 为 DAT_SPO2（0x13）时，调用 analyzeSPO2Data()方法处理血氧数据。

（2）第 37 至 41 行代码：刷新血氧波形。

程序清单 13-6

```
1.  void MainWindow::DealRcvPackData()
2.  {
3.      ……
4.      for(int i = tailIndex; i < headIndex; i++)
5.      {
6.          index = i % PACK_QUEUE_CNT;
7.          //根据模块 ID 处理数据包
8.          switch(mPackAfterUnpackArr[index][0])
9.          {
10.         case DAT_TEMP:
11.             analyzeTempData(mPackAfterUnpackArr[index]);
12.             break;
13.         case DAT_NIBP:
14.             analyzeNIBPData(mPackAfterUnpackArr[index]);
15.             break;
16.         case DAT_RESP:
17.             analyzeRespData(mPackAfterUnpackArr[index]);
18.             break;
19.         case DAT_SPO2:
20.             analyzeSPO2Data(mPackAfterUnpackArr[index]);
21.             break;
22.         default:
23.             break;
24.         }
25.     }
26.
27.     mMutex.lock();
28.     mPackTail = (mPackTail + cnt) % PACK_QUEUE_CNT;
29.     mMutex.unlock();
30.
31.     //刷新波形
32.     if(mRespWave.count() > 2)
33.     {
34.         mDrawResp = true;
```

```
35.         }
36.
37.         //刷新波形
38.         if(mSPO2Wave.count() > 2)
39.         {
40.             mDrawSPO2 = true;
41.         }
42. }
```

在 drawRespWave()方法后面添加 analyzeSPO2Data()方法的实现代码，如程序清单 13-7 所示，下面按照顺序对部分语句进行解释。

（1）第 1 行代码：analyzeSPO2Data()方法用于分析血氧数据包。

（2）第 14 至 19 行代码：若数据包的二级 ID 为 DAT_SPO2_WAVE（血氧波形数据），则将血氧波形数据存入链表 mSPO2Wave 中。

（3）第 21 至 22 行代码：获取手指脱落信息与探头脱落信息。

（4）第 24 至 33 行代码：当 fingerLead 的值为 0x01 时，在血氧参数信息分组框中的 spo2FingerLeadLabel 标签上显示“手指脱落”，颜色为红色；否则显示“手指连接”，颜色为绿色。

（5）第 35 至 44 行代码：当 probeLead 的值为 0x01 时，在血氧参数信息分组框中的 spo2PrbLeadLabel 标签上显示“探头脱落”，颜色为红色；否则显示“探头连接”，颜色为绿色。

（6）第 50 至 54 行代码：计算脉率。

（7）第 56 至 59 行代码：若计算得到的脉率 pulseRate≥300，将其视为无效值，并赋值 0。

（8）第 63 至 73 行代码：获取血氧饱和度（spo2Value），当血氧饱和度满足 0<spo2 Value<100 时，在血氧参数信息分组框中的 spo2DataLabel 标签上显示血氧饱和度值；否则不显示。

程序清单 13-7

```
1.  void MainWindow::analyzeSPO2Data(uchar packAfterUnpack[])
2.  {
3.      ushort spo2Wave = 0;                //血氧波形数据
4.      ushort pulseRate = 0;               //脉率值
5.      byte pulseRateHByte = 0;            //脉率高字节
6.      byte pulseRateLByte = 0;            //脉率低字节
7.      byte spo2Value = 0;                 //血氧饱和度
8.      byte fingerLead = 0;                //手指连接信息
9.      byte probeLead = 0;                 //探头连接信息
10.
11.     switch(packAfterUnpack[1])
12.     {
13.     //波形数据
14.     case DAT_SPO2_WAVE:
15.         for(int i = 2; i < 7; i++)
16.         {
17.             spo2Wave = (ushort)packAfterUnpack[i];
18.             mSPO2Wave.append(spo2Wave);
19.         }
20.
21.         fingerLead = (byte)((packAfterUnpack[7] & 0x80) >> 7);        //手指脱落信息
```

```
22.         probeLead = (byte)((packAfterUnpack[7] & 0x10) >> 4);          //探头脱落信息
23.
24.         if(fingerLead == 0x01)
25.         {
26.           ui->spo2FingerLeadLabel->setStyleSheet("color:red;");
27.           ui->spo2FingerLeadLabel->setText("手指脱落");
28.         }
29.         else
30.         {
31.           ui->spo2FingerLeadLabel->setStyleSheet("color:green;");
32.           ui->spo2FingerLeadLabel->setText("手指连接");
33.         }
34.
35.         if(probeLead == 0x01)
36.         {
37.           ui->spo2PrbLeadLabel->setStyleSheet("color:red;");
38.           ui->spo2PrbLeadLabel->setText("探头脱落");
39.         }
40.         else
41.         {
42.           ui->spo2PrbLeadLabel->setStyleSheet("color:green;");
43.           ui->spo2PrbLeadLabel->setText("探头连接");
44.         }
45.         break;
46.
47.     //血氧数据
48.     case DAT_SPO2_DATA:
49.         //脉率
50.         pulseRateHByte = packAfterUnpack[3];
51.         pulseRateLByte = packAfterUnpack[4];
52.         pulseRate = (ushort)(pulseRate | pulseRateHByte);
53.         pulseRate = (ushort)(pulseRate << 8);
54.         pulseRate = (ushort)(pulseRate | pulseRateLByte);
55.
56.         if(pulseRate >= 300)
57.         {
58.             pulseRate = 0;    //脉率值最大不超过 300，超过 300 则视为无效值，给其赋 0 即可
59.         }
60.
61.         ui->spo2PRLabel->setText(QString::number(pulseRate, 10));
62.
63.         //血氧饱和度
64.         spo2Value = packAfterUnpack[5];
65.
66.         if((0 < spo2Value) && (100 > spo2Value))
67.         {
68.             ui->spo2DataLabel->setText(QString::number(spo2Value, 10));
69.         }
70.         else
71.         {
72.             ui->spo2DataLabel->setText("---");
73.         }
```

```
74.
75.             break;
76.
77.         default:
78.             break;
79.         }
80. }
```

在 analyzeSPO2Data()方法后面添加 drawSPO2Wave()方法的实现代码，如程序清单 13-8 所示，下面按照顺序对部分语句进行解释。

（1）第 1 行代码：drawSPO2Wave()方法用于绘制血氧波形。

（2）第 13 行代码：通过 count()方法获取链表 mSPO2Wave 中数据的个数，减 1 后赋值给 spo2Cnt。

（3）第 29 至 41 行代码：根据不同情况定义用于显示血氧波形的矩形框。

（4）第 50 至 53 行代码：每次在血氧波形画布上确定两个点，然后通过 drawLine()方法将两个点连接起来。

（5）第 63 至 65 行代码：每当画完一次完整的血氧波形，记录血氧波形的最后一个点，作为下一个血氧波形的起点。

程序清单 13-8

```
1.  void MainWindow::drawSPO2Wave()
2.  {
3.      if(mDrawSPO2)
4.      {
5.          mDrawSPO2 = false;
6.
7.          int spo2Cnt;
8.          ushort unSPO2Data;
9.          ushort unSPO2WaveData;
10.
11.         if(!mDisplayModeFlag)
12.         {
13.             spo2Cnt = mSPO2Wave.count() - 1;
14.         }
15.         else
16.         {
17.             spo2Cnt = 10;
18.         }
19.
20.         if(spo2Cnt < 2)
21.         {
22.             return;
23.         }
24.
25.         QPainter painterSPO2(&mPixmapSPO2);
26.         painterSPO2.setBrush(Qt::white);
27.         painterSPO2.setPen(QPen(Qt::white, 1, Qt::SolidLine));
28.
29.         if(spo2Cnt >= 1080 - mSPO2XStep)
30.         {
```

```
31.            QRect rct(mSPO2XStep, 0, 1080 - mSPO2XStep, 130);
32.            painterSPO2.drawRect(rct);
33.
34.            QRect rect(0, 0, spo2Cnt + mSPO2XStep - 1080, 130);
35.            painterSPO2.drawRect(rect);
36.        }
37.        else
38.        {
39.            QRect rct(mSPO2XStep, 0, spo2Cnt, 130);
40.            painterSPO2.drawRect(rct);
41.        }
42.
43.        painterSPO2.setPen(QPen(Qt::black, 2, Qt::SolidLine));
44.
45.        //监护模式绘图
46.        if(!mDisplayModeFlag)
47.        {
48.            for(int i = 0; i < spo2Cnt; i++)
49.            {
50.                QPoint point1(mSPO2XStep, 110 - mSPO2Wave.at(i) / 2.55);
51.                QPoint point2(mSPO2XStep + 1, 110 - mSPO2Wave.at(i + 1)/ 2.55);
52.
53.                painterSPO2.drawLine(point1, point2);
54.
55.                mSPO2XStep++;
56.
57.                if(mSPO2XStep >= 1080)
58.                {
59.                    mSPO2XStep = 1;
60.                }
61.            }
62.
63.            double tail = mSPO2Wave.last();
64.            mSPO2Wave.clear();
65.            mSPO2Wave.append(tail);
66.        }
67.        //演示模式绘图
68.        else if(mDisplayModeFlag)
69.        {
70.            for(int i = 0; i < spo2Cnt; i++)
71.            {
72.                unSPO2Data = mSPO2Wave.at(0);
73.                unSPO2WaveData = 110 - unSPO2Data / 2.55;
74.                painterSPO2.drawLine(mSPO2XStep, mSPO2WaveData, mSPO2XStep + 1,
                                                                                unSPO2WaveData);
75.
76.                mSPO2WaveData = unSPO2WaveData;
77.                mSPO2XStep++;
78.
79.                if(mSPO2XStep >= 1080)
80.                {
81.                    mSPO2XStep = 1;
```

```
82.                 }
83.
84.                 mSPO2Wave.removeFirst();
85.             }
86.         }
87.
88.         ui->spo2WaveLabel->setPixmap(mPixmapSPO2);
89.     }
90. }
```

在“成员方法实现”区的 timerEvent()方法中，添加如程序清单 13-9 所示的第 6 行代码。

程序清单 13-9

```
1.  void MainWindow::timerEvent(QTimerEvent *event)
2.  {
3.      if(event->timerId() == mTimer)
4.      {
5.          drawRespWave();
6.          drawSPO2Wave();
7.      }
8.  }
```

在 recRespGain()槽函数后面添加血氧参数设置槽函数 recSPO2Data()的实现代码，如程序清单 13-10 所示。

程序清单 13-10

```
1.  void MainWindow::recSPO2Data(QString sens, QByteArray data)
2.  {
3.      mSPO2Sens = sens;
4.      writeSerial(data);
5.  }
```

最后，构建并运行项目，验证运行效果是否与 13.2.3 节一致。

本 章 任 务

基于前面学习的知识及对本章代码的理解，以及第 9 章已完成的独立测量血氧界面，设计一个只监测和显示血氧参数的应用。

本 章 习 题

1. 脉率和心率有什么区别？

2. 正常成人血氧饱和度的取值范围是多少？正常新生儿血氧饱和度的取值范围是多少？

3. 如果血氧波形数据 1～5 均为 128，血氧探头和手指均为脱落状态，按照附录 B 的图 B-15 定义的血氧波形数据包应该是怎样的？

第 14 章　心电监测与显示实验

在实现体温、血压、呼吸与血氧监测的基础上，本章继续添加心电监测的底层驱动程序，并对心电数据处理过程进行详细介绍。

14.1　实验内容

了解心电数据处理过程，学习心电数据包的 PCT 通信协议和 Qt 中的相关方法及命令，以及如何通过 Qt 画心电波形图；完善处理心电数据的底层驱动程序；通过 Windows 平台和人体生理参数监测系统硬件平台对系统进行验证。

14.2　实验原理

14.2.1　心电测量原理

心电信号来源于心脏的周期性活动。在每个心动周期中，心脏窦房结细胞内外首先产生电位的急剧变化（动作电位），而这种电位的变化通过心肌细胞依次向心房和心室传播，并在体表不同部位形成一次有规律的电位变化。将体表不同时期的电位差信号连续采集、放大，并连续实时地显示，便形成心电图（ECG）。

在人体不同部位放置电极，并通过导联线与心电图机放大电路的正负极相连，这种记录心电图的电路连接方法称为心电图导联。目前广泛采纳的国际通用导联体系称为常规 12 导联体系，包括与肢体相连的肢体导联和与胸部相连的胸导联。

心电测量主要有以下功能：记录人体心脏的电活动，诊断是否存在心律失常的情况；诊断心肌梗死的部位、范围和程度，有助于预防冠心病；判断药物或电解质情况对心脏的影响，例如，有房颤的患者在服用胺碘酮药物后应定期做心电测量，以便于观察疗效；判断人工心脏起搏器的工作状况。

心电图是心脏搏动时产生的生物电位变化曲线，是客观反映心脏电兴奋的发生、传播及恢复过程的重要生理指标，如图 14-1 所示。

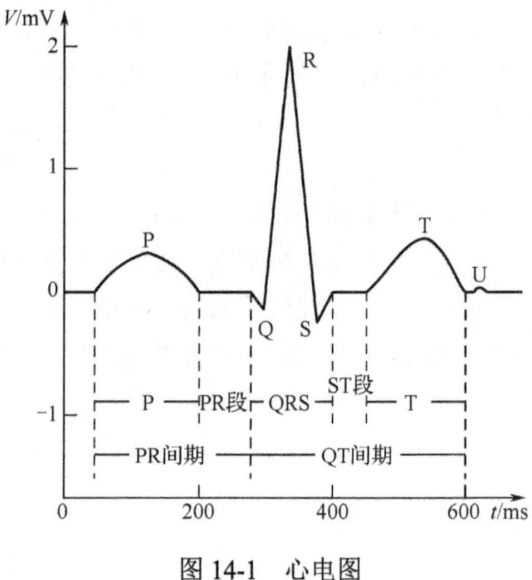

图 14-1　心电图

临床上根据心电图波形的形态、波幅及各波之间的时间关系，能诊断出心脏可能发生的疾病，如心律不齐、心肌梗死、期前收缩、心脏异位搏动等。

心电图信号主要包括以下几个典型波形和波段。

1. P 波

心脏的兴奋发源于窦房结，最先传至心房。因此，心电图各波中最先出现的是代表左右心房兴奋过程的 P 波。心脏兴奋在向两心房传播的过程中，其心电去极化的综合向量先指向左下肢，然后逐渐转向左上肢。如果将各瞬间心房去极化的综合向量连接起来，便形成一个代表心房去极化的空间向量环，简称 P 环。通过 P 环在各导联轴上的投影即得出各导联上不同的 P 波。P 波形小而圆钝，随各导联稍有不同。P 波的宽度一般不超过 0.11s，多为 0.06～0.10s。电压（幅度）不超过 0.25mV，多为 0.05～0.20mV。

2. PR 段

PR 段是指从 P 波的终点到 QRS 复合波起点的间隔时间，它通常与基线为同一水平线。PR 段代表从心房开始兴奋到心室开始兴奋的时间，即兴奋通过心房、房室结和房室束的传导时间。成人的 PR 段一般为 0.12～0.20s，小儿的稍短。这一期间随着年龄的增长有加长的趋势。

3. QRS 复合波

QRS 复合波代表两心室兴奋传播过程的电位变化。由窦房结产生的兴奋波，经传导系统首先到达室间隔的左侧面，然后按一定的路线和方向，由内层向外层依次传播。随着心室各部位先后去极化形成多个瞬间综合心电向量，在额面的导联轴上的投影，便是心电图肢体导联的 QRS 复合波。典型的 QRS 复合波包括三个相连的波动。第一个向下的波为 Q 波，继 Q 波后一个狭窄向上的波为 R 波，与 R 波相连接的又一个向下的波为 S 波。由于这三个波紧密相连且总时间不超过 0.10s，故合称 QRS 复合波。QRS 复合波所占时间代表心室肌兴奋传播所需的时间，正常人为 0.06～0.10s，一般不超过 0.11s。

4. ST 段

ST 段是指从 QRS 复合波结束到 T 波开始的间隔时间，为水平线。它反映心室各部位在兴奋后所处的去极化状态，故无电位差。正常时接近于基线，向下偏移不应超过 0.05mV，向上偏移应不超过 0.1mV。

5. T 波

T 波是继 QRS 复合波后的一个波幅较小而波宽较宽的电波，它反映心室兴奋后复极化的过程。心室复极化的顺序与去极化过程相反，它缓慢地由外层向内层进行。在外层已去极化部分的负电位首先恢复到静息时的正电位，使外层为正、内层为负，因此与去极化时向量的方向基本相同。连接心室复极化各瞬间向量所形成的轨迹，就是心室复极化心电向量环，简称 T 环。T 环的投影即为 T 波。

复极化过程与心肌代谢有关，因而较去极化过程缓慢，占时较长。T 波与 ST 段同样具有重要的诊断意义。如果 T 波倒置，则说明发生心肌梗死。

在以 R 波为主的心电图上，T 波不应低于 R 波的 1/10。

6. U 波

U 波是在 T 波后 0.02～0.04s 出现的宽而低的波，波幅多小于 0.05mV，宽约 0.20s。临床上一般认为，U 波可能是由心脏舒张时各部位产生的后电位而形成的，也有人认为是浦肯野纤维再极化的结果。正常情况下，不容易记录到微弱的 U 波，当血钾不足、甲状腺功能亢进或服用强心药（如洋地黄等）时，都会使 U 波增大而被捕捉到。

表 14-1 所示为正常成人心电图各个波形的典型值范围。

表 14-1　正常成人心电图各个波形的典型值范围

波形名称	电压幅度/mV	时间/s
P 波	0.05～0.25	0.06～0.10
Q 波	小于 R 波的 1/4	小于 0.04
R 波	0.5～2.0	—
S 波	—	0.06～0.11

续表

波 形 名 称	电压幅度/mV	时间/s
T 波	0.1～1.5	0.05～0.25
PR 段	与基线同一水平	0.06～0.14
PR 间期	—	0.12～0.20
ST 段	水平线	0.05～0.15
QT 间期	—	小于 0.44

本章实验通过心电导联实现一定范围内对心率的精确测量，以及对心电波和导联脱落情况的实时监测。实验用到心电波形数据包、心电导联信息数据包、心率数据包，具体可参见附录 B 的图 B-5～图 B-7。计算机（主机）在接收到人体生理参数监测系统（从机）发送的心电波形、心电导联信息和心率数据包后，通过应用程序窗口实时显示心电波、导联脱落状态和心率值。

14.2.2 设计框图

心电监测与显示应用的设计框图如图 14-2 所示。

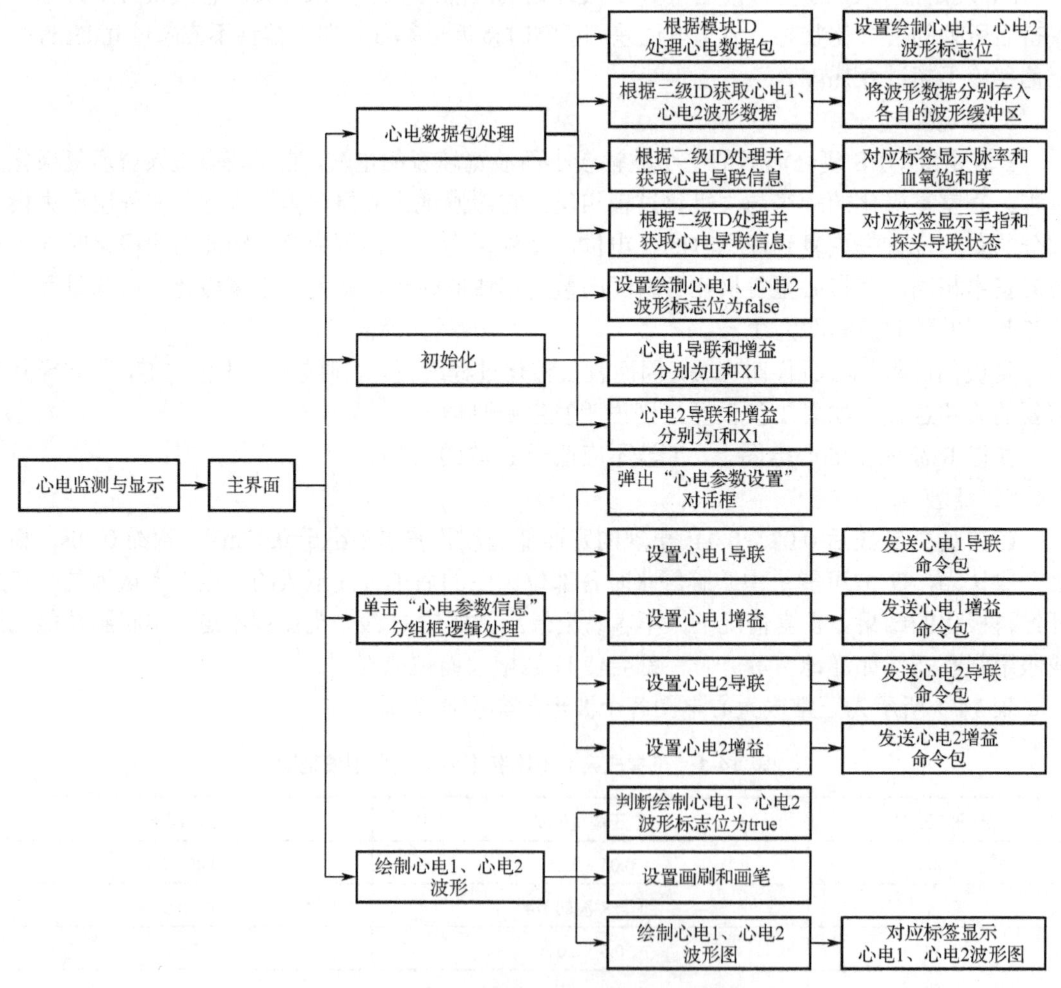

图 14-2　心电监测与显示应用的设计框图

14.2.3　心电监测与显示应用程序运行效果

将人体生理参数监测系统硬件平台通过 USB 连接至计算机，双击运行本书配套资料包“03.Qt 应用程序\09.ECGMonitor”目录下的 ECGMonitor.exe，单击“串口设置”菜单，然后单击“打开串口”按钮。将人体生理参数监测系统硬件平台设置为输出心电数据，即可看到动态显示的两通道心电波形及心率、心电导联信息，如图 14-3 所示。由于心电监测与显示应用程序已经包含了体温、血压、呼吸及血氧监测与显示功能，因此，如果人体生理参数监测系统硬件平台处于“五参演示”模式，则可以同时监测体温、血压、呼吸、血氧和心电参数。

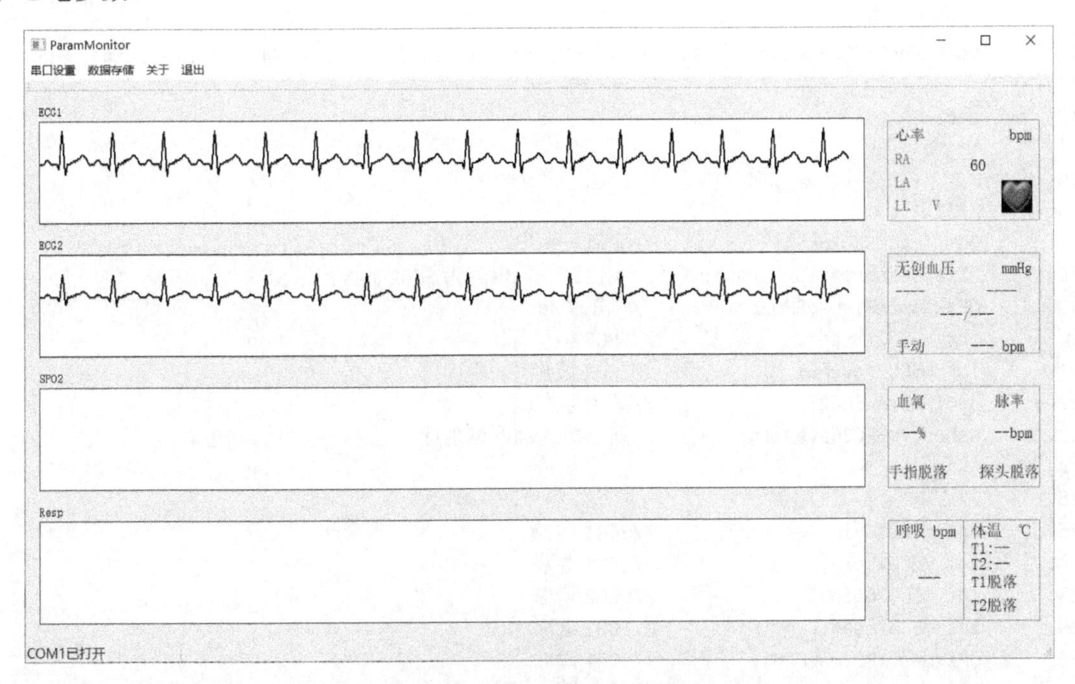

图 14-3　心电监测与显示效果图

14.3　实验步骤

步骤 1：复制基准项目

首先，将本书配套资料包中的“04.例程资料\Material\09.ECGMonitor\ECGMonitor”文件夹复制到“D:\QtProject”目录下，然后，在 Qt Creator 中打开 ECGMonitor 项目。实际上，打开的 ECGMonitor 项目是第 13 章完成的项目，所以也可以基于第 13 章完成的 SPO2Monitor 项目开展本章实验。

步骤 2：添加 formecg.ui 和 formecg 文件对

将本书配套资料包“04.例程资料\Material\09.ECGMonitor\StepByStep”文件夹中的 formecg.ui、formecg.h 和 formecg.cpp 文件复制到“D:\QtProject\ECGMonitor”目录下，再将其添加到项目中。

步骤 3：完善 mainwindow.h 文件

双击打开 mainwindow.h 文件，在“类的定义”区添加如程序清单 14-1 所示的第 10 至

11 行、第 25 至 41 行和第 54 至 56 行代码。

程序清单 14-1

```
1.  class MainWindow : public QMainWindow
2.  {
3.  ……
4.  private slots:
5.      ……
6.
7.      //血氧设置
8.      void recSPO2Data(QString sens, QByteArray data);
9.
10.     //心电设置
11.     void recECGData(int lead1, int gain1, int lead2, int gain2, QByteArray data);
12.
13. private:
14.     ……
15.
16.     //血氧
17.     QString mSPO2Sens;              //血氧灵敏度
18.     QList<ushort> mSPO2Wave;        //线性链表，内容为 SPO2 的波形数据
19.     QPixmap mPixmapSPO2;            //血氧画布
20.     int mSPO2XStep;                 //SPO2 横坐标
21.     int mSPO2WaveNum;               //SPO2 波形数
22.     bool mDrawSPO2;                 //画图标志位
23.     ushort mSPO2WaveData;           //演示模式画图纵坐标
24.
25.     //心电
26.     int mECG1Gain;                  //ECG1 增益
27.     int mECG1Lead;                  //ECG1 导联
28.     int mECG2Gain;                  //ECG2 增益
29.     int mECG2Lead;                  //ECG2 导联
30.     QPixmap mPixmapECG1;            //ECG1 画布
31.     QPixmap mPixmapECG2;            //ECG2 画布
32.     QList<ushort> mECG1Wave;        //线性链表，内容为 ECG1 的波形数据
33.     QList<ushort> mECG2Wave;        //线性链表，内容为 ECG2 的波形数据
34.     int mECG1XStep;                 //ECG1 横坐标
35.     int mECG2XStep;                 //ECG2 横坐标
36.     int mECG1WaveNum;               //ECG1 波形数
37.     int mECG2WaveNum;               //ECG2 波形数
38.     bool mDrawECG1;
39.     bool mDrawECG2;
40.     ushort mECG1WaveData;           //画图模式纵坐标
41.     ushort mECG2WaveData;           //画图模式纵坐标
42.
43.     //数据处理方法
44.     void procUARTData();
45.     void dealRcvPackData();
46.     bool unpackRcvData(uchar recData);
47.
48.     void analyzeTempData(uchar packAfterUnpack[]); //分析体温
49.     void analyzeNIBPData(uchar packAfterUnpack[]); //分析血压
```

```
50.     void analyzeRespData(uchar packAfterUnpack[]); //分析呼吸
51.     void drawRespWave();                           //画呼吸波形
52.     void analyzeSPO2Data(uchar packAfterUnpack[]); //分析血氧
53.     void drawSPO2Wave();                           //画血氧波形
54.     void analyzeECGData(uchar packAfterUnpack[]);  //分析心电
55.     void drawECG1Wave();                           //画心电 1 波形
56.     void drawECG2Wave();                           //画心电 2 波形
57. };
58.
59. #endif // MAINWINDOW_H
```

步骤 4：完善 mainwindow.cpp 文件

双击打开 mainwindow.cpp 文件，在“包含头文件”区添加如程序清单 14-2 所示的第 11 行代码。

程序清单 14-2

```
1.  #include "mainwindow.h"
2.  #include "ui_mainwindow.h"
3.  #include "global.h"
4.  #include <QMessageBox>
5.  #include <QDebug>
6.  #include <QPainter>
7.  #include "formtemp.h"
8.  #include "formnibp.h"
9.  #include "formresp.h"
10. #include "formspo2.h"
11. #include "formecg.h"
```

在“成员方法实现”区的 MainWindow()方法中，添加如程序清单 14-3 所示的第 12 至 17 行和第 25 行代码。

程序清单 14-3

```
1.  MainWindow::MainWindow(QWidget *parent) :
2.      QMainWindow(parent),
3.      ui(new Ui::MainWindow)
4.  {
5.      ……
6.
7.      //血氧画布初始化
8.      QPixmap pixSPO2(WAVE_X_SIZE, WAVE_Y_SIZE);
9.      mPixmapSPO2 = pixSPO2;
10.     mPixmapSPO2.fill(Qt::white);
11.
12.     //心电画布初始化
13.     QPixmap pixECG(WAVE_X_SIZE, WAVE_Y_SIZE);
14.     mPixmapECG1 = pixECG;
15.     mPixmapECG2 = pixECG;
16.     mPixmapECG1.fill(Qt::white);
17.     mPixmapECG2.fill(Qt::white);
18.
19.     //打开定时器
20.     mTimer = startTimer(20);
21.
```

```
22.     //初始化参数
23.     uiInit();
24.
25.     ui->ecgInfoGroupBox->installEventFilter(this);
26.     ui->nibpInfoGroupBox->installEventFilter(this);
27.     ui->spo2InfoGroupBox->installEventFilter(this);
28.     ui->respInfoGroupBox->installEventFilter(this);
29.     ui->tempInfoGroupBox->installEventFilter(this);
30. }
```

在“成员方法实现”区的 eventFilter()方法中，添加如程序清单 14-4 所示的第 5 至 24 行代码。

（1）第 3 行代码：对应用程序界面中的心电参数信息分组框的事件进行应答。

（2）第 5 行代码：判断事件类型是否为单击心电参数信息分组框。

（3）第 9 至 14 行代码：当串口号不为空，且在串口打开的情况下，弹出设置心电参数的窗口。

程序清单 14-4

```
1.  bool MainWindow::eventFilter(QObject *obj, QEvent *event)
2.  {
3.      if(obj == ui->ecgInfoGroupBox)
4.      {
5.          if(event->type() == QEvent::MouseButtonPress)
6.          {
7.              qDebug() << "ecgInfoGroupBox click";
8.
9.              if((mSerialPort != NULL) && (mSerialPort->isOpen()))
10.             {
11.                 FormECG *formECG = new FormECG(mECG1Lead, mECG1Gain, mECG2Lead, mECG2Gain);
12.                 connect(formECG, SIGNAL(sendECGData(int, int, int, int, QByteArray)), this,
                                         SLOT(recECGData(int, int, int, int, QByteArray)));
13.                 formECG->show();
14.             }
15.             else
16.             {
17.
18.             }
19.             return true;
20.         }
21.         else
22.         {
23.             return false;
24.         }
25.     }
26.     else if(obj == ui->nibpInfoGroupBox)
27.     {
28.         ……
29.     }
30.     ……
31. }
```

在“成员方法实现”区的 uiInit()方法中，添加如程序清单 14-5 所示的第 13 至 27 行代码，初始化心电参数。

程序清单 14-5

```
1.   void MainWindow::uiInit()
2.   {
3.       ……
4.   
5.       //初始化血氧参数
6.       mSPO2Wave.clear();
7.       mSPO2XStep   = 0;      //SPO2 横坐标
8.       mSPO2WaveNum = 0;      //SPO2 波形数
9.       mDrawSPO2 = false;
10.      mSPO2Sens = "中";      //血氧灵敏度设置
11.      mSPO2WaveData = 77;
12.  
13.      //初始化心电参数
14.      mECG1Gain = 2;
15.      mECG1Lead = 1;
16.      mECG2Gain = 2;
17.      mECG2Lead = 0;
18.      mECG1Wave.clear();
19.      mECG2Wave.clear();
20.      mECG1XStep = 0;    //ECG1 横坐标
21.      mECG2XStep = 0;    //ECG2 横坐标
22.      mECG1WaveNum = 0;  //ECG1 波形数
23.      mECG2WaveNum = 0;  //ECG2 波形数
24.      mDrawECG1 = false;
25.      mDrawECG2 = false;
26.      mECG1WaveData = 50;
27.      mECG2WaveData = 50;
28.  
29.      //初始化演示参数
30.      mDisplayModeFlag = false;
31.  }
```

在“成员方法实现”区的 dealRcvPackData()方法中，添加如程序清单 14-6 所示的第 22 至 24 行和第 38 至 43 行代码。

（1）第 22 至 24 行代码：当模块 ID 为 DAT_ECG（0x10）时，调用 analyzeECGData()方法处理心电数据。

（2）第 38 至 43 行代码：刷新心电波形。

程序清单 14-6

```
1.   void MainWindow::dealRcvPackData()
2.   {
3.       ……
4.       for(int i = tailIndex; i < headIndex; i++)
5.       {
6.           index = i % PACK_QUEUE_CNT;
7.           //根据模块 ID 处理数据包
8.           switch(mPackAfterUnpackArr[index][0])
9.           {
```

```
10.         case DAT_TEMP:
11.             analyzeTempData(mPackAfterUnpackArr[index]);
12.             break;
13.         case DAT_NIBP:
14.             analyzeNIBPData(mPackAfterUnpackArr[index]);
15.             break;
16.         case DAT_RESP:
17.             analyzeRespData(mPackAfterUnpackArr[index]);
18.             break;
19.         case DAT_SPO2:
20.             analyzeSPO2Data(mPackAfterUnpackArr[index]);
21.             break;
22.         case DAT_ECG:
23.             analyzeECGData(mPackAfterUnpackArr[index]);
24.             break;
25.         default:
26.             break;
27.         }
28.     }
29.
30.     ......
31.
32.     //刷新波形
33.     if(mSPO2Wave.count() > 2)
34.     {
35.         mDrawSPO2 = true;
36.     }
37.
38.     //刷新波形
39.     if(mECG1Wave.count() > 10)
40.     {
41.         mDrawECG1 = true;
42.         mDrawECG2 = true;
43.     }
44. }
```

在 drawSPO2Wave()方法后面添加 analyzeECGData()方法的实现代码，如程序清单 14-7 所示，下面按照顺序对部分语句进行解释。

（1）第 1 行代码：analyzeECGData()方法用于分析心电数据包。

（2）第 21 至 32 行代码：若数据包的二级 ID 为 DAT_ECG_WAVE（心电波形数据），则计算心电 1 波形数据和心电 2 波形数据，并分别赋值给 ecgWave1 和 ecgWave2。

（3）第 37 至 47 行代码：每获取 3 个波形数据，取一个数据存入链表 mECG1Wave 或 mECG2Wave。

（4）第 52 至 100 行代码：获取各个导联信息，并显示在心电参数信息分组框中对应的标签上。

（5）第 104 至 108 行代码：计算心率。

（6）第 113 至 120 行代码：若计算得到的心率值（hr）满足 0<hr<300，则在心电参数信息分组框的 heartRateLabel 标签上显示心率值；否则不显示。

程序清单 14-7

```
1.  void MainWindow::analyzeECGData(uchar packAfterUnpack[])
2.  {
3.      uchar ecg1HByte = 0;                //心电 1 波形高字节
4.      uchar ecg1LByte = 0;                //心电 1 波形低字节
5.      uchar ecg2HByte = 0;                //心电 2 波形高字节
6.      uchar ecg2LByte = 0;                //心电 2 波形低字节
7.      ushort ecgWave1 = 0;                //心电 1 波形数据
8.      ushort ecgWave2 = 0;                //心电 2 波形数据
9.      byte leadV = 0;                     //导联 V 导联信息
10.     byte leadRA = 0;                    //导联 RA 导联信息
11.     byte leadLA = 0;                    //导联 LA 导联信息
12.     byte leadLL = 0;                    //导联 LL 导联信息
13.     byte hrHByte = 0;                   //心率高字节
14.     byte hrLByte = 0;                   //心率低字节
15.     ushort hr = 0;                      //心率
16.     static byte paceFlag = 0;           //起搏
17.
18.     switch (packAfterUnpack[1])
19.     {
20.     //心电波形
21.     case DAT_ECG_WAVE:
22.         ecg1HByte = packAfterUnpack[2];
23.         ecg1LByte = packAfterUnpack[3];
24.         ecgWave1 = (ushort)(ecgWave1 | ecg1HByte);
25.         ecgWave1 = (ushort)(ecgWave1 << 8);
26.         ecgWave1 = (ushort)(ecgWave1 | ecg1LByte);
27.
28.         ecg2HByte = packAfterUnpack[4];
29.         ecg2LByte = packAfterUnpack[5];
30.         ecgWave2 = (ushort)(ecgWave2 | ecg2HByte);
31.         ecgWave2 = (ushort)(ecgWave2 << 8);
32.         ecgWave2 = (ushort)(ecgWave2 | ecg2LByte);
33.
34.         mECG1WaveNum++;
35.         mECG2WaveNum++;
36.
37.         if(mECG1WaveNum == 3) //每 3 个点取 1 个点
38.         {
39.             mECG1WaveNum = 0;
40.             mECG1Wave.append(ecgWave1);
41.         }
42.
43.         if(mECG2WaveNum == 3)  //每 3 个点取 1 个点
44.         {
45.             mECG2WaveNum = 0;
46.             mECG2Wave.append(ecgWave2);
47.         }
48.
49.         break;
50.
51.     //心电导联信息
```

```
52.     case DAT_ECG_LEAD:
53.         leadLL = (byte)(packAfterUnpack[2] & 0x01);
54.         leadLA = (byte)(packAfterUnpack[2] & 0x02);
55.         leadRA = (byte)(packAfterUnpack[2] & 0x04);
56.         leadV = (byte)(packAfterUnpack[2] & 0x08);
57.
58.         if(leadLL == 0x01)
59.         {
60.             ui->leadLLLabel->setStyleSheet("color:red;");
61.             ui->leadLLLabel->setText("LL");
62.         }
63.         else
64.         {
65.             ui->leadLLLabel->setStyleSheet("color:green;");
66.             ui->leadLLLabel->setText("LL");
67.         }
68.
69.         if(leadLA == 0x02)
70.         {
71.             ui->leadLALabel->setStyleSheet("color:red;");
72.             ui->leadLALabel->setText("LA");
73.         }
74.         else
75.         {
76.             ui->leadLALabel->setStyleSheet("color:green;");
77.             ui->leadLALabel->setText("LA");
78.         }
79.
80.         if(leadRA == 0x04)
81.         {
82.             ui->leadRALabel->setStyleSheet("color:red;");
83.             ui->leadRALabel->setText("RA");
84.         }
85.         else
86.         {
87.             ui->leadRALabel->setStyleSheet("color:green;");
88.             ui->leadRALabel->setText("RA");
89.         }
90.
91.         if(leadV == 0x08)
92.         {
93.             ui->leadVLabel->setStyleSheet("color:red;");
94.             ui->leadVLabel->setText("V");
95.         }
96.         else
97.         {
98.             ui->leadVLabel->setStyleSheet("color:green;");
99.             ui->leadVLabel->setText("V");
100.        }
101.        break;
102.
103.    //心率
```

```
104.     case DAT_ECG_HR:
105.         hrHByte = (byte)(packAfterUnpack[2]);
106.         hrLByte = (byte)(packAfterUnpack[3]);
107.         hr = (ushort)(hr | hrHByte);
108.         hr = (ushort)(hr << 8);
109.         hr = (ushort)(hr | hrLByte);
110.
111.         ui->heartRateLabel->setAlignment(Qt::AlignHCenter);
112.
113.         if((0 < hr) && (300 > hr))
114.         {
115.             ui->heartRateLabel->setText(QString::number(hr, 10));
116.         }
117.         else
118.         {
119.             ui->heartRateLabel->setText("--");
120.         }
121.
122.         break;
123.
124.     default:
125.         break;
126.     }
127. }
```

在 analyzeECGData()方法后面添加 drawECG1Wave()方法的实现代码，如程序清单 14-8 所示，下面按照顺序对部分语句进行解释。

（1）第 1 行代码：drawECG1Wave()方法用于绘制心电 1 波形。

（2）第 13 行代码：通过 count()方法获取链表 mECG1Wave 中数据的个数，减 1 后赋值给 ecg1Cnt。

（3）第 29 至 41 行代码：根据不同情况定义用于显示心电 1 波形的矩形框。

（4）第 50 至 55 行代码：每次在心电 1 波形画布上确定两个点，然后通过 drawLine()方法将两个点连接起来。

（5）第 63 至 65 行代码：每当画完一次完整的心电 1 波形，记录心电 1 波形的最后一个点，作为下一个心电 1 波形的起点。

程序清单 14-8

```
1.  void MainWindow::drawECG1Wave()
2.  {
3.      if(mDrawECG1)
4.      {
5.          mDrawECG1 = false;
6.
7.          int ecg1Cnt;
8.          ushort unECG1Data;
9.          ushort unECG1WaveData;
10.
11.         if(!mDisplayModeFlag)
12.         {
13.             ecg1Cnt = mECG1Wave.count() - 1;
```

```
14.         }
15.         else
16.         {
17.             ecg1Cnt = 10;
18.         }
19.
20.         if(ecg1Cnt < 2)
21.         {
22.             return;
23.         }
24.
25.         QPainter painterECG1(&mPixmapECG1);
26.         painterECG1.setBrush(Qt::white);
27.         painterECG1.setPen(QPen(Qt::white, 1, Qt::SolidLine));
28.
29.         if(ecg1Cnt >= 1080 - mECG1XStep)
30.         {
31.             QRect rct(mECG1XStep, 0, 1080 - mECG1XStep, 130);
32.             painterECG1.drawRect(rct);
33.
34.             QRect rect(0, 0, 10 + ecg1Cnt + mECG1XStep - 1080, 130);
35.             painterECG1.drawRect(rect);
36.         }
37.         else
38.         {
39.             QRect rct(mECG1XStep, 0, ecg1Cnt + 10, 130);
40.             painterECG1.drawRect(rct);
41.         }
42.
43.         painterECG1.setPen(QPen(Qt::black, 2, Qt::SolidLine));
44.
45.         //监护模式绘图
46.         if(!mDisplayModeFlag)
47.         {
48.             for(int i = 0; i < ecg1Cnt; i++)
49.             {
50.                 QPoint point1(mECG1XStep, 50 - (mECG1Wave.at(i) - 2048) / 18);
51.                 QPoint point2(mECG1XStep + 1, 50 - (mECG1Wave.at(i + 1) - 2048) / 18);
52.
53.                 painterECG1.drawLine(point1, point2);
54.
55.                 mECG1XStep++;
56.
57.                 if(mECG1XStep >= 1080)
58.                 {
59.                     mECG1XStep = 1;
60.                 }
61.             }
62.
63.             double tail = mECG1Wave.last();
64.             mECG1Wave.clear();
65.             mECG1Wave.append(tail);
```

```
66.         }
67.         //演示模式绘图
68.         else if(mDisplayModeFlag)
69.         {
70.             for(int i = 0; i < ecg1Cnt; i++)
71.             {
72.                 unECG1Data = mECG1Wave.at(0);
73.                 unECG1WaveData = 50 - (unECG1Data - 2048) / 18;
74.                 painterECG1.drawLine(mECG1XStep, mECG1WaveData, mECG1XStep + 1, unECG1WaveData);
75.
76.                 mECG1WaveData = unECG1WaveData;
77.                 mECG1XStep++;
78.
79.                 if(mECG1XStep >= 1080)
80.                 {
81.                     mECG1XStep = 1;
82.                 }
83.
84.                 mECG1Wave.removeFirst();
85.             }
86.         }
87.
88.         ui->ecg1WaveLabel->setPixmap(mPixmapECG1);
89.     }
90. }
```

在 drawECG1Wave()方法后面添加 drawECG2Wave()方法的实现代码，如程序清单 14-9 所示，下面按照顺序对部分语句进行解释。

（1）第 1 行代码：drawECG2Wave()方法用于绘制心电 2 波形。

（2）第 13 行代码：通过 count()方法获取链表 mECG2Wave 中数据的个数，减 1 后赋值给 ecg2Cnt。

（3）第 29 至 40 行代码：根据不同情况定义用于显示心电 2 波形的矩形框。

（4）第 49 至 54 行代码：每次在心电 2 波形画布上确定两个点，然后通过 drawLine()方法将两个点连接起来。

（5）第 62 至 64 行代码：每当画完一次完整的心电 2 波形，记录心电 2 波形的最后一个点，作为下一个心电 2 波形的起点。

程序清单 14-9

```
1.  void MainWindow::drawECG2Wave()
2.  {
3.      if(mDrawECG2)
4.      {
5.          mDrawECG2 = false;
6.
7.          int ecg2Cnt;
8.          ushort unECG2Data;
9.          ushort unECG2WaveData;
10.
11.         if(!mDisplayModeFlag)
12.         {
```

```
13.             ecg2Cnt = mECG2Wave.count() - 1;
14.         }
15.         else
16.         {
17.             ecg2Cnt = 10;
18.         }
19.
20.         if(ecg2Cnt < 2)
21.         {
22.             return;
23.         }
24.
25.         QPainter painterECG2(&mPixmapECG2);
26.         painterECG2.setBrush(Qt::white);
27.         painterECG2.setPen(QPen(Qt::white, 1, Qt::SolidLine));
28.
29.         if(ecg2Cnt >= 1080 - mECG2XStep)
30.         {
31.             QRect rct(mECG2XStep, 0, 1080- mECG2XStep, 131);
32.             painterECG2.drawRect(rct);
33.             QRect rect(0, 0, 10 + ecg2Cnt + mECG2XStep - 1080, 131);
34.             painterECG2.drawRect(rect);
35.         }
36.         else
37.         {
38.             QRect rct(mECG2XStep, 0, ecg2Cnt + 10, 131);
39.             painterECG2.drawRect(rct);
40.         }
41.
42.         painterECG2.setPen(QPen(Qt::black, 2, Qt::SolidLine));
43.
44.         //监护模式绘图
45.         if(!mDisplayModeFlag)
46.         {
47.             for(int i = 0; i < ecg2Cnt; i++)
48.             {
49.                 QPoint point1(mECG2XStep, 50 - (mECG2Wave.at(i) - 2048) / 18);
50.                 QPoint point2(mECG2XStep + 1,50 - (mECG2Wave.at(i + 1) - 2048) / 18);
51.
52.                 painterECG2.drawLine(point1, point2);
53.
54.                 mECG2XStep++;
55.
56.                 if(mECG2XStep >= 1080)
57.                 {
58.                     mECG2XStep = 1;
59.                 }
60.             }
61.
62.             double tail = mECG2Wave.last();
63.             mECG2Wave.clear();
64.             mECG2Wave.append(tail);
```

```
65.         }
66.         //演示模式绘图
67.         else if(mDisplayModeFlag)
68.         {
69.             for(int i = 0; i < ecg2Cnt; i++)
70.             {
71.                 unECG2Data = mECG2Wave.at(0);
72.                 unECG2WaveData = 50 - (unECG2Data - 2048) / 18;
73.                 painterECG2.drawLine(mECG2XStep, mECG2WaveData, mECG2XStep + 1,
                                                                        unECG2WaveData);
74.                 mECG2WaveData = unECG2WaveData;
75.                 mECG2XStep++;
76.
77.                 if(mECG2XStep >= 1080)
78.                 {
79.                     mECG2XStep = 1;
80.                 }
81.
82.                 mECG2Wave.removeFirst();
83.             }
84.         }
85.
86.         ui->ecg2WaveLabel->setPixmap(mPixmapECG2);
87.     }
88. }
```

在“成员方法实现”区的 timerEvent()方法中，添加如程序清单 14-10 所示的第 7 至 8 行代码。

程序清单 14-10

```
1.  void MainWindow::timerEvent(QTimerEvent *event)
2.  {
3.      if(event->timerId() == mTimer)
4.      {
5.          drawRespWave();
6.          drawSPO2Wave();
7.          drawECG1Wave();
8.          drawECG2Wave();
9.      }
10. }
```

在 recSPO2Data()槽函数后面添加心电参数设置槽函数 recECGData()的实现代码，如程序清单 14-11 所示。

程序清单 14-11

```
1.  void MainWindow::recECGData(int lead1,int gain1, int lead2, int gain2, QByteArray data)
2.  {
3.      mECG1Lead = lead1;
4.      mECG1Gain = gain1;
5.      mECG2Lead = lead2;
6.      mECG2Gain = gain2;
7.      writeSerial(data);
8.  }
```

最后，构建并运行项目，验证运行效果是否与 14.2.3 节一致。

本 章 任 务

基于前面学习的知识及对本章代码的理解，以及第 9 章已完成的独立测量心电界面，设计一个只监测和显示心电参数的应用。

本 章 习 题

1．心电的 RA、LA、RL、LL 和 V 分别代表什么？

2．正常成人心率的取值范围是多少？正常新生儿心率的取值范围是多少？

3．如果心率为 80bpm，按照附录 B 的图 B-7 定义的心率数据包应该是怎样的？

第 15 章　数据存储实验

通过第 10～14 章的 5 个实验，实现了五大生理参数的监测功能。本章将在其基础上进一步实现数据存储功能。

15.1　实验内容

数据存储功能主要用于保存各个生理参数的实时监测数据，通过多次记录不同时刻的各生理参数的实际测量情况，可对比了解人体各个时间段的生理参数变化趋势。本实验要求了解数据存储功能的逻辑处理过程，然后完善处理数据存储的底层驱动程序，实现人体生理参数检测系统软件平台的数据存储功能。

15.2　实验原理

15.2.1　设计框图

数据存储的设计框图如图 15-1 所示。

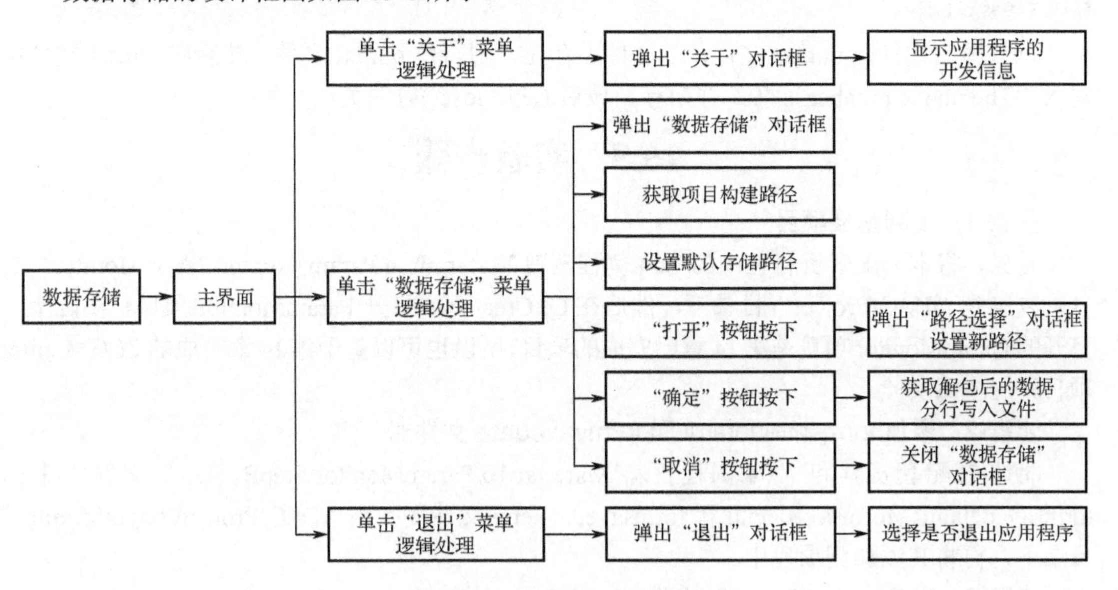

图 15-1　数据存储设计框图

15.2.2　数据存储与文件保存

8.2.2 节介绍了实现文件读取所需的类和方法，本节的数据存储与文件保存的实现方法与文件读取类似。

通过 QFileDialog 类的 getSaveFileName()方法弹出一个对话框，设置文件名和保存路径，然后通过 QFileInfo 类获取文件文件名和保存路径，示例代码如下：

```
    QFileInfo fi ;
    //获取设置的文件名
    savename = QFileDialog::getSaveFileName(this,
                                           tr("save file"),
                                           "",
                                           tr("CSV Files (*.csv)"));
    fi = QFileInfo(savename);
    savename = fi.fileName();          //获取文件名
    savepath = fi.absolutePath();      //获取文件路径
```

用 bool QFile::open(OpenMode mode)方法打开文件，指定打开模式为 QFile::WriteOnly，此时若需要打开的文件不存在，则会先新建该文件再打开。

若要向文件中写入数据，可以使用<<() 操作符，用法示例如下：

```
QFile file("out.txt");
if(!file.open(QIODevice::WriteOnly | QIODevice::Text))
{
    return;
}
QTextStream out(&file);
out << "The magic number is: " << 49 << "\n";
file.close();
```

以只写模式打开 out.txt 文件，若文件不存在，则新建 out.txt 文件，然后向 out.txt 文件中写入“The magic number is 49”并换行，最后通过 close()方法关闭文件。

15.3　实验步骤

步骤 1：复制基准项目

首先，将本书配套资料包中的“04.例程资料\Material\10.ParamMonitor\ParamMonitor”文件夹复制到“D:\QtProject”目录下，然后在 Qt Creator 中打开 ParamMonitor 项目。实际上，打开的 ParamMonitor 项目是第 14 章已完成的项目，所以也可以基于第 14 章完成的 ECGMonitor 项目开展本章实验。

步骤 2：添加 formsavedata.ui 和 formsavedata 文件对

将本书配套资料包“04.例程资料\Material\10.ParamMonitor\StepByStep”文件夹中的 formsavedata.ui、formsavedata.h 和 formsavedata.cpp 文件复制到“D:\QtProject\ParamMonitor”目录下，再将其添加到项目中。

步骤 3：完善 mainwindow.h 文件

双击打开 mainwindow.h 文件，在“类的定义”区添加如程序清单 15-1 所示的第 6 至 8 行和第 12 行代码。

程序清单 15-1

```
1.  class MainWindow : public QMainWindow
2.  {
3.  ……
4.  private slots:
5.      void menuSetUART();
6.      void menuSaveData();
7.      void menuAbout();
```

```
8.      void menuQuit();
9.      void initSerial(QString portNum, int baudRate, int dataBits, int stopBits, int parity,
                                                                                bool isOpened);
10.     void readSerial();                    //串口数据读取
11.     void writeSerial(QByteArray data); //串口数据写入
12.     void saveData(QString filePath, QString fileName, bool saveFlag);         //存储数据
13.
14.     //体温设置
15.     void recPrbType(QString type, QByteArray data);
16.
17.     ……
18. private:
19.     ……
20. };
21.
22. #endif // MAINWINDOW_H
```

步骤 4：完善 mainwindow.cpp 文件

双击打开 mainwindow.cpp 文件，在“包含头文件”区添加如程序清单 15-2 所示的第 12 行代码。

程序清单 15-2

```
1.  #include "mainwindow.h"
2.  #include "ui_mainwindow.h"
3.  #include "global.h"
4.  #include <QMessageBox>
5.  #include <QDebug>
6.  #include <QPainter>
7.  #include "formtemp.h"
8.  #include "formnibp.h"
9.  #include "formresp.h"
10. #include "formspo2.h"
11. #include "formecg.h"
12. #include "formsavedata.h"
```

在“成员方法实现”区的 menuSetUART()槽函数后面添加 menuSaveData()、menuAbout()和 menuQuit()槽函数的实现代码，如程序清单 15-3 所示，下面按照顺序对部分语句进行解释。

（1）第 1 行代码：menuSaveData()槽函数用于监听菜单栏中的“数据存储”菜单。

（2）第 4 至 6 行代码：当单击菜单栏中的“数据存储”菜单时，弹出选择文件存储路径的对话框。

（3）第 9 行代码：menuAbout()槽函数用于监听菜单栏中的“关于”菜单。

（4）第 11 至 16 行代码：当单击菜单栏中的“关于”菜单时，弹出包含应用程序相关开发信息的对话框。

（5）第 19 行代码：menuQuit()槽函数用于监听菜单栏中的“退出”菜单。

（6）第 21 至 35 行代码：当单击菜单栏中的“退出”菜单时，弹出“退出”对话框，询问是否退出程序。若单击对话框中的“确认”按钮，则退出程序；若单击“取消”按钮，则返回应用程序。

程序清单 15-3

```
1.   void MainWindow::menuSaveData()
2.   {
3.       qDebug() << "click save data";
4.       FormSaveData *formSaveData = new FormSaveData();
5.       connect(formSaveData, SIGNAL(sendSaveFlag(QString, QString, bool)), this,
                                                   SLOT(saveData(QString, QString, bool)));
6.       formSaveData->show();
7.   }
8.
9.   void MainWindow::menuAbout()
10.  {
11.      QMessageBox::information(NULL, tr("关于"), tr("LY-M501 型医学信号处理平台\n"
12.                                                 "医学信号处理 Qt 软件系统\n"
13.                                                 "版本:V1.0.0\n"
14.                                                 "\n"
15.                                                 "深圳市乐育科技有限公司\n"
16.                                                "www.leyutek.com"),"确定");
17.  }
18.
19.  void MainWindow::menuQuit()
20.  {
21.      QMessageBox meg(QMessageBox::Question, tr("退出"), tr("是否退出程序？"), NULL);
22.      QPushButton *okButton = meg.addButton(tr("确定"), QMessageBox::AcceptRole);
23.      QPushButton *cancelButton = meg.addButton(tr("取消"), QMessageBox::RejectRole);
24.      meg.exec();
25.
26.      if((QPushButton*)meg.clickedButton() == okButton)//点击确定
27.      {
28.          qDebug() << "Yes";
29.          QApplication* app;
30.          app->exit(0);
31.      }
32.      else if((QPushButton*)meg.clickedButton() == cancelButton)
33.      {
34.          qDebug() << "NO";
35.      }
36.  }
```

在“成员方法实现”区的 recECGData()槽函数后面添加 saveData()槽函数的实现代码，如程序清单 15-4 所示，下面按照顺序对部分语句进行解释。

（1）第 1 行代码：saveData()槽函数用于将数据写入文件中并保存。

（2）第 8 至 14 行代码：按每行 8 个数据存入链表 dataList 中。

（3）第 28 至 36 行代码：每次写入 8 个数据后换行。

程序清单 15-4

```
1.   void MainWindow::saveData(QString filePath, QString fileName, bool saveFlag)
2.   {
3.       QStringList dataList;
4.       QString data;
5.       QString title;   //第一行标题
```

```
6.       title.append("模块 ID,二级 ID,数据 1,数据 2,数据 3,数据 4,数据 5,数据 6");
7.
8.       for(int i = 0; i < 4000; i++)  //mPackAfterUnpackArr 行数为 4000
9.       {
10.          for(int j = 0; j < 8; j++) //每行写 8 个数据
11.          {
12.              dataList.append(QString::number(mPackAfterUnpackArr[i][j]));
13.          }
14.      }
15.
16.      QString saveFile = filePath + "/" + fileName; //设置文件路径、文件名
17.      QFile file(saveFile);
18.
19.      if(saveFlag)
20.      {
21.          if(!saveFile.isEmpty())
22.          {
23.              if(file.open(QFile::WriteOnly | QFile::Text))    //检测文件是否打开
24.              {
25.                  QTextStream out(&file);                       //分行写入文件
26.                  out << title + "\n";                          //写第一行标题
27.
28.                  for(int m = 0; m < 4000; m++)                 //写数据
29.                  {
30.                      for(int n = 0; n < 8; n++)
31.                      {
32.                          data += (dataList[m * 8 + n] + ",");
33.                      }
34.                      out << data + "\n";
35.                      data.clear();
36.                  }
37.
38.                  file.close();
39.              }
40.          }
41.      }
42.      else
43.      {
44.
45.      }
46. }
```

步骤 5：程序验证

代码编辑完成之后，右键单击项目名 ParamMonitor，在快捷菜单中选择“运行”，即可构建并运行程序，可参考 6.3.6 节。单击“串口设置”菜单，然后单击“打开串口”按钮。将人体生理参数监测系统硬件平台设置为输出五参数据，即可看到体温、呼吸、血氧和心电的参数及动态的波形，血压参数需要单独测量。

如图 15-2 所示，单击“数据存储”菜单，弹出“数据存储”对话框，在行编辑框中显示的路径即为默认保存路径，默认为本项目的构建目录。

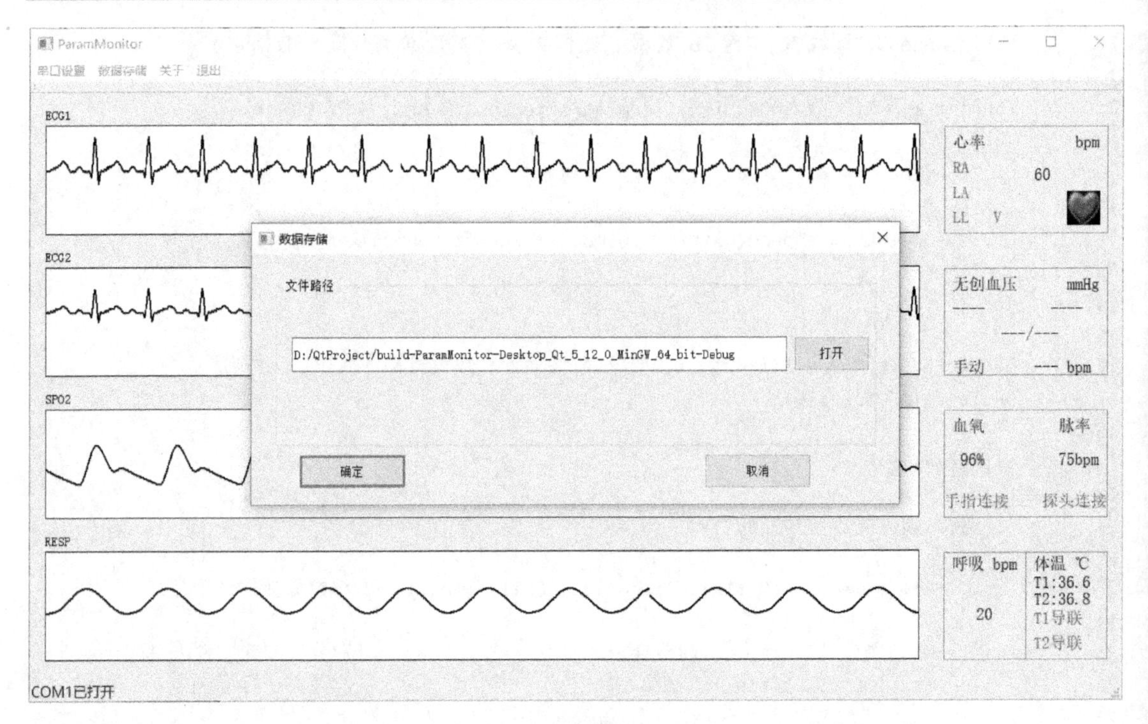

图 15-2　文件保存在默认路径

单击“确定”按钮即可保存文件，打开默认保存路径，可见已成功新建 SaveFile.csv 文件，如图 15-3 所示。

build-ParamMonitor-Desktop_Qt_5_12_0_MinGW_64_bit-Debug

文件　主页　共享　查看

« QtPr... › build-ParamMonitor-...　　搜索"build-ParamMonitor...

名称	修改日期	类型	大小
object_script.ParamMonitor.Release	2021/1/9 16:11	RELEASE 文件	1 KB
SaveFile.csv	2021/1/9 18:40	CSV 文件	90 KB
ui_formecg.h	2021/1/11 15:15	C/C++ Header	8 KB
ui_formnibp.h	2021/1/11 15:15	C/C++ Header	6 KB
ui_formresp.h	2021/1/11 15:15	C/C++ Header	4 KB
ui_formsavedata.h	2021/1/11 15:15	C/C++ Header	3 KB
ui_formsetuart.h	2021/1/11 15:15	C/C++ Header	8 KB
ui_formspo2.h	2021/1/11 15:15	C/C++ Header	4 KB
ui_formtemp.h	2021/1/11 15:15	C/C++ Header	3 KB

17 个项目

图 15-3　文件保存成功

当未设置文件存储路径和文件名时，应用程序默认将数据存储在项目构建路径的 SaveFile.csv 文件中，若再次保存在默认路径下，将会覆盖原有数据。因此，建议每次进行数据存储时，重新设置存储路径或文件名，以避免数据丢失。方法如图 15-4 所示，单击“打开”按钮，在弹出的 Save File 对话框中，设置存储路径和文件名，再单击“保存”按钮，关闭对话框，然后单击“确定”按钮。

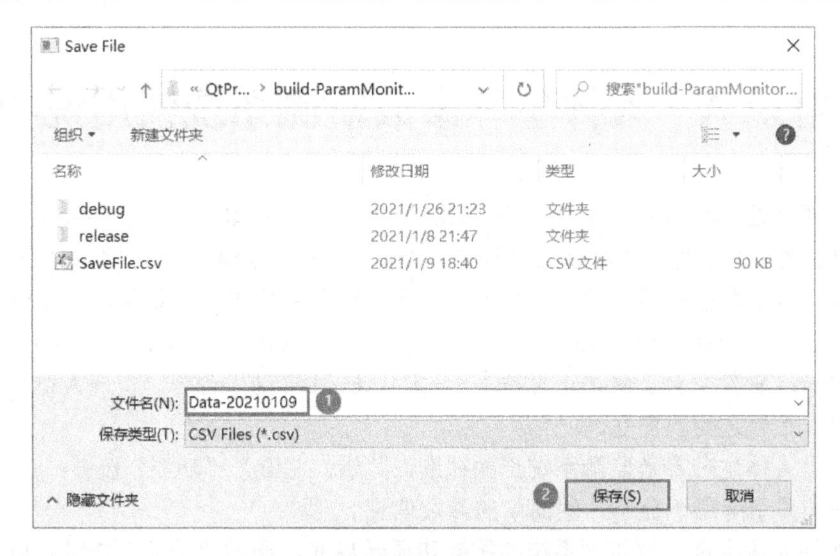

图 15-4　设置存储路径和文件名

如图 15-5 所示，Data-20210109.csv 文件已成功保存。

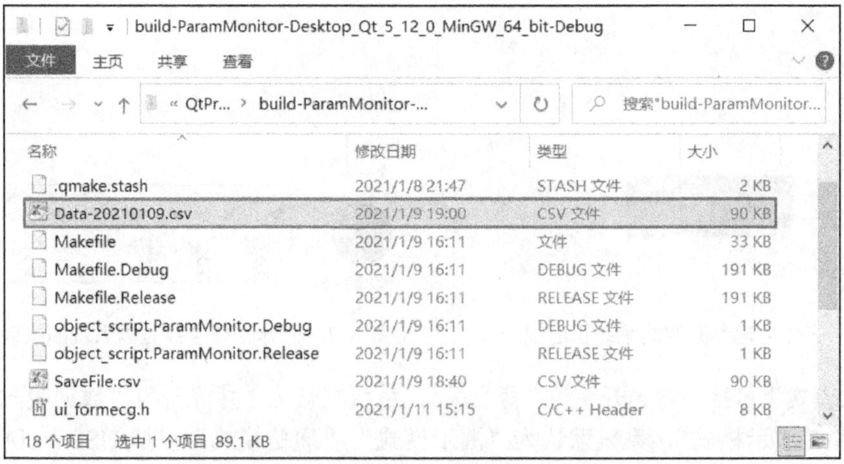

图 15-5　文件保存成功

本 章 任 务

完善应用程序的逻辑设计，在未另外设置文件存储路径和文件名的情况下，避免发生数据覆盖的情况。可以在使用 open()方法打开 SaveFile.csv 文件前，先判断该文件是否已存在，若存在，则弹出提示，提醒修改文件名；或在代码中修改默认文件名的命令方式，使得每次保存时的默认文件名都不一致。

本 章 习 题

1．使用 getSaveFileName()方法只能返回保存文件的文件名，如何获取文件的路径？

2．使用 open()方法只能打开已存在的文件吗？什么情况下可以新建文件？

附录 A　人体生理参数监测系统使用说明

人体生理参数监测系统（型号：LY-M501）用于采集人体五大生理参数（体温、血氧、呼吸、心电、血压）信号，并对这些信号进行处理，最终将处理后的数字信号通过 USB 连接线、蓝牙或 Wi-Fi 发送到不同的主机平台，如医疗电子单片机开发系统、医疗电子 FGPA 开发系统、医疗电子 DSP 开发系统、医疗电子嵌入式开发系统、emWin 软件平台、MFC 软件平台、WinForm 软件平台、Matlab 软件平台和 Android 移动平台等，实现人体生理参数监测系统与各主机平台之间的交互。

图 A-1 是人体生理参数监测系统正面视图，其中，左键为“功能”按键，右键为“模式”按键，中间的显示屏用于显示一些简单的参数信息。

图 A-2 是人体生理参数监测系统的按键和显示界面，通过“功能”按键可以控制人体生理参数监测系统按照“背光模式”→“数据模式”→“通信模式”→“参数模式”的顺序在不同模式之间循环切换。

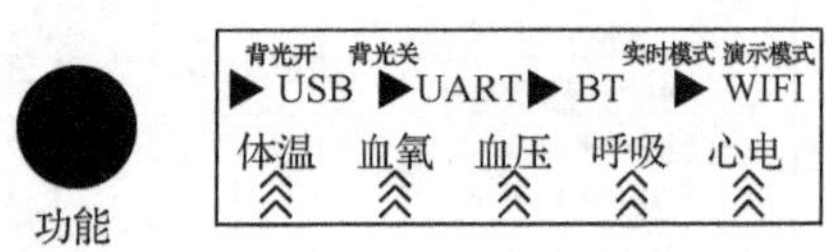

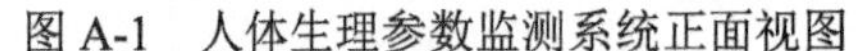

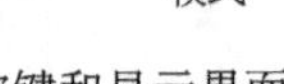

图 A-1　人体生理参数监测系统正面视图　　　　图 A-2　人体生理参数监测系统的按键和显示界面

“背光模式”包括“背光开”和“背光关”，系统默认为“背光开”；“数据模式”包括“实时模式”和“演示模式”，系统默认为“演示模式”；“通信模式”包括 USB、UART、BT 和 Wi-Fi，系统默认为 USB；“参数模式”包括“五参”“体温”“血氧”“血压”“呼吸”和“心电”，系统默认为“五参”。

通过“功能”按键，切换到“背光模式”，然后通过“模式”按键切换人体生理参数监测系统显示屏背光的开启和关闭，如图 A-3 所示。

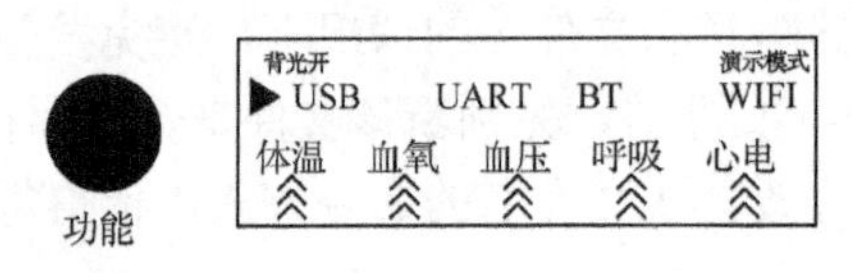

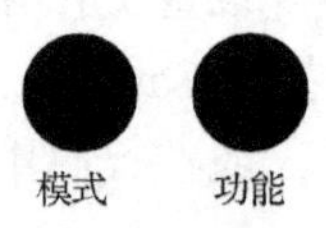

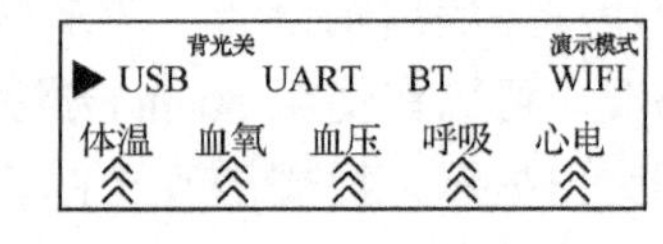

图 A-3　背光开启和关闭模式

通过“功能”按键，切换到“数据模式”，然后通过“模式”按键在“演示模式”和“实时模式”之间切换，如图 A-4 所示。在“演示模式”，人体生理参数监测系统不连接模拟器，也可以向主机发送人体生理参数模拟数据；在“实时模式”，人体生理参数监测系统需要连接模拟器，向主机发送模拟器的实时数据。

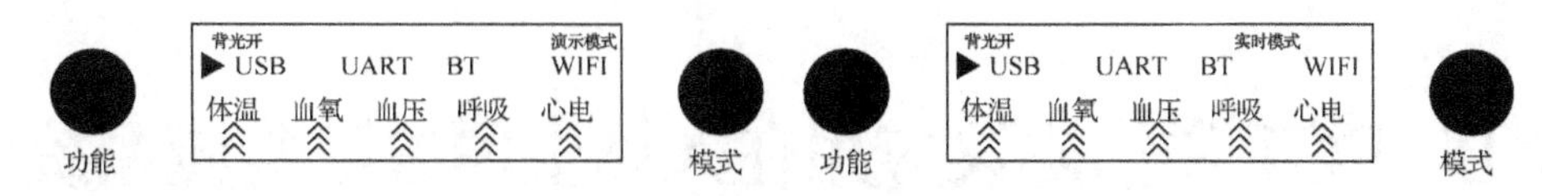

图 A-4　演示模式和实时模式

通过“功能”按键，切换到“通信模式”，然后通过“模式”按键在 USB、UART、BT 和 Wi-Fi 之间切换，如图 A-5 所示。在 USB 通信模式，人体生理参数监测系统通过 USB 连接线与主机平台进行通信，USB 连接线上的信号是 USB 信号；在 UART 通信模式，人体生理参数监测系统通过 USB 连接线与主机平台进行通信，USB 连接线上的信号是 UART 信号；在 BT 通信模式，人体生理参数监测系统通过蓝牙与主机平台进行通信；在 Wi-Fi 通信模式，人体生理参数监测系统通过 Wi-Fi 与主机平台进行通信。

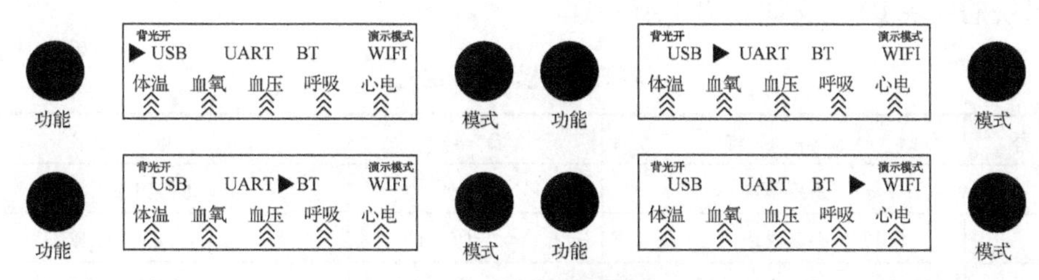

图 A-5　四种通信模式

通过“功能”按键，切换到“参数模式”，然后通过“模式”按键在“五参”“体温”“血氧”“血压”“呼吸”和“心电”之间切换，如图 A-6 所示。系统默认为“五参”模式，在这种模式，人体生理参数会将五个参数数据全部发送至主机平台；在“体温”模式，只发送体温数据；在“血氧”模式，只发送血氧数据；在“血压”模式，只发送血压数据；在“呼吸”模式，只发送呼吸数据；在“心电”模式，只发送心电数据。

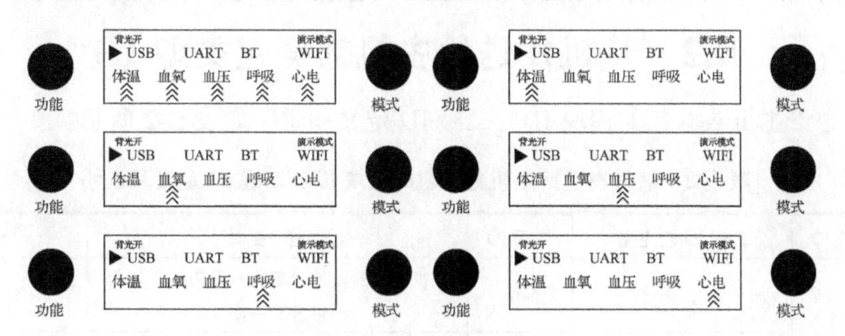

图 A-6　六种参数模式

图 A-7 是人体生理参数监测系统背面视图。NBP 接口用于连接血压袖带；SPO2 接口用于连接血氧探头；TMP1 和 TMP2 接口用于连接两路体温探头；ECG/RESP 接口用于连接心电线缆；USB/UART 接口用于连接 USB 连接线；12V 接口用于连接 12V 电源适配器；拨动开关用于控制人体生理参数监测系统的电源开关。

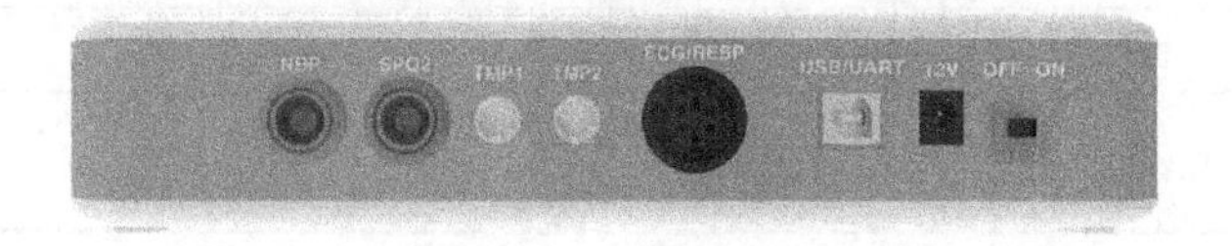

图 A-7　人体生理参数监测系统背面视图

附录B　PCT通信协议应用在人体生理参数监测系统说明

附录B详细介绍了PCT通信协议在LY-M501型人体生理参数监测系统上的应用。本附录的内容由深圳市乐育科技有限公司于2019年发布，版本为LY-STD008-2019。

B.1　模块ID定义

LY-M501型人体生理参数监测系统包括6个模块，分别是系统模块、心电模块、呼吸模块、体温模块、血氧模块和无创血压模块，因此模块ID也有6个。LY-M501型人体生理参数监测系统的模块ID定义如表B-1所示。

表B-1　模块ID定义

序　号	模块名称	ID号	模块宏定义
1	系统模块	0x01	MODULE_SYS
2	心电模块	0x10	MODULE_ECG
3	呼吸模块	0x11	MODULE_RESP
4	体温模块	0x12	MODULE_TEMP
5	血氧模块	0x13	MODULE_SPO2
6	无创血压模块	0x14	MODULE_NBP

二级ID又分为从机发送给主机的数据包类型ID和主机发送给从机的命令包ID。下面分别按照从机发送给主机的数据包类型ID和主机发送给从机的命令包ID进行介绍。

B.2　从机发送给主机数据包类型ID

从机发送给主机数据包的模块ID、二级ID定义和说明如表B-2所示。

表B-2　从机发送给主机数据包的模块ID、二级ID定义和说明

序　号	模块ID	二级ID宏定义	二级ID	发送帧率	说　明
1	0x01	DAT_RST	0x01	从机复位后发送，若主机无应答，则每秒重发一次	系统复位信息
2		DAT_SYS_STS	0x02	1次/秒	系统状态
3		DAT_SELF_CHECK	0x03	按请求发送	系统自检结果
4		DAT_CMD_ACK	0x04	接收到命令后发送	命令应答
5	0x10	DAT_ECG_WAVE	0x02	125次/秒	心电波形数据
6		DAT_ECG_LEAD	0x03	1次/秒	心电导联信息
7		DAT_ECG_HR	0x04	1次/秒	心率
8		DAT_ST	0x05	1次/秒	ST值
9		DAT_ST_PAT	0x06	当模板更新时每30ms发送1次（整个模板共50个包，每10s更新1次）	ST模板波形

续表

序　号	模块ID	二级ID宏定义	二级ID	发送帧率	说　明
10	0x11	DAT_RESP_WAVE	0x02	25次/秒	呼吸波形数据
11		DAT_RESP_RR	0x03	1次/秒	呼吸率
12		DAT_RESP_APNEA	0x04	1次/秒	窒息报警
13		DAT_RESP_CVA	0x05	1次/秒	呼吸CVA报警信息
14	0x12	DAT_TEMP_DATA	0x02	1次/秒	体温数据
15	0x13	DAT_SPO2_WAVE	0x02	25次/秒	血氧波形
16		DAT_SPO2_DATA	0x03	1次/秒	血氧数据
17	0x14	DAT_NIBP_CUFPRE	0x02	5次/秒	无创血压实时数据
18		DAT_NIBP_END	0x03	测量结束发送	无创血压测量结束
19		DAT_NIBP_RSLT1	0x04	接收到查询命令或测量结束发送	无创血压测量结果1
20		DAT_NIBP_RSLT2	0x05	接收到查询命令或测量结束发送	无创血压测量结果2
21		DAT_NIBP_STS	0x06	接收到查询命令发送	无创血压状态

下面按照顺序对从机发送给主机数据包进行详细介绍。

1．系统复位信息（DAT_RST）

系统复位信息数据包由从机向主机发送，以达到从机和主机同步的目的。因此，从机复位后，从机会主动向主机发送此数据包，如果主机无应答，则每秒重发一次，直到主机应答。图B-1即为系统复位信息数据包的定义。

模块ID	HEAD	二级ID	DAT1	DAT2	DAT3	DAT4	DAT5	DAT6	CHECK
01H	数据头	01H	保留	保留	保留	保留	保留	保留	校验和

图B-1　系统复位信息数据包

人体生理参数监测系统的默认设置参数如表B-3所示。

表B-3　人体生理参数监测系统的默认设置参数

序　号	选　项	默认参数
1	病人信息设置	成人
2	3/5导联设置	5导联
3	导联方式选择	通道1-II导联；通道2-I导联
4	滤波方式选择	诊断方式
5	心电增益选择	×1
6	1mV校准信号设置	关
7	工频抑制设置	关
8	起搏分析开关	关
9	ST测量的ISO和ST点	ISO-80ms；ST-108ms
10	呼吸增益选择	×1
11	窒息报警时间选择	20s

续表

序　号	选　项	默 认 参 数
12	体温探头类型设置	YSI
13	SPO2 灵敏度设置	中
14	NBP 手动/自动设置	手动
15	NBP 设置初次充气压力	160mmHg

2．系统状态（DAT_SYS_STS）

系统状态数据包是由从机向主机发送的数据包，图 B-2 即为系统状态数据包的定义。

模块ID	HEAD	二级ID	DAT1	DAT2	DAT3	DAT4	DAT5	DAT6	CHECK
01H	数据头	02H	电压监测	保留	保留	保留	保留	保留	校验和

图 B-2　系统状态数据包

电压监测为 8 位无符号数，其定义如表 B-4 所示。系统状态数据包每秒发送一次。

表 B-4　电压监测的解释说明

位	解 释 说 明
7:4	保留
3:2	3.3V 电压状态：00-3.3V 电压正常；01-3.3V 电压太高；10-3.3V 电压太低；11-保留
1:0	5V 电压状态：00-5V 电压正常；01-V 电压太高；10-5V 电压太低；11-保留

3．系统的自检结果（DAT_SELF_CHECK）

系统自检结果数据包是由从机向主机发送的数据包，图 B-3 即为系统自检结果数据包的定义。

模块ID	HEAD	二级ID	DAT1	DAT2	DAT3	DAT4	DAT5	DAT6	CHECK
01H	数据头	03H	自检结果 1	自检结果 2	版本号	模块标识 1	模块标识 2	模块标识 3	校验和

图 B-3　系统自检结果数据包

自检结果 1 定义如表 B-5 所示，自检结果 2 定义如表 B-6 所示。系统自检结果数据包按请求发送。

表 B-5　自检结果 1 的解释说明

位	解 释 说 明
7:5	保留
4	Watchdog 自检结果：0-自检正确；1-自检错
3	A/D 自检结果：0-自检正确；1-自检错
2	RAM 自检结果：0-自检正确；1-自检错
1	ROM 自检结果：0-自检正确；1-自检错
0	CPU 自检结果：0-自检正确；1-自检错

表 B-6　自检结果 2 的解释说明

位	解释说明
7:5	保留
4	NBP 自检结果：0-自检正确；1-自检错
3	SPO2 自检结果：0-自检正确；1-自检错
2	TEMP 自检结果：0-自检正确；1-自检错
1	RESP 自检结果：0-自检正确；1-自检错
0	ECG 自检结果：0-自检正确；1-自检错

4．命令应答（DAT_CMD_ACK）

命令应答数据包是从机在接收到主机发送的命令后，向主机发送的命令应答数据包，主机在向从机发送命令的时候，如果没收到命令应答数据包，应再发送两次命令，如果第三次发送命令后还未收到从机的命令应答数据包，则放弃命令发送，图 B-4 即为命令应答数据包的定义。

模块ID	HEAD	二级ID	DAT1	DAT2	DAT3	DAT4	DAT5	DAT6	CHECK
01H	数据头	04H	模块ID	二级ID	应答消息	保留	保留	保留	校验和

图 B-4　命令应答数据包

应答消息定义如表 B-7 所示。

表 B-7　应答消息的解释说明

位	解释说明
7:0	应答消息：0-命令成功；1-校验和错误；2-命令包长度错误； 3-无效命令；4-命令参数数据错误；5-命令不接受

5．心电波形数据（DAT_ECG_WAVE）

心电波形数据包是由从机向主机发送的两通道心电波形数据，如图 B-5 所示。

模块ID	HEAD	二级ID	DAT1	DAT2	DAT3	DAT4	DAT5	DAT6	CHECK
10H	数据头	02H	ECG1 波形数据 高字节	ECG1 波形数据 低字节	ECG2 波形数据 高字节	ECG2 波形数据 低字节	ECG 状态	保留	校验和

图 B-5　心电波形数据包

ECG1、ECG2 心电波形数据是 16 位无符号数，波形数据以 2048 为基线，数据范围为 0～4095，心电导联脱落时发送的数据为 2048。心电数据包每 2ms 发送一次。

6．心电导联信息（DAT_ECG_LEAD）

心电导联信息数据包是由从机向主机发送的心电导联信息，如图 B-6 所示。

模块ID	HEAD	二级ID	DAT1	DAT2	DAT3	DAT4	DAT5	DAT6	CHECK
10H	数据头	03H	导联信息	过载报警	保留	保留	保留	保留	校验和

图 B-6　心电导联信息数据包

导联信息定义如表 B-8 所示。

表 B-8　导联信息的解释说明

位	解释说明
7:4	保留
3	V 导联连接信息：1-导联脱落；0-连接正常
2	RA 导联连接信息：1-导联脱落；0-连接正常
1	LA 导联连接信息：1-导联脱落；0-连接正常
0	LL 导联连接信息：1-导联脱落；0-连接正常

在 3 导联模式下，由于只有 RA、LA、LL 共 3 个导联，不能处理 V 导联的信息。5 导联模式下，由于 RL 作为驱动导联，不检测 RL 的导联连接状态。

过载报警定义如表 B-9 所示。过载信息表明 ECG 信号饱和，主机必须根据该信息进行报警。心电导联信息数据包每秒发送 1 次。

表 B-9　过载报警的解释说明

位	解释说明
7:2	保留
1	ECG 通道 2 过载信息：0-正常；1-过载
0	ECG 通道 1 过载信息：0-正常；1-过载

7. 心率（DAT_ECG_HR）

心率数据包是由从机向主机发送的心率值，图 B-7 即为心率数据包的定义。

模块ID	HEAD	二级ID	DAT1	DAT2	DAT3	DAT4	DAT5	DAT6	CHECK
10H	数据头	04H	心率高字节	心率低字节	保留	保留	保留	保留	校验和

图 B-7　心率数据包

心率是 16 位有符号数，有效数据范围为 0～350bpm，-100 代表无效值。心率数据包每秒发送 1 次。

8. 心电 ST 值（DAT_ST）

心电 ST 值数据包是由从机向主机发送的心电 ST 值，图 B-8 即为 ST 值数据包的定义。

模块ID	HEAD	二级ID	DAT1	DAT2	DAT3	DAT4	DAT5	DAT6	CHECK
10H	数据头	05H	ST1偏移高字节	ST1偏移低字节	ST2偏移高字节	ST2偏移低字节	保留	保留	校验和

图 B-8　心电 ST 值数据包

ST 偏移值为 16 位的有符号数，所有的值都扩大 100 倍。例如，125 代表 1.25mv，-125 代表-1.25mv。-10000 代表无效值。心电 ST 值数据包每秒发送 1 次。

9. 心电 ST 模板波形（DAT_ST_PAT）

心电 ST 模板波形数据包是由从机向主机发送的心电 ST 模板波形，图 B-9 即为心电 ST 模板波形数据包的定义。

模块ID	HEAD	二级ID	DAT1	DAT2	DAT3	DAT4	DAT5	DAT6	CHECK
10H	数据头	06H	顺序号	ST模板数据1	ST模板数据2	ST模板数据3	ST模板数据4	ST模板数据5	校验和

图 B-9　心电 ST 模板波形数据包

顺序号定义如表 B-10 所示。

表 B-10　顺序号的解释说明

位	解 释 说 明
7	通道号：0-通道 1；1-通道 2
6:0	顺序号：0～49，每个 ST 模板波形分 50 次传送，每次 5 字节，共计 250 字节

ST 模板数据 1～5 均为 8 位无符号数，250 字节的 ST 模板波形数据组成长度为 1 秒钟的心电波形，波形基线为 128，第 125 个数据为 R 波位置，上位机可以根据模板波形进行 ISO 和 ST 设置。心电 ST 模板波形数据包在 ST 模板更新完成后每 30ms 发送 1 次，整个模板共 50 个包，ST 模板波形每 10s 更新一次。

10. 呼吸波形数据（DAT_RESP_WAVE）

呼吸波形数据包是由从机向主机发送的呼吸波形，图 B-10 即为呼吸波形数据包的定义。

模块ID	HEAD	二级ID	DAT1	DAT2	DAT3	DAT4	DAT5	DAT6	CHECK
11H	数据头	02H	呼吸波形数据1	呼吸波形数据2	呼吸波形数据3	呼吸波形数据4	呼吸波形数据5	保留	校验和

图 B-10　呼吸波形数据包

呼吸波形数据为 8 位无符号数，有效数据范围为 0～255，当 RA/LL 导联脱落时波形数据为 128。呼吸波形数据包每 40ms 发送一次。

11. 呼吸率（DAT_RESP_RR）

呼吸率数据包是由从机向主机发送的呼吸率，图 B-11 即为呼吸率数据包的定义。

模块ID	HEAD	二级ID	DAT1	DAT2	DAT3	DAT4	DAT5	DAT6	CHECK
11H	数据头	03H	呼吸率高字节	呼吸率低字节	保留	保留	保留	保留	校验和

图 B-11　呼吸率数据包

呼吸率为 16 位有符号数，有效数据范围为 6～120bpm，-100 代表无效值，导联脱落时呼吸率等于-100，窒息时呼吸率为 0。呼吸率数据包每秒发送 1 次。

12. 窒息报警（DAT_RESP_APNEA）

窒息报警数据包是由从机向主机发送的呼吸窒息报警信息，图 B-12 即为窒息报警数据包的定义。

模块ID	HEAD	二级ID	DAT1	DAT2	DAT3	DAT4	DAT5	DAT6	CHECK
11H	数据头	04H	报警信息	保留	保留	保留	保留	保留	校验和

图 B-12　窒息报警数据包

报警信息：0-无报警，1-有报警，窒息时呼吸率为 0。窒息报警数据包每秒发送 1 次。

13. 呼吸 CVA 报警信息（DAT_RESP_CVA）

呼吸 CVA 报警信息数据包是由从机向主机发送的 CVA 报警信息，图 B-13 即为呼吸 CVA 报警信息数据包的定义。

模块ID	HEAD	二级ID	DAT1	DAT2	DAT3	DAT4	DAT5	DAT6	CHECK
11H	数据头	05H	CVA 检测	保留	保留	保留	保留	保留	校验和

图 B-13　呼吸 CVA 报警信息数据包

CVA 报警信息：0-没有 CVA 报警信息，1-有 CVA 报警信息。CVA（cardiovascular artifact）为心动干扰，是心电信号叠加在呼吸波形上的干扰，如果模块检测到该干扰存在，则发送该报警信息。CVA 报警时呼吸率为无效值（-100）。呼吸 CVA 报警信息数据包每秒发送 1 次。

14. 体温数据（DAT_TEMP_DATA）

体温数据包是由从机向主机发送的双通道体温值和探头信息，图 B-14 即为体温数据包的定义。

模块ID	HEAD	二级ID	DAT1	DAT2	DAT3	DAT4	DAT5	DAT6	CHECK
12H	数据头	02H	体温 探头状态	体温通道 1高字节	体温通道 1低字节	体温通道 2高字节	体温通道 2低字节	保留	校验和

图 B-14　体温数据包

体温探头状态定义如表 B-11 所示，需要注意的是，体温数据为 16 位有符号数，有效数据范围为 0～500，数据扩大 10 倍，单位是摄氏度。例如，368 代表 36.8℃，-100 代表无效数据。体温数据包每秒发送 1 次。

表 B-11　体温探头状态的解释说明

位	解 释 说 明
7:2	保留
1	体温通道 2：0-体温探头接上；1-体温探头脱落
0	体温通道 1：0-体温探头接上；1-体温探头脱落

15. 血氧波形数据（DAT_SPO2_WAVE）

血氧波形数据包是由从机向主机发送的血氧波形数据，图 B-15 即为血氧波形数据包的定义。

模块ID	HEAD	二级ID	DAT1	DAT2	DAT3	DAT4	DAT5	DAT6	CHECK
13H	数据头	02H	血氧波形 数据1	血氧波形 数据2	血氧波形 数据3	血氧波形 数据4	血氧波形 数据5	血氧 测量状态	校验和

图 B-15　血氧波形数据包

血氧测量状态定义如表 B-12 所示。血氧波形为 8 位无符号数，数据范围为 0～255，探头脱落时血氧波形为 0。血压波形数据包每 40ms 发送一次。

表 B-12　血氧测量状态的解释说明

位	解 释 说 明
7	SPO2 探头手指脱落标志：1-探头手指脱落
6	保留
5	保留
4	SPO2 探头脱落标志：1-探头脱落
3:0	保留

16．血氧数据（DAT_SPO2_DATA）

血氧数据包是由从机向主机发送的血氧数据，如脉率和氧饱和度，图 B-16 即为血氧数据包的定义。

模块ID	HEAD	二级ID	DAT1	DAT2	DAT3	DAT4	DAT5	DAT6	CHECK
13H	数据头	03H	氧饱和度信息	脉率高字节	脉率低字节	氧饱和度数据	保留	保留	校验和

图 B-16　血氧数据包

氧饱和度信息定义如表 B-13 所示。脉率为 16 位有符号数，有效数据范围为 0～255bpm，-100 代表无效值。氧饱和度为 8 位有符号数，有效数据范围为 0～100%，-100 代表无效值。血氧数据包每秒发送 1 次。

表 B-13　氧饱和度信息的解释说明

位	解 释 说 明
7:6	保留
5	氧饱和度下降标志：1-氧饱和度下降
4	搜索时间太长标志：1-搜索脉搏的时间大于 15s
3:0	信号强度（0～8，15 代表无效值），表示脉搏搏动的强度

17．无创血压实时数据（DAT_NBP_CUFPRE）

无创血压实时数据包是由从机向主机发送的袖带压等数据，图 B-17 即为无创血压实时数据包的定义。

模块ID	HEAD	二级ID	DAT1	DAT2	DAT3	DAT4	DAT5	DAT6	CHECK
14H	数据头	02H	袖带压力高字节	袖带压力低字节	袖带类型错误标志	测量类型	保留	保留	校验和

图 B-17　无创血压实时数据包

袖带类型错误标志如表 B-14 所示，测量类型定义如表 B-15 所示。需要注意的是，袖带压力为 16 位有符号数，数据范围为 0～300mmHg，-100 代表无效值。无创血压实时数据包每秒发送 5 次。

表 B-14　袖带类型错误标志的解释说明

位	解释说明
7:0	袖带类型错误标志 0-表示袖带使用正常 1-表示在成人/儿童模式下，检测到新生儿袖带 上位机在该标志为 1 时应该立即发送停止命令停止测量

表 B-15　测量类型的解释说明

位	解释说明
7:0	测量类型： 1-在手动测量方式下 2-在自动测量方式下 3-在 STAT 测量方式下 4-在校准方式下 5-在漏气检测中

18. 无创血压测量结束（DAT_NBP_END）

无创血压测量结束数据包是由从机向主机发送的无创血压测量结束信息，图 B-18 即为无创血压测量结束数据包的定义。

模块ID	HEAD	二级ID	DAT1	DAT2	DAT3	DAT4	DAT5	DAT6	CHECK
14H	数据头	03H	测量类型	保留	保留	保留	保留	保留	校验和

图 B-18　无创血压测量结束数据包

测量类型定义如表 B-16 所示，无创血压测量结束数据包在测量结束后发送。

表 B-16　测量类型的解释说明

位	解释说明
7:0	测量类型： 1-手动测量方式下测量结束 2-自动测量方式下测量结束 3-STAT 测量结束 4-在校准方式下测量结束 5-在漏气检测中测量结束 6-STAT 测量方式中单次测量结束 10-系统错误，具体错误信息见 NBP 状态包

19. 无创血压测量结果 1（DAT_NBP_RSLT1）

无创血压测量结果 1 数据包是由从机向主机发送的无创血压收缩压、舒张压和平均压，图 B-19 即为无创血压测量结果 1 数据包的定义。

模块ID	HEAD	二级ID	DAT1	DAT2	DAT3	DAT4	DAT5	DAT6	CHECK
14H	数据头	04H	收缩压高字节	收缩压低字节	舒张压高字节	舒张压低字节	平均压高字节	平均压低字节	校验和

图 B-19　无创血压测量结果 1 数据包

需要注意的是，收缩压、舒张压、平均压均为16位有符号数，数据范围为0～300mmHg，-100代表无效值，无创血压测量结果1数据包在测量结束后和接收到查询测量结果命令后发送。

20．无创血压测量结果2（DAT_NBP_RSLT2）

无创血压测量结果2数据包是由从机向主机发送的无创血压脉率值，图B-20即为无创血压测量结果2数据包的定义。

模块ID	HEAD	二级ID	DAT1	DAT2	DAT3	DAT4	DAT5	DAT6	CHECK
14H	数据头	05H	脉率 高字节	脉率 高字节	保留	保留	保留	保留	校验和

图B-20　无创血压测量结果2数据包

需要注意的是，脉率为16位有符号数，-100代表无效值，无创血压测量结果2数据包在测量结束和接收到查询测量结果命令后发送。

21．无创血压测量状态（DAT_NBP_STS）

无创血压测量状态数据包是由从机向主机发送的无创血压状态、测量周期、测量错误、剩余时间，图B-21即为无创血压测量状态数据包的定义。

模块ID	HEAD	二级ID	DAT1	DAT2	DAT3	DAT4	DAT5	DAT6	CHECK
14H	数据头	06H	无创血压 状态	测量周期	测量错误	剩余时间 高字节	剩余时间 低字节	保留	校验和

图B-21　无创血压测量状态数据包

无创血压状态定义如表B-17所示，无创血压测量错误定义如表B-18所示，无创血压测量错误定义如表B-19所示。无创血压剩余时间为16位无符号数，单位为秒。无创血压状态数据包在接收到查询命令或复位后发送。

表B-17　无创血压状态的解释说明

位	解释说明
7:6	保留
5:4	病人信息：00-成人模式；01-儿童模式；10-新生儿模式
3:0	无创血压状态： 0000-无创血压待命 0001-手动测量中 0010-自动测量中 0011-STAT测量方式中 0100-校准中 0101-漏气检测中 0110-无创血压复位 1010-系统出错，具体错误信息见测量错误字节

表 B-18　无创血压测量周期的解释说明

位	解释说明
7:0	无创测量周期（8 位无符号数）： 0-在手动测量方式下 1-在自动测量方式下，对应周期为 1min 2-在自动测量方式下，对应周期为 2min 3-在自动测量方式下，对应周期为 3min 4-在自动测量方式下，对应周期为 4min 5-在自动测量方式下，对应周期为 5min 6-在自动测量方式下，对应周期为 10min 7-在自动测量方式下，对应周期为 15min 8-在自动测量方式下，对应周期为 30min 9-在自动测量方式下，对应周期为 1h 10-在自动测量方式下，对应周期为 1.5h 11-在自动测量方式下，对应周期为 2h 12-在自动测量方式下，对应周期为 3h 13-在自动测量方式下，对应周期为 4h 14-在自动测量方式下，对应周期为 8h 15-在 STAT 测量方式下

表 B-19　无创血压测量错误的解释说明

位	解释说明
7:0	无创测量错误（8 位无符号数）： 0-无错误 1-袖带过松，可能是未接袖带或气路中漏气 2-漏气，可能是阀门或气路中漏气 3-气压错误，可能是阀门无法正常打开 4-弱信号，可能是测量对象脉搏太弱或袖带过松 5-超范围，可能是测量对象的血压值超过了测量范围 6-过分运动，可能是测量时信号中含有太多干扰 7-过压，袖带压力超过范围，成人 300mmHg，儿童 240mmHg，新生儿 150mmHg 8-信号饱和，由于运动或其他原因使信号幅度太大 9-漏气检测失败，在漏气检测中，发现系统气路漏气 10-系统错误，充气泵、A/D 采样、压力传感器出错 11-超时，某次测量超过规定时间，成人/儿童袖带压超过 200mmHg 时为 120s，未超过时为 90s，新生儿为 90s

B.3　主机发送给从机命令包类型 ID

主机发送给从机命令包的模块 ID、二级 ID 定义和说明如表 B-20 所示。

表 B-20　主机发送给从机命令包的模块 ID、二级 ID 解释说明

序　号	模块 ID	ID 定义	ID 号	定　义	说　明
1	0x01	CMD_RST_ACK	0x80	格式同模块发送数据格式	模块复位信息应答
2		CMD_GET_POST_RSLT	0x81	查询下位机的自检结果	读取自检结果
3		CMD_PAT_TYPE	0x90	设置病人类型为成人、儿童或新生儿	病人类型设置

续表

序　号	模块 ID	ID 定义	ID 号	定　义	说　明
4	0x10	CMD_LEAD_SYS	0x80	设置 ECG 导联为 5 导联或 3 导联模式	3/5 导联设置
5		CMD_LEAD_TYPE	0x81	设置通道 1 或通道 2 的 ECG 导联：Ⅰ、Ⅱ、Ⅲ、AVL、AVR、AVF、V	导联方式设置
6		CMD_FILTER_MODE	0x82	设置通道 1 或通道 2 的 ECG 滤波方式：诊断、监护、手术	心电滤波方式设置
7		CMD_ECG_GAIN	0x83	设置通道 1 或通道 2 的 ECG 增益：×0.25、×0.5、×1、×2	ECG 增益设置
8		CMD_ECG_CAL	0x84	设置 ECG 波形为 1Hz 的校准信号	心电校准
9		CMD_ECG_TRA	0x85	设置 50/60Hz 工频干扰抑制的开关	工频干扰抑制开关
10		CMD_ECG_PACE	0x86	设置起搏分析的开关	起搏分析开关
11		CMD_ECG_ST_ISO	0x87	设置 ST 计算的 ISO 和 ST 点	ST 测量 ISO、ST 点
12		CMD_ECG_CHANNEL	0x88	选择心率计算为通道 1 或通道 2	心率计算通道
13		CMD_ECG_LEADRN	0x89	重新计算心率	心率重新计算
14	0x11	CMD_RESP_GAIN	0x80	设置呼吸增益为：×0.25、×0.5、×1、×2、×4	呼吸增益设置
15		CMD_RESP_APNEA	0x81	设置呼吸窒息的报警延迟时间：10～40s	呼吸窒息报警时间设置
16	0x12	CMD_TEMP	0x80	设置体温探头的类型：YSI/CY-F1	Temp 参数设置
17	0x13	CMD_SPO2	0x80	设置 SPO2 的测量灵敏度	SPO2 参数设置
18	0x14	CMD_NBP_START	0x80	启动一次血压手动/自动测量	NBP 启动测量
19		CMD_NBP_END	0x81	结束当前的测量	NBP 中止测量
20		CMD_NBP_PERIOD	0x82	设置血压自动测量的周期	NBP 测量周期设置
21		CMD_NBP_CALIB	0x83	血压进入校准状态	NBP 校准
22		CMD_NBP_RST	0x84	软件复位血压模块	NBP 模块复位
23		CMD_NBP_CHECK_LEAK	0x85	血压气路进行漏气检测	NBP 漏气检测
24		CMD_NBP_QUERY_STS	0x86	查询血压模块的状态	NBP 查询状态
25		CMD_NBP_FIRST_PRE	0x87	设置下次血压测量的首次充气压力	NBP 首次充气压力设置
26		CMD_NBP_CONT	0x88	开始 5min 的 STAT 血压测量	开始 5min 的 STAT 血压测量
27		CMD_NBP_RSLT	0x89	查询上次血压的测量结果	NBP 查询上次测量结果

下面按照顺序对主机发送给从机命令包进行详细讲解。

1. 模块复位信息应答（CMD_RST_ACK）

模块复位信息应答命令包是通过主机向从机发送的命令，当从机给主机发送复位信息，主机收到复位信息后就会发送模块复位信息应答命令包给从机，图 B-22 为模块复位信息应答命令包的定义。

模块ID	HEAD	二级ID	DAT1	DAT2	DAT3	DAT4	DAT5	DAT6	CHECK
01H	数据头	80H	保留	保留	保留	保留	保留	保留	校验和

图 B-22　模块复位信息应答命令包

2. 读取自检结果（CMD_GET_POST_RSLT）

读取自检结果命令包是通过主机向从机发送的命令，从机会返回系统的自检结果数据包，同时从机还应返回命令应答包。图 B-23 即为读取自检结果命令包的定义。

模块ID	HEAD	二级ID	DAT1	DAT2	DAT3	DAT4	DAT5	DAT6	CHECK
01H	数据头	81H	保留	保留	保留	保留	保留	保留	校验和

图 B-23　读取自检结果命令包

3. 病人类型设置（CMD_PAT_TYPE）

病人类型设置命令包是通过主机向从机发送的命令，以达到对病人类型进行设置的目的，图 B-24 即为病人类型设置命令包的定义。

模块ID	HEAD	二级ID	DAT1	DAT2	DAT3	DAT4	DAT5	DAT6	CHECK
01H	数据头	90H	病人类型	保留	保留	保留	保留	保留	校验和

图 B-24　病人类型设置命令包

病人类型定义如表 B-21 所示，需要注意的是，复位后，病人类型默认值为成人。

表 B-21　病人类型的解释说明

位	解 释 说 明
7:0	病人类型：0-成人；1-儿童；2-新生儿

4. 3/5 导联设置（CMD_LEAD_SYS）

3/5 导联设置命令包是通过主机向从机发送的命令，以达到对 3/5 导联设置的目的，图 B-25 即为心电 3/5 导联设置命令包说明。

模块ID	HEAD	二级ID	DAT1	DAT2	DAT3	DAT4	DAT5	DAT6	CHECK
10H	数据头	80H	3/5导联设置	保留	保留	保留	保留	保留	校验和

图 B-25　心电 3/5 导联设置命令包

3/5 导联设置定义如表 B-22 所示，由 3 导联设置为 5 导联时通道 1 的导联设置为 I 导，通道 2 的导联设置为 II 导。由 5 导联设置为 3 导联时通道 1 的导联设置为 II 导。复位后的默认值为 5 导联。注意，3 导联状态下 ECG 只有通道 1 有波形，通道 2 的波形为默认值 2048。导联设置只能设置通道 1 且只有 Ⅰ、Ⅱ、Ⅲ这 3 种选择，心率计算通道固定为通道 1。

表 B-22　3/5 导联设置的解释说明

位	解 释 说 明
7:0	导联设置：0-3 导联；1-5 导联

5. 导联方式设置（CMD_LEADTYPE）

导联方式设置命令包是通过主机向从机发送的命令，以达到对导联方式设置的目的，图 B-26 即为导联方式设置命令包的定义。

模块ID	HEAD	二级ID	DAT1	DAT2	DAT3	DAT4	DAT5	DAT6	CHECK
10H	数据头	81H	导联方式	保留	保留	保留	保留	保留	校验和

图 B-26　导联方式设置命令包

导联方式设置定义如表 B-23 所示。复位后默认设置为通道 1 为 II 导联，通道 2 为 I 导联。需要注意的是，3 导联状态下 ECG 只有通道 1 有波形，不能发送通道 2 的导联设置，通道 1 的导联设置只有Ⅰ、Ⅱ、Ⅲ这 3 种选择。否则下位机会返回命令错误信息。

表 B-23　导联方式设置的解释说明

位	解 释 说 明
7:4	通道选择：0-通道 1；1-通道 2
3:0	导联选择：0-保留；1-I 导联；2-II 导联；3-III 导联；4-AVR 导联；5-AVL 导联；6-AVF 导联；7-V 导联

6. 心电滤波方式设置（CMD_FILTER_MODE）

心电滤波方式设置命令包是通过主机向从机发送的命令，以达到对滤波方式进行选择的目的，图 B-27 即为心电滤波方式设置命令包的定义。

模块ID	HEAD	二级ID	DAT1	DAT2	DAT3	DAT4	DAT5	DAT6	CHECK
10H	数据头	82H	心电滤波方式	保留	保留	保留	保留	保留	校验和

图 B-27　心电滤波方式设置命令包

心电滤波方式定义如表 B-24 所示。复位后默认设置为诊断方式。

表 B-24　心电滤波方式的解释说明

位	解 释 说 明
7:4	保留
3:0	滤波方式：0-诊断；1-监护；2-手术；3-保留

7. 心电增益设置（CMD_ECG_GAIN）

心电增益设置命令包是通过主机向从机发送的命令，以达到对心电波形进行幅值调节的目的，图 B-28 即为心电增益设置命令包的定义。

模块ID	HEAD	二级ID	DAT1	DAT2	DAT3	DAT4	DAT5	DAT6	CHECK
10H	数据头	83H	心电增益	保留	保留	保留	保留	保留	校验和

图 B-28　心电增益设置命令包

心电增益定义如表 B-25 所示，需要注意的是，复位时，主机向从机发送命令，将通道 1 和通道 2 的增益设置为×1。

表 B-25　心电增益的解释说明

位	解 释 说 明
7:4	通道设置：0-通道 1；1-通道 2
3:0	增益设置：0-×0.25；1-×0.5；2-×1；3-×2；4-×4

8. 心电校准（CMD_ECG_CAL）

心电校准命令包是通过主机向从机发送的命令，以达到对心电波形进行校准的目的，图 B-29 即为心电校准命令包的定义。

模块ID	HEAD	二级ID	DAT1	DAT2	DAT3	DAT4	DAT5	DAT6	CHECK
10H	数据头	84H	心电校准	保留	保留	保留	保留	保留	校验和

图 B-29　心电校准命令包

心电校准设置定义如表 B-26 所示。复位后默认设置为关。从机在收到心电校准命令后会设置心电信号为频率为 1Hz、幅度为 1mV 大小的方波校准信号。

表 B-26　心电校准设置的解释说明

位	解释说明
7:0	导联设置：1-开；0-关

9. 工频干扰抑制开关（CMD_ECG_TRA）

工频干扰抑制开关命令包是通过主机向从机发送的命令，以达到对心电进行校准的目的，图 B-30 即为工频干扰抑制开关命令包的定义。

模块ID	HEAD	二级ID	DAT1	DAT2	DAT3	DAT4	DAT5	DAT6	CHECK
10H	数据头	85H	限波开关	保留	保留	保留	保留	保留	校验和

图 B-30　工频干扰抑制开关命令包

陷波开关定义如表 B-27 所示，复位后默认设置为关。

表 B-27　陷波开关的解释说明

位	解释说明
7:0	陷波开关：1-开；0-关

10. 起搏分析开关（CMD_ECG_PACE）

起搏分析开关设置命令包是通过主机向从机发送的命令，以达到对心电进行起搏分析设置的目的，图 B-31 即为起搏分析开关设置命令包定义。

模块ID	HEAD	二级ID	DAT1	DAT2	DAT3	DAT4	DAT5	DAT6	CHECK
10H	数据头	86H	分析开关	保留	保留	保留	保留	保留	校验和

图 B-31　起搏分析开关设置命令包

起搏分析开关设置定义如表 B-28 所示，复位后默认值为关。

表 B-28　起搏分析开关设置的解释说明

位	解释说明
7:0	导联设置：1-起搏分析开；0-起搏分析关

11．ST测量的ISO、ST点（CMD_ECG_ST_ISO）

ST测量的ISO、ST点设置命令包是通过主机向从机发送命令，改变等电位点和ST测量点相对于R波顶点的位置，图B-32即为ST测量的ISO、ST点设置命令包的定义。

模块ID	HEAD	二级ID	DAT1	DAT2	DAT3	DAT4	DAT5	DAT6	CHECK
10H	数据头	87H	ISO点高字节	ISO点低字节	ST点高字节	ST点低字节	保留	保留	校验和

图B-32　ST测量的ISO、ST点设置命令包

ISO点偏移量即为等电位点相对于R波顶点的位置，单位为4ms，ST点偏移量即为ST测量点相对于R波顶点的位置，单位为4ms。复位后，ISO点偏移量默认设置为20×4=80ms，ST点偏移量默认设置为27×4=108ms。

12．心率计算通道（CMD_ECG_CHANNEL）

心率计算通道设置命令包是通过主机向从机发送的命令，以达到选择心率计算通道的目的，图B-33即为心率计算通道设置命令包的定义。

模块ID	HEAD	二级ID	DAT1	DAT2	DAT3	DAT4	DAT5	DAT6	CHECK
10H	数据头	88H	心率计算通道	保留	保留	保留	保留	保留	校验和

图B-33　心率计算通道设置命令包

心率计算通道定义如表B-29所示，复位后默认值为通道1。

表B-29　心率计算通道的解释说明

位	解释说明
7:0	导联设置：0-通道1；1-通道2；2-自动选择

13．心率重新计算（CMD_ECG_LEARN）

心率重新计算命令包是通过主机向从机发送的命令，以达到心率重新计算的目的，图B-34即为心率重新计算命令包的定义。

模块ID	HEAD	二级ID	DAT1	DAT2	DAT3	DAT4	DAT5	DAT6	CHECK
10H	数据头	89H	保留	保留	保留	保留	保留	保留	校验和

图B-34　心率重新计算命令包

14．呼吸增益设置（CMD_RESP_GAIN）

呼吸增益设置命令包是通过主机向从机发送的命令，以达到对呼吸波形进行幅值调节的目的，图B-35即为呼吸增益设置命令包的定义。

模块ID	HEAD	二级ID	DAT1	DAT2	DAT3	DAT4	DAT5	DAT6	CHECK
11H	数据头	80H	呼吸增益	保留	保留	保留	保留	保留	校验和

图B-35　呼吸增益设置命令包

呼吸增益具体设置如表B-30所示，复位时，主机向从机发送命令，将呼吸增益设置为×1。

表 B-30　呼吸增益具体设置的解释说明

位	解 释 说 明
7:0	增益设置：0−×0.25，1−×0.5，2−×1，3−×2，4−×4

15．窒息报警时间设置（CMD_RESP_APNEA）

窒息报警时间设置命令包是通过主机向从机发送的命令，以达到对窒息报警时间进行设置的目的，图 B-36 即为窒息报警时间设置命令包的定义。

模块ID	HEAD	二级ID	DAT1	DAT2	DAT3	DAT4	DAT5	DAT6	CHECK
11H	数据头	81H	窒息报警时间	保留	保留	保留	保留	保留	校验和

图 B-36　窒息报警时间设置命令包

窒息报警延迟时间设置如表 B-31 所示，复位后窒息报警延迟时间默认设置为 20s。

表 B-31　窒息报警延迟时间设置的解释说明

位	解 释 说 明
7:0	窒息报警延迟时间设置： 0−不报警；1−10s；2−15s；3−20s；4−25s；5−30s；6−35s；7−40s

16．体温参数设置（CMD_TEMP）

体温参数设置命令包是通过主机向从机发送的命令，以达到对体温模块进行参数设置的目的，图 B-37 即为体温参数设置命令包的定义。

模块ID	HEAD	二级ID	DAT1	DAT2	DAT3	DAT4	DAT5	DAT6	CHECK
12H	数据头	80H	探头类型	保留	保留	保留	保留	保留	校验和

图 B-37　体温参数设置命令包

探头类型如表 B-32 所示，复位时，主机向从机发送命令，将体温探头类型设置为 YSI 探头类型。

表 B-32　探头类型的解释说明

位	解 释 说 明
7:0	探头类型：0−YSI 探头；1−CY 探头

17．血氧参数设置（CMD_SPO2）

血氧参数设置命令包是通过主机向从机发送的命令，以达到对血氧模块进行参数设置的目的，图 B-38 即为血氧参数设置命令包的定义。

模块ID	HEAD	二级ID	DAT1	DAT2	DAT3	DAT4	DAT5	DAT6	CHECK
13H	数据头	80H	计算灵敏度	保留	保留	保留	保留	保留	校验和

图 B-38　血氧参数设置命令包

计算灵敏度定义如表 B-33 所示，复位时，主机向从机发送命令，将计算灵敏度设置为中灵敏度。

表B-33　计算灵敏度的解释说明

位	解释说明
7:0	计算灵敏度：1-高；2-中；3-低

18．无创血压启动测量（CMD_NBP_START）

无创血压启动测量命令包是通过主机向从机发送的命令，以达到启动一次无创血压测量的目的，图B-39即为无创血压启动测量命令包的定义。

模块ID	HEAD	二级ID	DAT1	DAT2	DAT3	DAT4	DAT5	DAT6	CHECK
14H	数据头	80H	保留	保留	保留	保留	保留	保留	校验和

图B-39　无创血压启动测量命令包

19．无创血压中止测量（CMD_NBP_END）

无创血压中止测量命令包是通过主机向从机发送的命令，以达到中止无创血压测量的目的，图B-40即为无创血压中止测量命令包的定义。

模块ID	HEAD	二级ID	DAT1	DAT2	DAT3	DAT4	DAT5	DAT6	CHECK
14H	数据头	81H	保留	保留	保留	保留	保留	保留	校验和

图B-40　无创血压中止测量命令包

20．无创血压测量周期设置（CMD_NBP_PERIOD）

无创血压测量周期设置命令包是通过主机向从机发送的命令，以达到设置自动测量周期的目的，图B-41即为无创血压测量周期设置命令包的定义。

模块ID	HEAD	二级ID	DAT1	DAT2	DAT3	DAT4	DAT5	DAT6	CHECK
14H	数据头	82H	测量周期	保留	保留	保留	保留	保留	校验和

图B-41　无创血压测量周期设置命令包

测量周期定义如表B-34所示，复位后，默认值为手动方式。

表B-34　测量周期的解释说明

位	解释说明
7:0	0-设置为手动方式 1-设置自动测量周期为1min 2-设置自动测量周期为2min 3-设置自动测量周期为3min 4-设置自动测量周期为4min 5-设置自动测量周期为5min 6-设置自动测量周期为10min 7-设置自动测量周期为15min 8-设置自动测量周期为30min 9-设置自动测量周期为60min 10-设置自动测量周期为90min 11-设置自动测量周期为120min 12-设置自动测量周期为180min 13-设置自动测量周期为240min 14-设置自动测量周期为480min

21．无创血压校准（CMD_NBP_CALIB）

无创血压校准命令包是通过主机向从机发送的命令，以达到启动一次校准的目的，图 B-42 即为无创血压校准命令包定义。

模块ID	HEAD	二级ID	DAT1	DAT2	DAT3	DAT4	DAT5	DAT6	CHECK
14H	数据头	83H	保留	保留	保留	保留	保留	保留	校验和

图 B-42　无创血压校准命令包

22．无创血压模块复位（CMD_NBP_RST）

无创血压模块复位命令包是通过主机向从机发送的命令，以达到模块复位的目的，无创血压模块复位主要是执行打开阀门、停止充气、回到手动测量方式操作，图 B-43 即为无创血压模块复位命令包定义。

模块ID	HEAD	二级ID	DAT1	DAT2	DAT3	DAT4	DAT5	DAT6	CHECK
14H	数据头	84H	保留	保留	保留	保留	保留	保留	校验和

图 B-43　无创血压模块复位命令包

23．无创血压漏气检测（CMD_NBP_CHECK_LEAK）

无创血压漏气检测命令包是通过主机向从机发送的命令，以达到启动漏气检测的目的，图 B-44 即为无创血压漏气检测命令包定义。

模块ID	HEAD	二级ID	DAT1	DAT2	DAT3	DAT4	DAT5	DAT6	CHECK
14H	数据头	85H	保留	保留	保留	保留	保留	保留	校验和

图 B-44　无创血压漏气检测命令包

24．无创血压查询状态（CMD_NBP_QUERY）

无创血压查询状态命令包是通过主机向从机发送的命令，以达到查询无创血压状态的目的，图 B-45 即为无创血压查询状态命令包定义。

模块ID	HEAD	二级ID	DAT1	DAT2	DAT3	DAT4	DAT5	DAT6	CHECK
14H	数据头	86H	保留	保留	保留	保留	保留	保留	校验和

图 B-45　无创血压查询状态命令包

25．无创血压首次充气压力设置（CMD_NBP_FIRST_PRE）

无创血压首次充气压力设置命令包是通过主机向从机发送的命令，以达到设置首次充气压力的目的，图 B-46 即为无创血压首次充气压力设置命令包定义。

模块ID	HEAD	二级ID	DAT1	DAT2	DAT3	DAT4	DAT5	DAT6	CHECK
14H	数据头	87H	病人类型	压力值	保留	保留	保留	保留	校验和

图 B-46　无创血压首次充气压力设置命令包

病人类型定义如表 B-35 所示，初次充气压力定义如表 B-36 所示。成人模式的压力范围为 80～250mmHg，儿童模式的压力范围为 80～200mmHg，新生儿模式的压力范围为 60～

120mmHg，该命令包只有在相应的测量对象模式时才有效。当切换病人模式时，初次充气压力会设为各模式的默认值，即成人模式初次充气的压力的默认值为160mmHg，儿童模式初次充气的压力的默认值为120mmHg，新生儿模式初次充气的压力的默认值为70mmHg。另外，系统复位后的默认设置为成人模式，初次充气压力为160mmHg。

表B-35　病人类型的解释说明

位	解释说明
7:0	病人类型：0-成人；1-儿童；2-新生儿

表B-36　初次充气压力的解释说明

位	解释说明
7:0	新生儿模式下，压力范围：60～120mmHg 儿童模式下，压力范围：80～200mmHg 成人模式下，压力范围：80～240mmHg 60-设置初次充气压力为60mmHg 70-设置初次充气压力为70mmHg 80-设置初次充气压力为80mmHg 100-设置初次充气压力为100mmHg 120-设置初次充气压力为120mmHg 140-设置初次充气压力为140mmHg 150-设置初次充气压力为150mmHg 160-设置初次充气压力为160mmHg 180-设置初次充气压力为180mmHg 200-设置初次充气压力为200mmHg 220-设置初次充气压力为220mmHg 240-设置初次充气压力为240mmHg

26．无创血压启动STAT测量（CMD_NIBP_CONT）

无创血压启动STAT测量命令包是通过主机向从机发送的命令，以达到启动STAT测量的目的，图B-47即为无创血压启动STAT测量命令包定义。

模块ID	HEAD	二级ID	DAT1	DAT2	DAT3	DAT4	DAT5	DAT6	CHECK
14H	数据头	88H	保留	保留	保留	保留	保留	保留	校验和

图B-47　无创血压启动STAT测量命令包

27．无创血压查询测量结果（CMD_NIBP_RSLT）

无创血压查询测量结果命令包是通过主机向从机发送的命令，以达到查询测量结果的目的，图B-48即为无创血压查询测量结果命令包定义。

模块ID	HEAD	二级ID	DAT1	DAT2	DAT3	DAT4	DAT5	DAT6	CHECK
14H	数据头	89H	保留	保留	保留	保留	保留	保留	校验和

图B-48　无创血压查询测量结果命令包

附录C　C++语言（Qt版）软件设计规范（LY-STD013-2019）

该规范是由深圳市乐育科技有限公司于2019年发布的C++语言（Qt版）软件设计规范，版本为LY-STD013-2019。该规范详细介绍了Qt中C++语言的书写规范，包括排版、注释、命名规范等，还详细介绍了CPP文件模板和H文件模板。使用代码书写规则和规范可以使程序更加规范和高效，对代码的理解和维护起到至关重要的作用。

C.1　文件结构

每个C++程序模块通常由两个文件构成。一个文件用于保存程序的声明（declaration），称为头文件。另一个文件用于保存程序的实现（implementation），称为定义（definition）文件。C++程序的头文件以.h为后缀，C++程序的定义文件通常以.cpp为后缀。

1．版权和版本的声明

版权和版本的声明位于头文件和定义文件的开头，主要内容有：

（1）版权信息。

（2）文件名称，标识符，摘要。

（3）当前版本号，作者/修改者，完成日期。

（4）版本历史信息，等等。

2．头文件结构

文件结构从上至下依次为：

（1）版权和版本的声明。

（2）预处理块：ifndef/define/endif结构。

（3）用#include格式来引用标准库的头文件。

（4）宏定义：定义变量等。

（5）枚举结构体定义。

（6）方法和类结构声明等。

注意事项：

（1）为了防止头文件被重复引用，应当用ifndef/define/endif结构产生预处理块。

（2）头文件中只存放“声明”而不存放“定义”。在C++语法中，类的成员方法可以在声明的同时被定义，并且自动成为内联方法。这虽然会带来书写上的方便，但却造成了风格不一致，弊大于利。建议将成员方法的定义与声明分开，不论该方法体有多小。

（3）不建议使用全局变量，尽量不要在头文件中出现像extern int value这类声明。

（4）头文件的作用，通过头文件来调用库功能。在很多场合，源代码不便（或不允许）向用户公布，只要向用户提供头文件和二进制的库即可。用户只需要按照头文件中的接口声明来调用库功能，而不必关心接口如何实现。编译器会从库中提取相应的代码。

头文件能加强类型安全检查。如果某个接口被实现或被使用时，其方式与头文件中的声明不一致，编译器就会指出错误，这个简单的规则能很大程度地减轻程序员调试和改错的负担。

3．定义文件结构

定义文件有五部分内容：

（1）版权和版本声明。

（2）头文件的引用。

（3）宏定义。

（4）内部变量定义。

（5）程序的实现体（包括数据和代码）。

C.2　命名规范

标识符的命名要清晰、明了，有明确含义，同时使用完整的单词或大家基本可以理解的缩写，避免使人产生误解。

较短的单词可通过去掉“元音”形成缩写，较长的单词可取单词的头几个字母形成缩写；一些单词有大家公认的缩写。

例如：message 可缩写为 msg；flag 可缩写为 flg；increment 可缩写为 inc。

1．三种常用命名方式介绍

（1）骆驼命名法（camelCase）

骆驼命名法，正如它的名称所表示的那样，是指混合使用大小写字母来构成变量和方法的名字。例如，用骆驼命名法命名的方法为 printEmployeePayCheck()。

（2）帕斯卡命名法（PascalCase）

与骆驼命名法类似。只不过骆驼命名法是首字母小写，而帕斯卡命名法是首字母大写，如 InitRecData。

（3）匈牙利命名法（Hungarian）

匈牙利命名法通过在变量名前面加上相应的小写字母的符号标识作为前缀，标识出变量的作用域、类型等。这些符号可以多个同时使用，顺序是先 m_（成员变量），再简单数据类型，再其他。例如，m_iFreq 表示整型成员变量。匈牙利命名法关键是，标识符的名字以一个或多个小写字母开头作为前缀；前缀之后的是首字母大写的一个单词或多个单词组合，该单词要指明变量的用途。

2．文件命名

（1）.cpp 与.h 类名尽量保持一致。

（2）头文件不能与标准头文件重名，头文件为了防止重编译必须使用类似于 _SET_CLOCK_H_ 的格式，其余地方应避免使用以下画线开始和结尾的定义。例如：

```
#ifndef _SET_CLOCK_H_
#define _SET_CLOCK_H_
...
#end if
```

（3）内联方法文件名 xxx_inl.h。

3．宏定义

全部为大写字母，下画线连接。

4．常量命名

常量使用宏的形式存在，全部为大写字母。如#define MAX_VALUE 100。

5. 类型命名

（1）类型包括类、结构体、类型定义（typedef）和枚举。

（2）类的命名要求首字母大写，若是多个单词的缩写形式，则所有单词的首字母都要大写，如 WinApp（window 应用程序类）、FrameWnd（框架窗口对象类）、FormSetUART（串口设置窗口类）和 FormECG（心电窗口类）。

（3）枚举类型名应按照 AbcXyz 的格式，且枚举常量均为大写，不同单词之间用下画线隔开。例如：

```
typedef enum
{
    TIME_VAL_HOUR = 0,
    TIME_VAL_MIN,
    TIME_VAL_SEC,
    TIME_VAL_MAX
}EnumTimeVal;
```

（4）结构体命名时，结构体类型名应按照 AbcXyz 的格式，且结构体的成员变量应按照骆驼命名法。例如：

```
typedef struct
{
    short hour;
    short min;
    short sec;
}StructTimeVal;

typedef struct
{
    int patientType;
    int measureMode;
}StructCortrol;
```

6. 变量命名

（1）类的成员变量都以 m 开头，m 是 member 的首字母，以标识它是一个成员变量，在 m 后面命名变量（首字母大写），例如 int 型的成员变量 mEdit。

（2）静态变量有两类，方法外定义的静态变量称为文件内部静态变量，方法内定义的静态变量称为方法内部静态变量。注意，文件内部静态变量均定义在“内部变量”区。这两种静态变量命名格式一致，即“s+变量名（首字母大写）”。

例如：sHour，sADCConvertedValue[10]，sHeartRate。

（3）全局变量以 g 为前缀。

（4）其他变量和参数用小写字母开头的单词组合而成。例如函数内部变量采用骆驼命名法：

```
bool flag;
int drawMode;
```

注意，尽可能在定义变量的同时初始化该变量（就近原则，类的成员变量除外），如果变量的引用处和定义处相隔比较远，变量的初始化会很容易被忘记。如果引用了未被初始化的变量，可能会导致程序错误，而且很难找到出错处。

7．方法

（1）方法名应该能体现方法完成的功能，可采用“动词+名词”的形式。关键部分应该采用完整的单词，辅助部分若太常见可采用缩写，缩写应符合英文的规范。每个单词的第一个字母小写，如 sendDataToPC()。

（2）首个单词小写字母开头，后面单词的首字母都要大写，没有下画线。

（3）存取方法小写字母以下画线连接，命名应与变量匹配，如 void set_num_entries(int num_entries)。

（4）内联方法小写字母以下画线连接。

C.3　注释

1．文件注释

（1）所有的源文件都需要在开头有一个注释，其中列出作者、日期和版本号等。例如：

```
/************************************************************************************
* 模块名称:
* 摘    要:
* 当前版本: 1.0.0
* 作    者:
* 完成日期: 20XX 年 XX 月 XX 日
* 内    容:
* 注    意:
*************************************************************************************
* 取代版本:
* 作    者:
* 完成日期:
* 修改内容:
* 修改文件:
************************************************************************************/
```

（2）头文件还需要添加其他的注释。例如：

```
/************************************************************************************
*                                      包含头文件
************************************************************************************/

/************************************************************************************
*                                       宏定义
************************************************************************************/

/************************************************************************************
*                                    枚举结构体定义
************************************************************************************/

/************************************************************************************
*                                      类的定义
************************************************************************************/
```

（3）.cpp 文件需要再添加其他的注释。例如：

```
/*******************************************************************************
*                                   包含头文件
*******************************************************************************/

/*******************************************************************************
*                                   成员方法实现
*******************************************************************************/
```

2．方法注释

每一个方法都应包含如下格式的注释，包括当前方法的用途，当前方法参数的含义，当前方法返回值的内容和抛出异常的列表。例如：

```
/*******************************************************************************
* 方法名称:
* 方法功能:
* 输入参数:
* 输出参数:
* 返 回 值:
* 创建日期:
* 注    意:
*******************************************************************************/
```

3．其他注释

注释是源码程序中非常重要的一部分，通常情况下规定有效的注释量不得少于 20%。其原则是有助于对程序的阅读理解，所以注释语言必须准确、简明扼要。注释不宜太多也不宜太少，内容要一目了然，意思表达准确，避免有歧义。总之该加注释的一定要加，不必要的地方就一定别加。在 C++语言中，程序块的注释采用“/*… */”方式，行注释采用“//… ”方式。

注释通常用于：

（1）版本、版权声明。

（2）方法接口说明。

（3）重要的代码行或段落提示。

注释遵循原则如下：

（1）边写代码边注释，修改代码同时修改注释，以保证注释与代码的一致性。无用的注释要删除。

（2）注释的内容要清楚、明了，含义准确，防止注释二义性。

（3）避免在注释中使用缩写，特别是非常用的缩写。

（4）注释应考虑程序易读及外观排版的因素，使用的语言若是中、英兼有的，建议多使用中文，除非能用非常流利准确的英文表达。

（5）对代码的注释应放在其上方或右方（对单条语句的注释）相邻的位置，如放在上方则需要与其上面的代码用空行隔开。对数据结构中的每个域的注释放在此域的右方。另外上下文的注释要对齐。

（6）全局变量

全局变量应对其功能、取值范围、哪些方法或过程存取它及存取时的注意事项等进行说明。

（7）类

类的定义说明：每个类的定义要描述类的功能和用法。若有任何同步前提、可被多线程访问，务必加以说明。

类的数据成员：每个类数据成员应注释说明用途，如果变量可以接受 NULL 或 -1 等警戒值，须说明。

（8）方法注释

方法的声明处注释描述方法功能，定义处描述方法实现。

（9）块结束标志

在程序块的结束行右方加注释标志，以表明某程序块的结束。当代码段较长，特别是多重嵌套时，这样做可以使代码更清晰，更便于阅读。

```
if(…)
{
    while(1)
    {
    }/*end of while(1)*/
}/* end of if(…)*/
```

C.4　排版

版式虽然不会影响程序的功能，但会影响可读性。程序的版式追求清晰、美观，使看代码的人能一目了然。

1．缩进格式

须将 Tab 键设定为 2 个空格，以免用不同的编辑器阅读程序时，因 Tab 键所设置的空格数目不同而造成程序布局不整齐。对于由开发工具自动生成的代码可以有不一致。

2．空格格式

（1）不留冗余空格。

static int foo(char *str);每个单词相隔一个空格，不需要太多空格，但是为了对齐格式可以多加空格，例如：

```
short timer;
bool mStart;
int  mPressure;
```

（2）添加空格。

逗号后面加空格：int a, b, c;

二目、三目运算符加空格：a = b + c; a *= 2; a = b ^ 2;

逻辑运算符前后加空格：if(a >= b && c > d)

（3）不添加空格。

左括号后、右括号前不加空格：if(a >= b && c > d)

单目操作符前后不加空格：i++; p = &mem; *p = ‘a’; flag = !isEmpty;

“->”、“.” 前后不加空格：p->id = pid; p.id = pid;

3．空行格式

相对对立的程序块之间、变量说明之后必须加空行，同一类型的代码则放在一起，使代码看起来整洁美观。

（1）示例 1：

```
void foo()
{
int a = 10;
------------------------空行隔开--------------------------------
printfB( “-” );
------------------------空行隔开--------------------------------
setA(a);
}
```

（2）示例 2：

```
int tick;
int hour;
-------------------------空行隔开--------------------------------
hour = tick / 3600;
-------------------------空行隔开--------------------------------
if(hour >= 59)
{
      //program code
}
```

4．换行格式

（1）不允许把多个短语句写在一行中，即一行代码只做一件事情，如只定义一个变量，或只写一条语句。例如：

```
int recData1 = 0;  int recData2 = 0;
```

应该写为：

```
int recData1 = 0;
int recData2 = 0;
```

（2）长表达式。

代码行最大长度宜控制在 70 至 80 个字符以内。代码行不要过长，否则不便于观看，也不便于打印。长表达式要在低优先级操作符处划分新行，操作符放在新行之首（以便突出操作符），划分出的新行要进行适当的缩进，使排版整齐，语句可读。例如：

```
if((1 == A.value) && (!B.enable)
&& (c.current_status != STATUS_CONNECT))
{
    return 0;
}

for(very_longer_initialization;
very_longer_condition;
very_longer_update)
{
    dosomething();
}
```

（3）打印换行。例如：

```
void foo()
{
    printf( "Warnning this is a long printf with"
"3parameters a:%u b:%u"
"c: %u \n" , a, b, c);
}
```

（4）不留2行以上的空行。

5. 条件语句格式

if、for、do、while、case、switch、default等语句自占一行，且if、for、do、while等语句的执行语句部分无论多少都要加括号{}。

例如：

```
if(sFreqVal > 60)
return;
```

应该写为：

```
if(sFreqVal > 60)
{
    return;
}
```

6. 指针变量

在声明指针变量或参数时，*与变量名之间没有空格。例如：

```
char *c;
const int *a, *b, *c;
```

7. 预处理指令

预处理指令不要缩进，从行首开始。即使预处理指令位于缩进代码块中，指令也应该从行首开始。

```
if(…)
{
#if DISASTER_PENDING
    Set();
#endif
    Reset();
}
```

8. 括号格式

注意运算符的优先级，并用括号来明确表达式的操作顺序，避免使用默认优先级。

```
word = (high << 8) | low
if((a | b) < (c & d))
```

如果书写为：

```
word = high << 8 | low
if(a | b < c & d)
```

由于表达式 high << 8 | low 与 (high << 8) | low 的运算顺序是一样的，所以第一条语句不会出错。

但是表达式 a | b < c & d 的运算顺序与(a | b) < (c & d)不一样，所以造成判断条件出错。

9．宏格式

（1）用宏定义表达式时，应使用括号避免运算出错。

例如以下定义的宏都存在一定的风险：

```
#define AREA(a, b) a * b
#define AREA(a, b) (a * b)
#define AREA(a, b) (a) * (b)
```

假设 a = c + d，则第一条语句为 AREA(a, b) = c + d * b，第二条为 AREA(a, b) = (c + d * b)，再假设 L = M / AREA(a, b)；则第三条语句为 L = M / (c + d) * (b)；三条运算都出错。

其正确定义应为

```
#define AREA(a, b) ( (a) * (b) )
```

（2）将宏定义的多条表达式放在大括号中。例如：

```
#define INTI_RECT_VALUE(a, b)
{
    a = 0;
    b = 0;
}
```

（3）使用宏定义时，不允许参数发生变化。例如：

```
#define SQUARE(a) ((a) * (a))
int a = 5;
int b;
b = SQUARE(a++);     //结果：a = 7,即执行了两次加一
```

正确的用法：

```
b = SQUARE(a);
a++;
```

10．对齐

（1）程序的分界符“{”和“}”应独占一行并且位于同一列，同时与引用它们的语句左对齐。

（2）{ }之内的代码块在“{”右边 2 格处左对齐。例如：

```
void Function(int x)
{
… // program code
}
```

C.5　表达式和基本语句

1．if 语句

1）布尔变量与零值比较

（1）不可以将布尔变量直接与 TRUE、FALSE 或 1、0 进行比较。

（2）根据布尔类型的语义，零值为“假”（记为 FALSE），任何非零值都为“真”（记为

TRUE）。TRUE 的值究竟是什么并没有统一的标准。

假设布尔变量名字为 flag，它与零值比较的标准 if 语句如下：

```
if(flag)   // 表示 flag 为真
if(!flag)  // 表示 flag 为假
```

其他的用法尽量避免。例如：

```
if(flag == TRUE)
if(flag == 1)
if(flag == FALSE)
if(flag == 0)
```

2）整型变量与零值比较

（1）应当将整型变量用"=="或"!="直接与 0 比较。

（2）假设整型变量的名字为 value，它与零值比较的标准 if 语句如下：

```
if(0 == value)
if(0 != value)
```

不可以模仿布尔变量的风格而写成：

```
if(value)   // 会让人误解 value 是布尔变量
if(!value)
```

3）浮点变量与零值比较

（1）不可以将浮点变量用"=="或"!="与任何数字比较。

（2）需要注意的是，无论是 float 还是 double 类型的变量，都有精度限制。所以一定要避免将浮点变量用"=="或"!="与数字比较，应该设法转化成">="或"<="形式。

（3）假设浮点变量的名字为 x，应当将

```
if(x == 0.0) // 隐含错误的比较
```

表示为

```
if(0 == (x - x)) 或者 if(x <1e-6 )
```

其中 1e-6 是一个很小的数。

4）指针变量与零值比较

（1）应当将指针变量用"=="或"!="与 null 比较。

（2）指针变量的零值是"空"（记为 null）。尽管 null 的值与 0 相同，但是两者意义不同。

假设指针变量的名字为 p，它与零值比较的标准 if 语句如下：

```
if(p == null)   // p 与 null 显式比较，强调 p 是指针变量
if(p != null)
```

不要写成：

```
if(p == 0)     // 容易让人误解 p 是整型变量
if(p != 0)
```

或者

```
if(p)          // 容易让人误解 p 是布尔变量
```

```
if(!p)
```

补充说明：有时候可能会看到 if (null == p)这样的格式，不是程序写错了，是程序员为了防止将 if (p == null)误写成 if (p = null)，而有意把 p 和 null 颠倒。编译器认为 if (p = null)是合法的，但是会指出 if(null = p)是错误的，因为 null 不能被赋值。

2．循环语句

（1）在 C++循环语句中，for 语句使用频率最高，while 语句其次，do 语句很少用。提高循环体效率的基本办法是降低循环体的复杂性。

（2）在多重循环中，如果可以，应当将最长的循环放在最内层，最短的循环放在最外层，以减少 CPU 跨切循环层的次数。

（3）如果循环体内存在逻辑判断，并且循环次数很大，应将逻辑判断移到循环体的外面。示例①的程序比示例②多执行了 *N*-1 次逻辑判断。并且由于前者经常要进行逻辑判断，打断了循环“流水线”作业，使得编译器不能对循环进行优化处理，降低了效率。如果 *N* 非常大，建议采用示例②的写法，可以提高效率。如果 *N* 非常小，两者效率差别并不明显，采用示例①的写法比较好，因为程序更加简洁。

示例①：

```
for(i=0; i<N; i++)
{
    if(condition)
    {
        DoSomething();
    }
    else
    {
        DoSomething();
    }
}
```

示例②：

```
if(condition)
{
    for(i=0;i<N;i++)
    {
        DoSomething();
    }
}
else
{
    for(i=0; i<N; i++)
    {
        DoSomething();
    }
}
```

3．switch 语句

（1）switch 是多分支选择语句，if 语句只有两个分支可供选择。虽然可以用嵌套的 if 语句来实现多分支选择，但使得程序冗长难读。switch 语句的基本格式是：

```
switch (variable)
{
case value1 :
    …
    break;
case value2 :
    …
    break;
    …
default :
    …
    break;
}
```

（2）每个 case 语句的结尾需加 break，否则将导致多个分支重叠（除非有意使多个分支重叠）。

（3）最后还需加 default 分支。即使程序真的不需要 default 处理，也应该保留 default : break; 语句。

C.6　常量

常量是一种标识符，它的值在运行期间恒定不变。C++语言可以用#define 和 const 来定义常量（称为 const 常量）。

尽量使用含义直观的常量来表示那些将在程序中多次出现的数字或字符串。这样可以避免在很多地方需要用到同样的数字或字符串时发生书写错误，而且如果需要修改时，只需要更改一个地方即可。

```
#define MAX 100        //宏常量
const int MAX = 100;   //C++语言的 const 常量
```

1. const 与#define 比较

C++语言可以用 const 和#define 来定义常量。但是 const 比#define 更有优势：

（1）const 常量有数据类型，而宏常量没有数据类型。编译器可以对 const 常量进行类型安全检查，而对宏常量只进行字符替换，没有类型安全检查，并且在字符替换时可能会产生意想不到的错误（边际效应）。

（2）有些集成化的调试工具可以对 const 常量进行调试，但是不能对宏常量进行调试；因此在 C++程序中只使用 const 常量而不使用宏常量，即 const 常量完全取代宏常量。

2. 常量定义的规则

（1）需要对外公开的常量放在头文件中，不需要对外公开的常量放在定义文件的“常量定义”区。为便于管理，可以把不同模块的常量集中存放在一个公共的头文件中。

（2）如果某一常量与其他常量密切相关，应在定义中包含这种关系，而不应给出一些孤立的值。

例如：

```
const float RADIUS = 100;
const float DIAMETER = RADIUS * 2;
```

3．类中的常量

有时某些常量只在类中有效。由于#define 定义的宏常量是全局的，不能达到目的，可以用 const 修饰数据成员来实现。const 数据成员只在某个对象生存期内是常量，而对于整个类而言却是可变的，因为类可以创建多个对象，不同的对象其 const 数据成员的值可以不同。

注意，不能在类声明中初始化 const 数据成员。以下用法是错误的，因为类的对象未被创建时，编译器不知道 SIZE 的值是什么。

```
class A
{…
    const int SIZE = 100; //错误，企图在类声明中初始化 const 数据成员
    int array[SIZE];      // 错误，未知的 SIZE
};
```

const 数据成员的初始化只能在类构造方法的初始化表中进行，例如：

```
class A
{…
    A(int size); // 构造方法
    const int SIZE ;
};
A::A(int size) : SIZE(size) // 构造方法的初始化表
{
    …
}
A a(100);                    // 对象 a 的 SIZE 值为 100
A b(200);                    // 对象 b 的 SIZE 值为 200
```

可以用类中的枚举常量来建立在整个类中都恒定的常量。例如：

```
class A
{…
    enum
    {
        SIZE1 = 100,    // 枚举常量
        SIZE2 = 200
    };
    int array1[SIZE1];
    int array2[SIZE2];
};
```

枚举常量不会占用对象的存储空间，它们在编译时被全部求值。枚举常量的缺点是，它的隐含数据类型是整数，其最大值有限，且不能表示浮点数（如 PI = 3.14159）。

C.7　类

1．对象的初始化

（1）类的数据成员是不能在声明类时初始化的，下面的用法是错误的：

```
class Time
{
    int hour = 0;
    int minute = 0;
```

```
    int sec = 0;
}
```

因为类不是一个实体，而是一种抽象的类型，并不占存储空间，所以无处容纳数据。

（2）public的数据成员可以在定义对象的时候进行初始化，但是private或protected的成员不可以，只能通过调用类的成员方法来对其进行操作。例如：

```
Time t1 = {14, 20, 45};  //公用数据成员
```

2. 类的设计

类是面向对象设计的基础，一个好的类应该职责单一、接口清晰、少而完备，类间低耦合、类内高聚合，并且很好地展现封装、继承、多态、模块化等特性；为了使程序规范，类的命名要清晰明了，有明确的含义，最好具有充分的自注释性。

（1）类的职责单一

如果一个类的职责过多，往往难以设计、实现、使用和维护。随着功能的扩展，类的职责范围自然也扩大，但职责不应该发散。用小类代替巨类。小类易于编写、测试、使用和维护。巨类会削弱封装性，巨类往往承担过多职责。

（2）隐藏信息

① 封装是面向对象设计和编程的核心概念之一。隐藏实现的内部数据，减少调用代码与具体实现代码之间的依赖。

② 尽量减少全局和共享数据。

③ 禁止成员方法返回成员可写的引用或指针。

④ 将数据成员设为私有的（struct除外），并提供相关存取方法。

⑤ 避免为每个类数据成员提供访问方法。

⑥ 运行时多态，将内部实现（派生类提供）与对外接口（基类提供）分离。

⑦ 在头文件中只对类的成员方法进行声明，且要在源文件中实现。

3. 类的版式

类可以将数据和方法封装在一起，其中方法表示类的行为（或称服务）。类提供关键字public、protected和private，分别用于声明哪些数据和方法是公有的、受保护的或是私有的。这样可以达到信息隐藏的目的，即让类仅公开必须要让外界知道的内容，而隐藏其他一切内容。

版式：将public类型的方法写在前面，将private类型的数据写在后面。采用这种版式的程序员主张类的设计“以行为为中心”，重点关注的是类应该提供什么样的接口（或服务）。这样做不仅让程序员在设计类时思路清晰，而且方便用户阅读。因为用户最关心的是接口，而不是一堆私有的数据。

```
class A
{
public:
    void func1(void);
    void func2(void);
    …

private:
    int i, j;
```

```
    float x, y;
    …
}
```

4．构造、赋值和析构

（1）包含成员变量的类，须定义构造方法或默认构造方法。

说明：如果类有成员变量，没有定义构造方法，又没有定义默认构造方法，编译器将自动生成一个构造方法，但是编译器生成的构造方法并不会对成员变量进行初始化，使对象处于一种不确定状态。例如：如果这个类是从另一个类继承下来的，且没有增加成员变量，则不用提供默认构造方法。

（2）在复制构造方法、赋值操作符中对所有数据成员赋值。

说明：确保构造方法、赋值操作符的对象完整性，避免初始化不完全。

（3）避免在构造方法和析构方法中调用虚方法，因为会导致未定义的行为。

（4）在析构方法中集中释放资源。

使用析构方法来集中处理资源清理工作。如果在析构方法之前，资源被释放（如 release 方法），要将资源设置为 NULL，以保证析构方法不会被重复释放。

5．继承

一个新类从已有的类那里获得已有的特性，这种现象称为类的继承。派生类继承了基类的所有数据成员和成员方法，并可以对成员做必要的增加调整。

（1）避免使用多重继承。

多重继承可重用更多的代码，但多重继承会显著增加代码的复杂性，程序可维护性差，且父类转换时容易出错。

（2）使用 public 继承，尽量减少 protected/private 继承。

（3）最后的派生类不仅要对其直接基类进行初始化，还要对虚基类初始化。

（4）派生类重定义的虚方法也要声明 virtual 关键字。

C.8　杜绝“野指针”

“野指针”不是 NULL 指针，而是指向“垃圾”内存的指针。

一般不会错用 NULL 指针，因为用 if 语句很容易判断。但是“野指针”是很危险的，if 语句对它不起作用。“野指针”的成因主要有 3 种：

（1）指针变量没有被初始化。

任何指针变量刚被创建时不会自动成为 NULL 指针，它的默认值是随机的。所以指针变量在创建的同时应当被初始化，要么将指针设置为 NULL，要么让它指向合法的内存。例如：

```
char *p = NULL;
char *str = (char *) malloc(100);
```

（2）指针 p 被 free 或 delete 之后，没有置为 NULL，就会被误以为是个合法的指针。

（3）指针操作超越了变量的作用范围。

C.9　C++文件模板

每个.cpp 文件模块由头文件、变量和方法组成。下面是 C++文件 demo 的示例。

（1）main.cpp 文件的 demo 示例

```
1.  /*****************************************************************************
2.  * 模块名称: main.cpp
3.  * 使用说明:
4.  * 摘    要: 主方法文件
5.  * 当前版本: 1.0.0
6.  * 作    者:
7.  * 完成日期: 20XX 年 XX 月 XX 日
8.  * 内    容:
9.  * 注    意: none
10. ******************************************************************************
11. * 取代版本:
12. * 作    者:
13. * 完成日期:
14. * 修改内容:
15. * 修改文件:
16. *****************************************************************************/
17.
18. /*****************************************************************************
19. *                               包含头文件
20. *****************************************************************************
21. /#include <iostream>
22. #include "Test.h"
23. using namespace std;
24.
25. /*
26.  * 文件结构:
27.  * 每个文件的开头都需要文字注释说明;
28.  * using 语句;
29.  * namespace 命名空间
30.  * 类或接口的定义，在类或接口定义的上面进行一些文字注释;
31.  * 每个部分之间使用空行作为间隔
32.  * */
33.
34. /*****************************************************************************
35.  *                               宏定义
36. *****************************************************************************/
37.
38. /*****************************************************************************
39.  *                               常量定义
40. *****************************************************************************/
41. const int WAVE_X_SIZE = 1078;        //常量，所有单词大写，以下画线隔开
42.
43. /*****************************************************************************
44.  *                               方法定义
45. *****************************************************************************/
46.
47. /*****************************************************************************
48.  * 方法名称: main
49.  * 方法功能: 主方法
50.  * 输入参数: void
51.  * 输出参数: void
```

```
52.  * 返 回 值: int
53.  * 创建日期: 20XX 年 XX 月 XX 日
54.  * 注    意:
55. *************************************************************************************/
56. int main()
57. {
58.     /*变量声明示例*/
59.     int moduleID;
60.
61.     //定义一个类，自动调用构造方法
62.     Test tempTest;
63.
64.     //调用类的成员方法
65.     tempTest.printPackData();
66.
67.     /*
68.     //如果建立的是 Qt 项目，Qt 的控件声明
69.     QPushButton okButton;   // QPushButton 类型：功能+Button
70.     QLabel tempValLabel;       // QLabel 类型：功能+Label
71.     QLineEdit moduleIDLineEdit;    // QLineEdit 类型：功能+LineEdit
72.     QString data;                //其他关联变量和参数用小写字母开头的单词组合而成
73.     int  drawMode;
74.     */
75.
76.     return 0;
77. }
```

（2）Test.h 文件的 demo 示例

```
1.   /*************************************************************************************
2.   * 模块名称: Test.h
3.   * 使用说明:
4.   * 摘    要: 类头文件
5.   * 当前版本: 1.0.0
6.   * 作    者:
7.   * 完成日期: 20XX 年 XX 月 XX 日
8.   * 内    容:
9.   * 注    意: none
10.  *************************************************************************************/
11.  #ifndef _TEST_H_
12.  #define _TEST_H_
13.
14.  // *.cpp 与.h 类名尽量保持一致
15.  // *头文件不与标准头文件重名，头文件为防止重编译须使用类似于_SET_CLOCK_H_的格式，
16.  //其余地方应避免使用以下画线开始和结尾的定义。如：
17.  // #ifndef _SET_CLOCK_H_
18.  // #define _SET_CLOCK_H_
19.  // ...
20.  // #end if
21.
22.  /*************************************************************************************
23.  *                                  包含头文件
24.  *************************************************************************************/
```

```
25.  #include <QPushButton>
26.  #include "packunpack.h"
27.
28.  /*********************************************************************************
29.  *                                    宏定义
30.  *********************************************************************************/
31.
32.  /*********************************************************************************
33.  *                                 枚举结构体定义
34.  *********************************************************************************/
35.  typedef enum
36.  {
37.    TIME_VAL_HOUR = 0,                     //枚举常量：均为大写，不同单词间采用下画线隔开
38.    TIME_VAL_MIN,
39.    TIME_VAL_SEC,
40.    TIME_VAL_MAX
41.  }EnumTimeVal;                            //枚举名称：帕斯卡命名法，Enum+名称
42.
43.  typedef enum                             //普通情况每个单词间只有一个空格，水平对齐除外
44.  {
45.    DAT_SYS     = 0x01,                    //枚举常量通过增加空格来达到水平对齐
46.    DAT_ECG     = 0x10,
47.    DAT_RESP    = 0x11,
48.
49.    MAX_PACK_ID = 0x80
50.  }EnumPackID;
51.
52.  typedef struct
53.  {
54.    char *portNumItem;                     //结构体变量：骆驼命名法
55.    int   portNum;
56.    int   baudRate;
57.    int   dataBits;
58.    int   stopBits;
59.    char *parity;
60.    bool  isOpened;
61.  }StructUARTInfo;                          //结构体名称：帕斯卡命名法，Struct+名称
62.
63.
64.  /*********************************************************************************
65.  *                                   类的定义
66.  *********************************************************************************/
67.  //定义类名一般为：首字母大写的名字，并且类名需要跟类的功能有关
68.  class Test : public QWidget
69.  {
70.      Q_OBJECT
71.    /*
72.     * 多个类和成员变量的修饰符，排版顺序如下：
73.     * public、protected、private、static
74.     * */
75.
76.  public:                                    //公有成员变量，类内部和外部都可以调用
```

```
77.     explicit Test(QWidget *parent = nullptr); //构造方法
78.     ~Test();                                  //析构方法
79.
80.      PackUnpack *mPackUnpack;    //类成员，声明对象，m+对象名
81.      QPushButton *mOkButton;     //类成员，声明控件，m+功能+控件名
82.     QString mECGWave1;           //类成员，声明变量，m+变量名
83.      QString mECGWave2;
84.
85.     //其他公有成员方法
86.     void printPackData();        //普通方法命名：骆驼命名法
87.
88. private slots:
89.     void on_mOkButton_clicked(); //按钮槽函数，on_按钮名_clicked();
90.
91. private:                         //私有成员变量，仅类内部可以调用
92.      int mECG1Data;              //类的成员变量：m+变量名，变量名首字母大写
93.
94. protected:                       //保护成员变量，仅类内部和继承类内部可以调用
95.      bool mIsRealMode;           //变量命名：m+变量名
96.
97.      static int sPackLen;        //静态变量：s+变量名，变量名首字母大写
98. };
99.
100. #endif
```

（3）Test.cpp 文件的 demo 示例

```
1.  /*********************************************************************************
2.  * 模块名称: Test.cpp
3.  * 使用说明:
4.  * 摘　　要: 类成员方法文件
5.  * 当前版本: 1.0.0
6.  * 作　　者:
7.  * 完成日期: 20XX 年 XX 月 XX 日
8.  * 内　　容:
9.  * 注　　意: none
10. **********************************************************************************
11. * 取代版本:
12. * 作　　者:
13. * 完成日期:
14. * 修改内容:
15. * 修改文件:
16. *********************************************************************************/
17. /*********************************************************************************
18. *                                包含头文件
19. *********************************************************************************/
20. #include "Test.h"
21. #include <QLabel>
22.
23. /*********************************************************************************
24. *                                全局变量
25. *********************************************************************************/
26. //CWnd *gWndP = NULL;
```

```
27.
28.
29. /*****************************************************************************************
30. *                                    内部变量
31. *****************************************************************************************/
32. //静态数据成员初始化
33. int Test::sPackLen = 0;
34.
35. /*****************************************************************************************
36. *                                  成员方法实现
37. *****************************************************************************************/
38. /*****************************************************************************************
39. * 方法名称: Test
40. * 方法功能: 构造方法
41. * 输入参数: void
42. * 输出参数: void
43. * 返 回 值: void
44. * 创建日期: 20XX 年 XX 月 XX 日
45. * 注    意:
46. *****************************************************************************************/
47. Test::Test(QWidget *parent) : QWidget(parent)
48. {
49.   //在构造方法一般进行对成员变量的初始化
50.   mIsRealMode  = true;
51.   mECG1Data = 0;
52.
53.   QLabel *tempValLabel = new QLabel();   //方法内部控件，功能+控件名
54. }
55.
56. /*****************************************************************************************
57. * 方法名称: ~Test
58. * 方法功能:析构方法
59. * 输入参数:void
60. * 输出参数:void
61. * 返 回 值: void
62. * 创建日期: 20XX 年 XX 月 XX 日
63. * 注    意:
64. *****************************************************************************************/
65. Test::~Test()
66. {
67.
68. }
69.
70. /*****************************************************************************************
71. * 方法名称: printPackData
72. * 方法功能: Test 类的成员方法
73. * 输入参数: void
74. * 输出参数: void
75. * 返 回 值: void
76. * 创建日期: 20XX 年 XX 月 XX 日
77. * 注    意:
78. *****************************************************************************************/
```

```
79.  void  Test::printPackData()
80.  {
81.       int a, b, c;       //在一行定义多个变量时，逗号后面添加一个空格
82.       float x = 3.5F;    //浮点型变量赋值需要在数值后面+F
83.
84.       a = 2;             //二目、三目运算符加空格
85.       b = 3;
86.       c = b + a;
87.       a *= 2;
88.       a = b ^ 2;
89.
90.       /* 逻辑运算符前后应加空格,左括号后、右括号前不加空格
91.       * if, else, for, do ,while 语句，即使只有一条语句甚至空语句，也需要使用花括号
92.       * */
93.       if(a >= b && c > b)
94.       {
95.           //Tab 设置为 2 个空格
96.       }
97.
98.       /* 单目操作符前后不加空格，如：i++;  p = &mem;  *p = ‘a’;  flag = !isEmpty;
99.       *  “->”、“.”前后不加空格，如：p->id = pid;  p.id = pid;
100.      * for 循环语句中的变量一般在循环里面定义，避免在外面定义；
101.      * 尽量不要使用 i、j、k 这些没有含义的单个字符变量，除 for 循环或一次性临时变量
102.      * */
103.      for(int i = 0; i < 10; i++)
104.      {
105.      }
106.
107.      /* 不可将布尔变量直接与 TRUE、FALSE 或 1、0 进行比较
108.      * 下面为真的正确写法，为假正确写法为 if(!mIsRealMode)
109.      * */
110.      if(mIsRealMode)
111.      {
112.      }
113.
114.      /* 将整型变量用“==”或“!=”直接与 0 比较
115.      * 把 0 放在前面，为了避免写成赋值语句“a = 0”出现错误
116.      * */
117.      if(0 == a)
118.      {
119.      }
120.
121.      /* 不可将浮点变量用“==”或“!=”与任何数字比较；
122.      * 无论是 float 还是 double 类型的变量，都有精度限制，
123.      * 所以一定要避免将浮点变量用“==”或“!=”与数字比较，应该设法转化成“>=”或“<=”形式。
124.      * */
125.      if(0 == (x - x))
126.      {
127.      }
128.
129.      /* 每个 case 语句的结尾不要忘了加 break
130.      * 最后 default 分支,即使程序真的不需要 default 处理，也应该保留语句 default : break;
```

```
131.     * */
132.     switch(b)
133.     {
134.     case 1:
135.         break;
136.
137.     case 2:
138.         break;
139.
140.     default:
141.         break;
142.     }
143. }
144.
145. /*****************************************************************************************
146. * 方法名称: on_mOkButton_clicked
147. * 方法功能: 单击按钮的槽函数
148. * 输入参数: void
149. * 输出参数: void
150. * 返 回 值: void
151. * 创建日期: 20XX 年 XX 月 XX 日
152. * 注     意:
153. *****************************************************************************************/
154. void Test::on_mOkButton_clicked()
155. {
156.
157. }
```

参 考 文 献

[1] 王维波. Qt 5.9 C++开发指南. 北京：人民邮电出版社，2016.
[2] 安晓辉. Qt on Android 核心编程. 北京：电子工业出版社，2015.
[3] 霍亚飞. Qt Creator 快速入门. 北京：北京航空航天大学出版社，2017.
[4] [韩]金大胏. Qt 5 开发实战. 北京：人民邮电出版社，2015.
[5] 陆文周. Qt 5 开发及实例. 北京：电子工业出版社，2017.
[6] [美]Alan Ezust. C++ Qt 设计模式. 北京：电子工业出版社，2012.
[7] 霍亚飞. Qt 5 编程入门. 北京：北京航空航天大学出版社，2015.
[8] DanielSolin. 24 小时学通 Qt 编程. 北京：人民邮电出版社，2000.
[9] 张波. Qt 中的 C++技术. 北京：电子工业出版社，2012.
[10] 朱晨冰. Qt 5.12 实战. 北京：清华大学出版社，2020.